빛보다 빠른 미래의 신기술

초광대역 무선통신

김진영 지음

GS인터비전

머리말

최근의 무선 전송 기술은 2세대 디지털 이동 전화 시장의 폭발적인 증가와 더불어 3세대 이동 통신인 IMT-2000 서비스의 상용화로 이어지며 급속도로 발전하고 있다. 또한, 인터넷이 각 가정에서 일반화 되면서 무선 이동 통신을 통해 인터넷에 접속하고자 하는 사용자들의 요구가 크게 증가하고 있는 실정이다. 특히 최근의 네트워크는 주로 다양한 멀티미디어 데이터를 제공하는 형태로 변해가고 있어 앞으로의 무선 이동 통신 시스템은 음성위주의 서비스에서 멀티미디어 데이터 위주의 서비스로 변화할 것으로 보인다.

또한 방송을 중심으로 한 다양한 신규 무선 기술이 개발되어 서비스가 도입되고, 각종 산업에서 무선 서비스에 대한 수요가 급격히 확대됨에 따라 주파수에 대한 수요가 폭발적으로 증가하고 있는 상황이다. 이로 인해 유한한 자원으로서 주파수의 가치는 점차 높아지고 있으며, 효율적인 주파수 활용에 대한 관심이 점차 고조되는 것은 자연스런 귀결이라 할 수 있을 것이다. 특정 주파수 대역에 있어서의 초과 수요를 해소하고 아직 활용이 미진한 대역에서의 이용 활성화를 위한 노력은 산업계 쪽에서 뿐만 아니라 국가 발전 차원에서도 신중하면서도 조속히 심혈을 기울여 이루어져야 할 부분이며, 이에 세계 각 국 역시 시장 기반 제반 제도 도입, 미개척 주파수대역 실용화 연구 등 이미 그러한 노력을 경주함에 소홀함이 없는 상황이다.

근거리 무선통신의 계속적인 수요 창출에 따른 전파자원을 보다 더 효율적으로 사용할 수 있는 신기술 개발이 전 세계적으로 활발히 진행되고 있는 시점에서 주파수를 가장 효율적으로 사용할 수 있는 유력한 후보로 초광대역 무선통신 (UWB : Ultra Wideband) 기술이 적극적으로 검토되고 있다. 미국의 경우 UWB 무선기술의 허가를 위한 심도 있는 검토가 다년간 이루어져 최근에 FCC (Federal Communication Commission)에서 제한적 범위의 주파수 사용허가가 이루어 졌고 ITU-R에서도 Study Group 1에 전담반을 구성 비중 있는 사안으로 다루고 있어 UWB 무선기술의 국내 도입이 곧 가시화 될 것으로 예상되고 있다.

장차 유비쿼터스 시대를 앞두고 다양한 어플리케이션이 개발되고 있는 가운데, 무선 초고속 데이터 통신은 가장 핵심적인 중추 기술로 주목을 받고 있는 상황이다. 유비쿼터스의 개념 자체가 언제 어디서나 자연스럽게 네트워크에 접속하여 정보를 향유하고 활용할 수 있는 상황을 지칭한다고 할 때, 망에의 접속수단으로서의 무선 초고속 데이터 통신은 이를 실현하기 위한 근간이 되는 기술이라 할 수 있으며, 다양한 기술이 개발되고 있음과 동시에 여전히 앞으로도 더 큰 성과가 기대되는 부분이기도 하다.

이렇듯이, 초광대역 무선통신 기술이 연구가 활발히 진행되고 있으며, 국내에서도 많은 관심을 가지고 있으면, 많은 연구가 진행되고 있다. 그러나 국내의 대학생이나 산업체에서 쉽게 볼 수 있는 국내 서적이 거의 없기 때문에 이 책을 저술하게 되었다. 이 책에서는 초광대역 무선통신의 전반적인 내용과 세부적인 기술들을 서술함으로써 독자들이 초광대역 무선 통신에 대해서 이해할 수 있도록 하였다.

이 책의 1장에서는 초광대역 무선통신의 발달 배경에 대해서 설명하고, 2장에서는 초광대역 무선통신의 정의와 특성에 대해서 설명한다. 3장에서는 초광대역 무선통신에 대한 관렵 규제 사항과 표준화동향, 서비스동향향과 특허 동향에 대해서 알아보고, 5장에서는 초광대역 무선통신에 사용되는 변복조 기술에 대해서 설명한다. 6장에서는 초광대역 무선통신에서 사용되는 안테나 기술을 설명하며, 국내 연구 동향과 해외 연구 동향, 그리고 향후의 연구 방향을 설명한다. 7장에서는 초광대역 무선통신의 동기화를 위한 안테나 다이버시티와 지연 다이버시티를 이용한 동기화 기법을 소개한다. 8장에서는 초광대역 무선통신에서 사용되는 수신기 구현을 위한 부분별 기술들을 설명한다. 9장에서는 초광대역 무선통신에 관련된 연구내용을 바탕으로 응용기술들을 소개한다. 이장에서는 인지무선 시스템과의 결합과, 초광대역 무선통신 기술을 이용한 위치 인식 기술, 차량용 레이더 기술 등을 소개한다. 10장에서는 초광대역 무선통신의 발전방향에 대한 예상을 서술하였다.

이 책에서는 현재까지 연구된 초광대역 무선통신에 대한 개요부터 시작하여 응용기술까지의 설명이 초광대역 무선통신에 관심이 있는 학생들과 산업체에 많은 도움이 될 수 있기를 바라며, 이 책의 저술에 많은 도움을 준 박사과정 김은철, 석사과정 박재성, 이재선, 최재혁, 구성완에게 깊은 감사를 드리며, 책을 출간하는데 많은 도움을 주신 GS 인터비전 송기수 대표님과 실무 담당자들께 감사드린다.

2009년 6월

●●● 차 례 ●●●

1 장

서 론

최근의 무선 전송 기술은 2세대 디지털 이동 전화 시장의 폭발적인 증가와 더불어 3세대 이동 통신인 IMT-2000 서비스의 상용화로 이어지며 급속도로 발전하고 있다. 또한, 인터넷이 각 가정에서 일반화 되면서 무선 이동 통신을 통해 인터넷에 접속하고자 하는 사용자들의 요구가 크게 증가하고 있는 실정이다. 특히 최근의 네트워크는 주로 다양한 멀티미디어 데이터를 제공하는 형태로 변해가고 있어 앞으로의 무선 이동 통신 시스템은 음성위주의 서비스에서 멀티미디어 데이터 위주의 서비스로 변화할 것으로 보인다.

2000년대 들어 통신, 방송을 중심으로 한 다양한 신규 무선 기술이 개발되어 서비스가 도입되고, 각종 산업에서 무선 서비스에 대한 수요가 급격히 확대됨에 따라 주파수에 대한 수요가 폭발적으로 증가하고 있는 상황이다. 이로 인해 유한한 자원으로서 주파수의 가치는 점차 높아지고 있으며, 효율적인 주파수 활용에 대한 관심이 점차 고조되는 것은 자연스런 귀결이라 할 수 있을 것이다. 특정 주파수 대역에 있어서의 초과 수요를 해소하고 아직 활용이 미진한 대역에서의 이용 활성화를 위한 노력은 산업계 쪽에서 뿐만 아니라 국가 발전 차원에서도 신중하면서도 조속히 심혈을 기울여 이루어져야 할 부분이며, 이에 세계 각 국 역시 시장 기반 제반 제도 도입, 미개척 주파수대역 실용화 연구 등 이미 그러한 노력을 경주함에 소홀함이 없는 상황이다.

근거리 무선통신의 계속적인 수요 창출에 따른 전파자원을 보다 더 효율적으로 사용할 수 있는 신기술 개발이 전 세계적으로 활발히 진행되고 있는 시점에서 주파수를 가장 효율적으로 사용할 수 있는 유력한 후보로 초광대역 무선통신 (UWB : Ultra Wideband) 기술이 적극적으로 검토되고 있다. 미국의 경우 UWB 무선기술의 허가를 위한 심도 있는 검토가 다년간 이루어져 최근에 FCC (Federal Communication Commission)에서 제한적 범위의 주파수 사용허가가 이루어 졌고 ITU-R에서도 Study Group 1에 전담반을 구성 비중 있는 사안으로 다루고 있어 UWB 무선기술의 국내 도입이 곧 가시화 될 것으로 예상되고 있다.

일반적으로 무선통신은 신호 또는 데이터를 허가된 특정주파수(반송파)로 변조하여 일정 대역폭과 레벨로 변환시켜 공간상으로 방출하게 된다. 이때 다른 대역에서 사용하는 무선통신 기기들과의 간섭이나 상호 영향이 미치지 않게 하기 위하여 요구하는 기준 즉 신호세기, 대역폭, 불요 방사조건 등을 만족시켜야 한다. UWB 통신 방식은 그림 1.1과 같이 극히 짧은 펄스 신호를 사용하는 통신기술로서, 데이터 신호를 일정 시퀀스를 갖는 기저대역의 임펄스 신호로 변조시킨 다음 전파규격이 제시하는 레벨보다 낮은 세기로 전송을 하는 방식이다. 따라서 그림 1.1과 같이 사용 주파수 대역폭이 중심주파수의 20% 이상을 점유하는 매우 넓은 주파수 대역을 사용 많은 양의 정보를 송수신할 수 있다.

이러한 현상과 아울러 장차 유비쿼터스 시대를 앞두고 다양한 어플리케이션이 개발되고 있는 가운데, 무선 초고속 데이터 통신은 가장 핵심적인 중추 기술로 주목을 받고 있는 상황이다. 유비쿼터스의 개념 자체가 언제 어디서나 자연스럽게 네트워크에 접속하여 정보를 향유하고 활용할 수 있는 상황을 지칭한다고 할 때, 망에의 접속수단으로서의 무선 초고속 데이터 통신은 이를 실현하기 위한 근간이 되는 기술이라 할 수 있으며, 다양한 기술이 개발되고 있음과 동시에 여전히 앞으로도 더 큰 성과가 기대되는 부분이기도 하다.

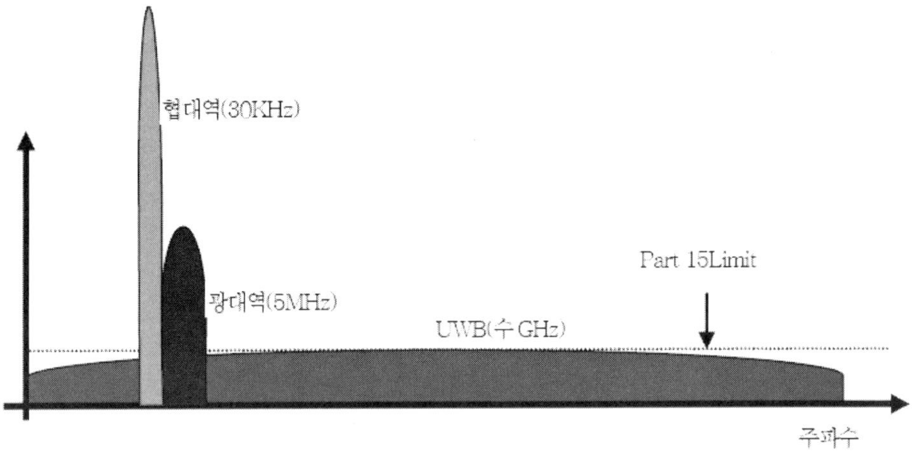

그림 1.1 UWB 신호의 주파수 스펙트럼

점점 높아져가는 사용자의 요구사항과 서비스 방식의 변화에 따라 IMT-2000 서비스는 이와 같은 멀티미디어 데이터 서비스를 2Mbps 이상 속도로 데이터 전송이 지속적으로 가능한 환경의 구축을 위해 더욱 진보된 기술향상을 요구받고 있으며 이에 따른 향후 제 4세대 이동 통신망 구축을 위한 주요 핵심 기술은 MIMO (Multiple Input Multiple Output), Smart Antenna, UWB, SDR (Software Defined Radio) 등이 있다.

UWB, SDR, 밀리미터파, 인지 무선 (CR : Cognitive Radio)을 비롯한 다양한 무선 접속 기술의 개발은 상기한 두 가지 차원에서 특히 큰 주목을 받고 있는 기술들이다. 그 가운데서도 UWB는 대역별로 배타적 주파수 이용권한이 부여되는 방식을 탈피하여, 매우 넓은 주파수 대역을 활용하면서도 기존에 해당 주파수를 사용하고 있는 여타 서비스에 주파수 간섭을 일으키지 않는 기술방식이면서 동시에 수백 Mbps 이상의 데이터 전송율을 실현할 수 있는 기술로 무궁무진한 발전 가능성을 가진 기술이라 할 수 있다.

UWB은 광대역으로 신호가 분포되므로 근거리 통신망에 적합하며, 광대역으로 분포된 에너지를 수신하여 검출하므로 협대역 통신신호에 의한 간섭에 대하여 내성이 매우 좋은 편이다.

또한 펄스 폭이 매우 좁고 Duty cycle이 1% 이하로 작아 다중 전파경로에 의한 신호의 퍼짐이나 중첩현상을 피할 수 있고 확산대역을 크게 하므로 장애물이 많은 장소에서도 페이딩에 강하다. 그리고 대부분의 회로를 디지털로 구현할 수 있어서 회로가 간단하고 반송파를 사용하지 않으므로 송수신기의 소비전력이 적은 장점이 있다. 그러나 UWB 시스템은 대부분 펄스위치 변조방식을 사용하는 것이 고려되고 있기 때문에 송수신에 매우 정확한 시간 동기가 요구되며, 광대역 주파수 특성이 우수한 특수 안테나를 사용하여야 한다. 또한 넓은 대역에 걸쳐 신호가 분산되므로 타 통신에 영향을 줄 수 있으며, 평균 전력은 작아도 첨두 전력이 커서 임펄스적 전자파 유기 등에 의하여 타 시스템에 장애를 일으킬 가능성이 있는 단점을 포함하고 있다.

1950년경부터 연구 개발되기 시작한 UWB 기술은 그동안 법적 근거 미비와 더불어 GPS (Global Positioning System) 및 연방 항법 시스템 (Federal Aviation System) 등을 비롯한 기존 무선통신 시스템과의 공존 문제로 인해 군사용 통신 시스템 및 레이더 시스템 정도의 응용 분야에만 국한되어 있었던 실정이었다. 하지만, 기존 무선통신 시스템과는 달리 초광대역을 점유하면서도 저전력의 초고속 데이터 전송이 가능하다는 독특한 UWB 시스템만의 특성과 현재 무선통신 업계가 겪고 있는 주파수 자원 고갈 문제의 해결을 위해, 지난 2002년 2월 드디어 미국 FCC는 UWB 기술의 상업적 이용을 허용하고 UWB 시스템을 위한 주파수 대역을 공표하게 되었다. 이에 따라 미국, 유럽 등을 필두로 한 세계 각국에서의 UWB 시스템 상용화 및 표준화 활동이 초창기와는 다르게 확실한 법적 근거를 바탕으로 하여 경쟁적으로 시작된 상황이며, 특히 UWB 시스템을 위한 표준화 그룹인 IEEE 802.15.3a Task Group을 중심으로 유수의 관련 회사들이 WiMedia 콘소시엄 결성, UWB 칩셋 제작 및 기술 특허 출원, 물리계층 제안서 제출 등 최근의 급격한 추세에 발빠르게 대응하고 있는 실정이다.

2 장

초광대역 무선통신 기술의 개요

2.1 UWB 기술이란?

UWB 기술은 디지털 부호정보를 나노세컨드 (10^{-9}초) 이하의 매우 짧은 폭을 가지는 임펄스 신호로 변환해서 무선으로 전송하는 기술로 광통신과 같은 수백 Mbps 의 초고속 통신이 가능하며 매우 낮은 송신전력의 사용으로 동일 용량 배터리로 기존 무선통신 방식보다 수십배 이상 오래 사용 가능할 뿐 아니라 송수신 장치도 획기적으로 소형화 할 수 있어 기존 무선통신의 한계를 극복할 수 있는 기술이다.

즉, 수 MHz 이하의 좁은 대역으로 보다 더 많은 정보를 보내는 협대역 무선 통신 (Narrowband Communication)과는 대치되는 개념으로, 상대적으로 넓은 주파수 대역을 사용할 수 있어 CDMA 에서와 같은 확산 효과와 처리 이득 (Processing Gain)을 갖게 되며, 주파수영역에서 전력 밀도치를 아주 작게 제어할 수 있어 다른 통신신호가 혼재하는 주파수에 중첩되어 사용하더라도 간섭을 거의 주지 않을 수 있으므로 휴먼 인터페이스를 비롯하여 정보가전용 홈 네트워크, WLAN, WPAN 등의 구축은 물론, 자동차용 ITS (Intelligent Transport System) 통신, 산업 물류 분야, 장비 제어, 자동차 충돌 방지, 산업용 거리 측정기, 초정밀 3차원 레이더, 보안감시, 재난구조 및 의료기기 등 광범위한 활용이 예상된다.

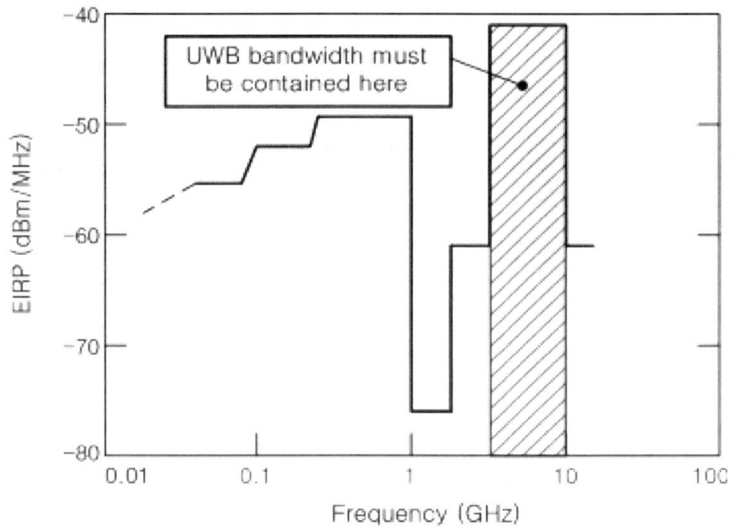

그림 2.1 UWB 시스템용 단말기에 대한 FCC 방사 마스크

이러한 UWB 시스템은 잡음신호 이하의 낮은 송신 전력을 사용해야 하므로 장거리 보다는 단거리 통신에 적합하다. UWB의 목적은 다른 통신시스템에 영향을 주지 않기 위하여 신호에너지를 초광대역으로 분산하여 송신함으로써 다른 협대역 신호에 간섭을 주지 않고 통신을 할 수 있도록 하는 것이다. 주파수 스펙트럼상의 파형은 시간축 상의 신호파형의 모양과 밀접한 관계를 가진다. 정현파는 어느 특정주파수에서만 큰 값을 가지지만 임펄스 신호는 비교적 넓은 주파수 대역에서 에너지가 분포한다. 최근에 발표된 미국 FCC (Federal Communications Commission)의 주파수 제약 조건을 따르기 위해서는 주파수 대역폭 제약에 따른 사항을 고려해 주어야한다.

펄스를 이용하여 통신을 하기위해서는 일정한 시간 주기로 펄스를 내보내야 한다. 펄스가 하나만 있을 때에는 주파수 영역에서 광대역 잡음처럼 나타났으나, 일정한 시간 주기를 가지는 펄스열 신호를 주파수영역에서 보면 규칙적인 주기 때문에 스파크 현상(Comb line)이 나타나게 된다. 주파수 영역에서 이러한 현상이 나타나게 되면 다른 통신에서 사용하는 협대역(Narrow Band) 신호에 간섭을 주기 때문에 펄스열의 규칙성을 없애야 된다.

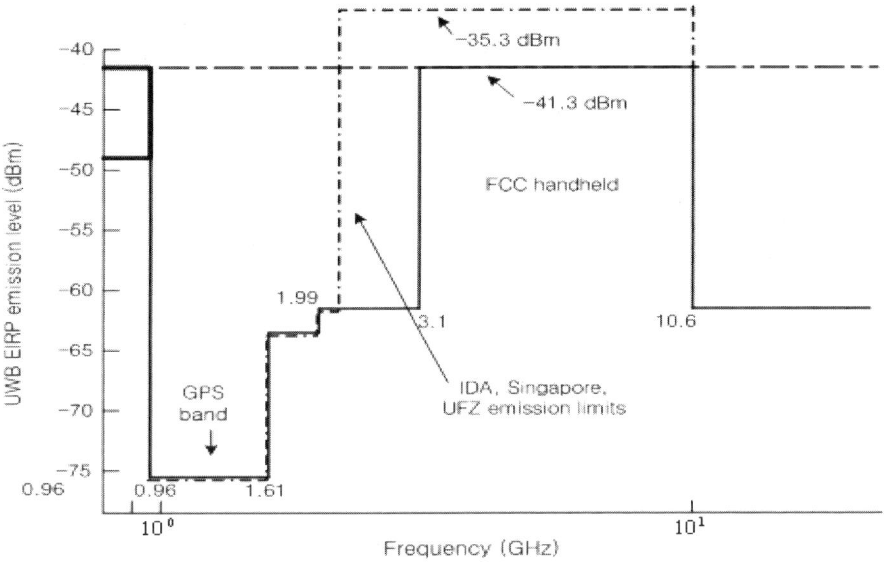

그림 2.2 FCC 와 비교한 싱가폴 UFZ (UWB Friendly Zone) 방사 한계

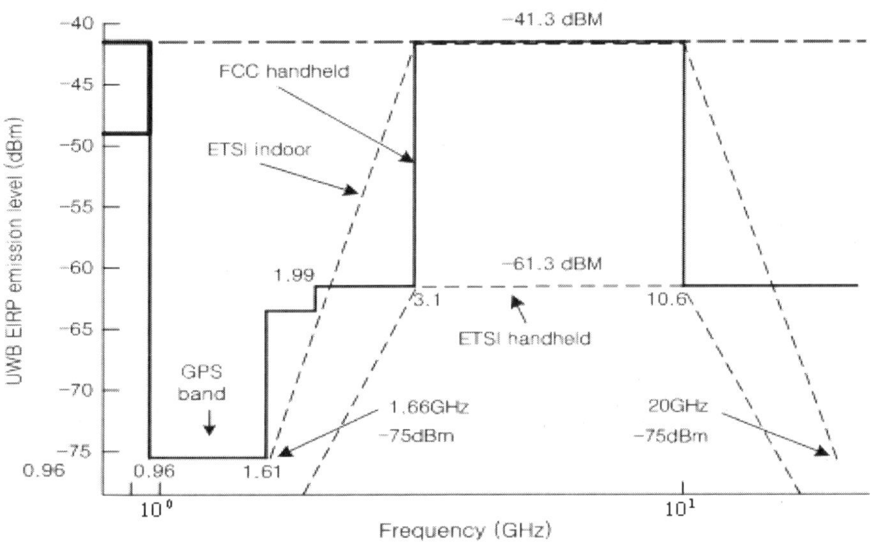

그림 2.3 ETSI (European Technical Standards Institute)에서 제안한 실내 UWB 시스템용 단말기의 방사 기준

UWB신호는 주파수영역에서 광대역 잡음과 같은 특성을 보이므로 코드를 이용하여 여러 사용자가 동시에 통신할 수 있다. 여러 사람이 동시에 사용할 수 있도록 다중화하는 방법은 일정한 펄스 시간보다 큰 시간구간(프레임)을 정해서 특별한 코드를 이용하여 프래임 내에 정해진 구간에 펄스를 위치시키면 된다. 이렇게 하면 여러 사용자가 동시에 통신을 하여도 자기 신호를 구분해 낼 수 있을 뿐만 아니라 규칙적인 펄스열로 인해 주파수 영역에서 나타났던 스파크 현상도 사라지게 된다.

FCC에 의한 UWB 시스템의 정의는 두 가지로 분류될 수 있는데, 첫 번째는 다음을 만족하는 시스템으로서 정의된다.

$$Fractional\ Bandwidth \equiv \frac{f_u - f_l}{\frac{(f_u + f_l)}{2}} \geq 0.2 \qquad (2.1)$$

여기서 f_u는 신호의 최대값으로부터 10dB 떨어진 지점이고, f_l은 신호의 최저값으로부터 10dB 올라간 지점이다. 그리고 $f_u - f_l$은 10dB 대역폭이고, $\frac{f_u + f_l}{2}$ 는 중심주파수이다.

두 번째는 위 식에서의 Fractional Bandwidth와 관계없이 절대적인 대역폭인 $f_u - f_l$이 500 MHz 이상인 시스템으로 정의된다. 기존의 임펄스 라디오 (Impulse Radio) 등의 UWB 시스템은 송신단에서 nano second 단위의 매우 좁은 폭을 갖는 가우시안 모노사이클 펄스 (Gaussian Monocycle Pulse) 혹은 임펄스를 펄스 위치 변조 (PPM : Pulse Position Modulation) 및 펄스 극성 변조 (BPM : Bi-Phase Modulation) 등의 방식을 통해 단속적으로 전송하고, 수신된 신호는 상관기 (Correlator)를 거쳐 복조된다. 이 때문에 UWB 시스템은 수백 MHz ~ 수 GHz 의 대역에 걸쳐 매우 낮은 전력의 초광대역 특성을 갖게 되어 기존의 무선통신 시스템과의 공존이 불가피하지만, 일반적으로 펄스열의 형태로 신호가 구성되기 때문에 시간 부호화에 의해 랜덤한 시간도약 (Time Hopping)과 선 스펙트럼 (Line Spectrum)

의 억제가 가능하여 높은 비화성과 낮은 간섭 특성을 갖게 된다. 또 다른 UWB 시스템의 장점으로 다중 경로에 대한 셈빌한 분해가 용이하여 Rake 수신 및 수 센티미터 정도의 위치 추적 분야에의 응용이 가능하다는 점을 들 수 있다. 이에 비해서 PPM과 시간도약 등에 요구되는 동기 획득이 어렵고 높은 순시 펄스 전력으로 인한 전자기적 문제가 초래될 수 있으며, 초광대역 특성 때문에 안테나의 설계가 복잡하다는 단점을 가지고 있다.

한편, UWB 시스템은 그 초광대역 특성으로 인해 큰 채널 용량 (Capacity)를 제공하고, 시스템 설계에 있어서 데이터 전송률과 적용 가능거리(Range)는 서로 절충 (Trade-Off) 관계를 가지게 된다. 따라서 펄스 반복 전송 측면에서 보면 반복 횟수가 늘어남에 따라서 데이터 처리량 (Throughput)은 감소하지만 신호대 잡음비, 즉 적용 가능한 거리가 증가하게 되고 또한 Rake 수시닉에 의한 수신 다이버시티 등의 성능에 의해서도 위 특성들이 향상될 수 있다.

그림 2.4는 이러한 UWB 시스템의 데이터 처리량과 적용 가능 거리에 대한 성능을 기존의 무선통신 시스템들과 비교하여 도시하고 있다. 그림에서 알 수 있듯이 UWB 시스템은 매우 낮은 전력 사용에도 불구하고 기존의 블루투스나 HomeRF 시스템보다 휠씬 방대한 데이터 처리량, 즉 높은 데이터 전송률을 나타내고 있음을 알 수 있다.

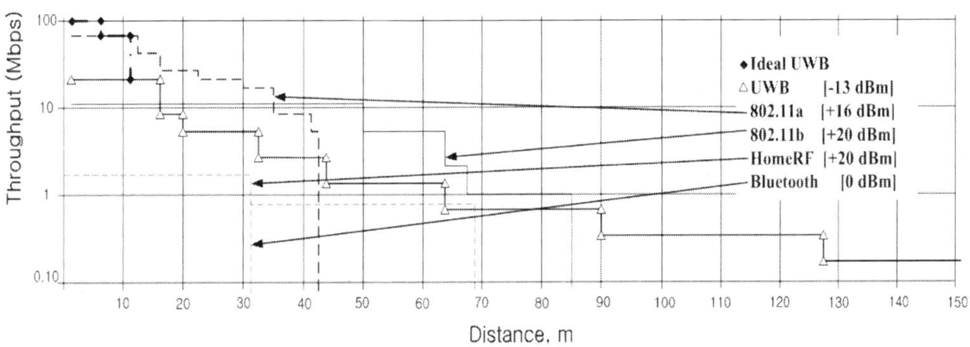

그림 2.4 UWB 시스템과 기존 시스템들간의 처리량과 Range 특성 비교.

또한 UWB 시스템은 상대적으로 높은 전력을 사용하는 IEEE 802.11 계열의 WLAN (Wireless Local Area Network) 시스템들과 비교했을 때, 근거리 뿐만 아니라 원거리 통신에 대해서도 더 유리하다는 장점을 가지고 있다. 이러한 UWB 시스템만의 독특한 장점들 때문에, 향후 W-PAN 환경에서 100 Mbps 이상의 초고속 근거리 데이터 전송이 요규되는 AV 기기, 게임기, 프린터, 스캐너, 모니터 등과 더불어 초단거리의 정밀함이 요구되는 위치 추적, 레이더, 의료기기 등의 응용분야에서 UWB 시스템의 필요성이 더욱 절실해질 것으로 예상된다.

최근 유럽무선통신사무국 (ERO : European Radio Communications Office)의 발표에 따르면 향후 UWB 시스템의 주요 응용분야로서 실내 무선 홈네트워크 및 이동통신과 같은 통신 분야가 약 98 %의 대부분을 차지할 것으로 예상되고 있으며, 이와 관련한 UWB 시장은 2003년부터 2010년까지 매년 약 61%의 급속한 성장률을 보일 것으로 예상된다.

2.2 UWB 기술의 특성

2.2.1 송수신기의 소형화, 저 전력화, 저가격화

기존의 무선 통신 방식은 대부분 1918년에 Howard Armstrong에 의해 개발된 슈퍼 헤테로다인 (Super-heterodyne) 방식을 이용하고 있다. 반면에 UWB 시스템은 그림 2.5와 같은 기저대역에서의 직접 변환에 의한 호모다인 (Homodyne) 방식을 사용하므로 협대역 (Narrow band) 통신 방식과 달리 송/수신기에서의 주파수 천이 과정 (carrier-free) 이 필요치 않으므로 슈퍼 헤테로다인 구조에 비해 구성이 상대적으로 간단하여, 기준 오실레이터 (Reference oscillator), 위상 동기 루프 (Phase-Lock Loop: PLL), 신디사이저 (synthesizer), 믹서(mixer), 또는 증폭기 (power amplifier) 등이 필요하지 않다.

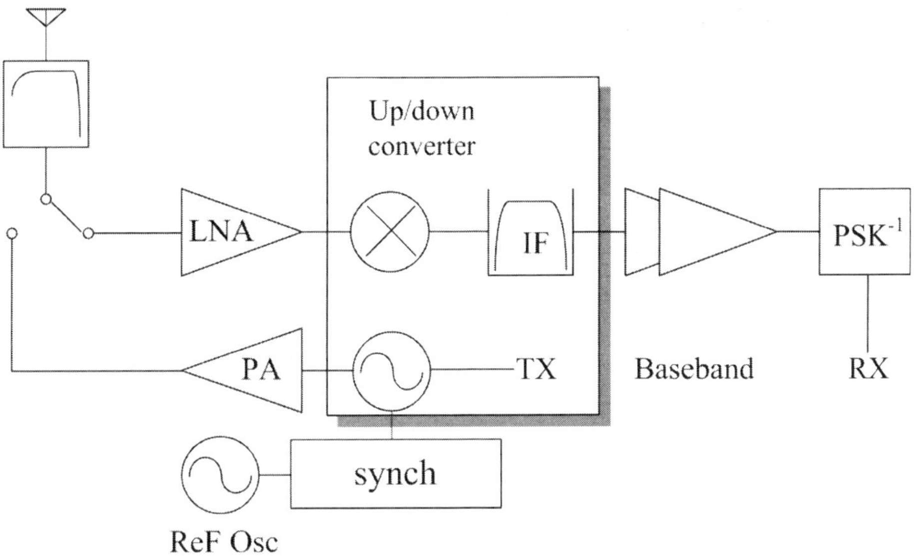

(a)

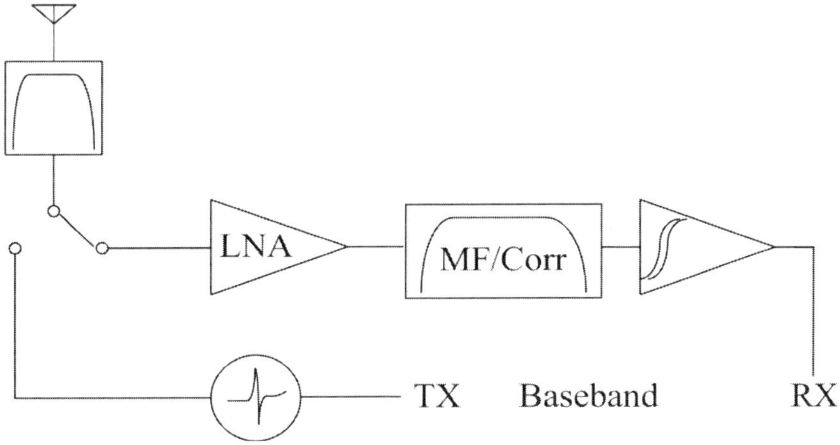

(b)

그림 2.5 통신 방식의 비교 (a) 기존의 무선통신 : Heterodyne 방식,
(b) UWB : Homodyne 방식

2.2.2 높은 주파수 전송량

UWB 시스템은 기존 시스템보다 더 낮은 비용과 전력 소비로 훨씬 넓은 주파수 대역을 이용하여, 비트/초/평방미터 (bits/sec/square-meter)로 정의되는 공간용량 (spatial capacity)을 제공할 수 있다. 블루투스 그룹 (Bluetooth Group)과 IEEE.802 에서 향상된 표준을 개발하고는 있지만 제한 주파수 폭 때문에 이러한 시스템들은 공간용량 (spatial capacity) 향상에 한계를 가질 수밖에 없으며, 그에 비해 매우 넓은 주파수 대역폭을 이용하는 UWB 시스템은 높은 공간용량을 제공할 수 있는 잠재성을 가지고 있다.

2.2.3 채널 용량과 거리와의 상관관계로 인한 거리 제한조건

UWB 시스템은 기본적으로 기존 협대역 (Narrow band) 시스템들과 주파수를 공유하여야 하기 때문에 상호 간섭을 고려하여 사용 주파수 대역과 송신 출력이 제한될 수밖에 없다. 펄스의 형태와 펄스폭 (Pulse width)에 의해 사용 주파수 대역이 결정 될 수 있으며, 일단 사용 주파수 대역이 결정되면 전송 가능한 데이터 율이 결정되기 때문에 일정 거리에서 보았을 경우 한 채널이 전송할 수 있는 데이터 율과 사용자에게 할당 가능한 채널 수는 상호 연동관계가 없다.

또한 UWB 시스템에 대한 전력에 제한이 있기 때문에 일정 신호대 잡음비 (S/N)를 유지하기 위해서는 거리가 멀어질수록 프로세스 이득 (processing gain)을 높여야 하며, 이를 높이기 위해서는 듀티 사이클 (Duty Cycle)과 한 비트 (bit)를 전송하기 위한 반복 주기를 길게 하여야 하므로, 전송 거리가 멀어질수록 전송 가능한 데이터 율은 감소하게 된다.

3 장
초광대역 무선통신 기술 기준 및 표준화 도향

3.1 UWB 관련 규제 동향

최근 각광받고 있는 UWB는 연속적인 정현파를 사용하는 기존의 무선통신 시스템과는 달리 초단시간 펄스의 사용으로 인해 초광대역을 점유하면서도 단속적으로 데이터를 전송할 수 있는 독특한 특성을 갖는 기술이다. 지난 1988년에 Time Domain사에서는 미국 FCC에 최초로 UWB 기술 도입을 요청하였고, 이에 FCC에서는 1998년 9월 Notice of Inquiry, 2000년 5월 Notice of Proposed Rule Making을 거쳐, 마침내 2002년 2월 UWB를 위한 첫 번째 Report & Order를 발표하게 되었다. 여기에는 UWB 방사 지침, GPS (Global Positioning System)와 연방 항법 시스템 등과 같은 민감한 통신장비에 대한 보호, 기존 무선 통신에 간섭을 제공하지 않는 수준에서의 UWB 기술 허가에 관한 조항이 제시되어 있다. 이를 바탕으로 FCC에서 규정한 주파수 대역 제한 수준은 표 3.1에서 알 수 있듯이 응용 분야마다 차이가 있지만, 무선통신 분야에 초점을 맞추어 보면 그림 3.1과 그림 3.2에서와 같이 3.1 GHz ~ 10.6 GHz에 이르는 총 7.5 GHz의 대역폭 제한과 더불어 -41.25 dBm/MHz라는 방사 제한을 두고 있음을 알 수 있다.

표 3.1 FCC에거 규정한 응용 분야에 따른 주파수 대역 제한 수준 비교

Class/Application	Frequency Bands for Operation at Part 15 Limits	User Limitations
Communication & Measurements Systems	3.1 GHz ~ 10.6 GHz (Different "Out-of-Band" Emission Limits for Indoor and Handheld Devices)	No
Ground Penetrating Radar, Wall Imaging	< 10.6 GHz	Yes
Through-Wall Imaging	< 960 MHz or 1.99 GHz ~ 10.6 GHz	Yes
Surveillance Imaging	1.99 GHz ~ 10.6 GHz	Yes
Medical Imaging	3.1 GHz ~ 10.6 GHz	Yes
Vehicular Radar	22 GHz ~ 29 GHz	No

참고로 UWB에 대한 스펙트럼 마스크 방사 제한값은 FCC의 Part 15 규정에서 정한 비의도적 방사 기기 (Unintentional Radiator)에 대한 값과 동일하다 (다만 이 경우는 UWB 와는 달리 단위 MHz 당 값이 아니라는 차이가 있다). 이러한 미국 FCC의 활동과 더불어, 유럽의 ETSI에서는 UWB 표준 제정을 위해 1 GHz ~ 40 GHz에 이르는 주파수 대역을 고려하고 있으며 크게 통신과 레이더 분야를 위한 두 개의 Task Group을 결성하여 UWB에 대한 본격적인 기술 개발을 착수하고 있는 상황이고 국제전기통신

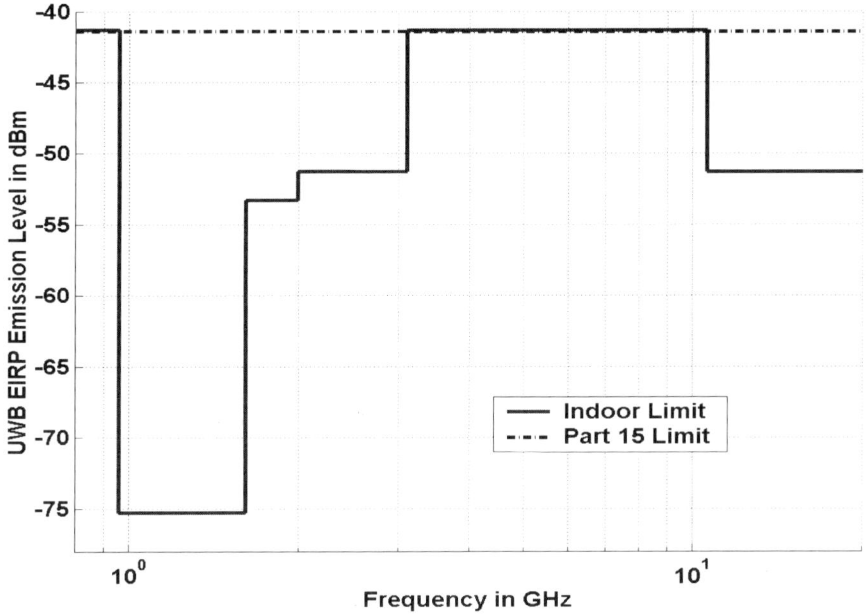

그림 3.1 무선통신 분야를 위해 FCC에서 규정한 주파수 대역 제한 및 방사 제한 (실내)

연합 무선통신부문 (ITU-R) 역시 UWB 기술 및 제약 사항의 검토를 위해, Task Group를 중심으로 하여 UWB 장비와 기존의 무선통신 서비스와의 호환성에 관한 연구를 수행중에 있다.

한편 그림 3.1과 그림 3.2에서 보는 바와 같이, GPS 주파수 대역에 대한 FCC의 엄격한 규제에 부합하는 UWB 신호를 생성하기 위해서는 시스템 비용의 증가를 감수하더라도 RF단 믹싱 (Mixing)을 도입하거나, 최적의 파라미터 선택에 의해 펄스를 변형시킬 필요성이 존재하게 된다. 이러한 FCC의 엄격한 법적 규제 및 기존 무선 통신 시스템과의 주파수 대역 공유 문제상, UWB 시스템이 보편적으로 적용 가능한 환경은 실내 무선통신 측면으로 국한되어 있는 실정이다.

하지만 현재 무선통신 업체가 겪고 있는 주파수 자원의 고갈 및 높은 전

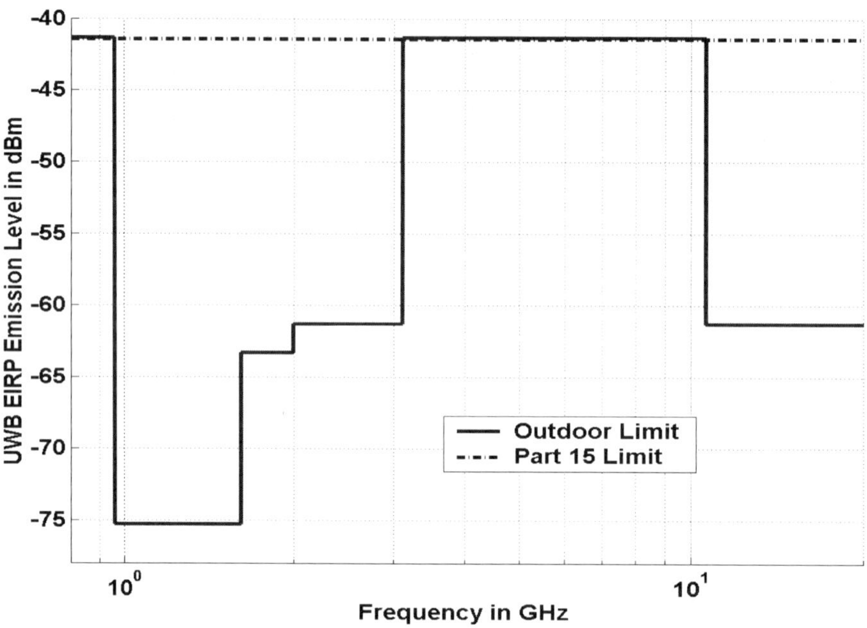

그림 3.2 무선통신 분야를 위해 FCC에서 규정한 주파수 대역 제한 및 방사 제한 (실외)

송률 요구에 부합하는 UWB의 절실한 필요성을 감안할 때, 법적 규제의 완화와 더불어 체계적인 표준화 및 전 세계적인 상용화가 빠른 시일내에 이루어질 것으로 보인다.

3.2 표준화 동향

지난 2002년 1월에 WPAN의 초고속 전송을 위한 "Althernative PHY"에 대한 연구를 목적으로 하는 IEEE802.15 Study Group (SG) 3a가 창설되었는데, SG3a 초기 결성 당시에는 Alternative PHY의 운용을 위해 25

GHz ~ 60 GHz 대역의 할당 및 이 대역을 위한 새로운 전송 방식, 혹은 UWB 방식을 고려하였다. 하지만 이때는 UWB에 대한 FCC의 주파수 대역 할당이 이루어지기 이전이었으며, FCC에서 약 4년간의 검토 끝에 지난 2002년 2월 UWB 기술의 상업적 이용을 허용하고 UWB 시스템을 위한 주파수 대역을 공표한 후 이에 발맞추어 2003년 1월에 드디어 UWB 기술의 본격적인 표준화 작읍을 위해 IEEE 802.15 Alternate Task Group 3A, 즉 TG3a가 발족되었다. 현재 TG3a에서는 유수 관련 업체들의 참여를 통해 UWB 기반으로 10 미터 이내에서 110 Mbps ~ 480 Mbps 급 초고속 데이터 전송을 위한 Alternate PHY의 결정을 위해 활발히 연구 중에 있으며, 세부적으로는 기존의 IEEE 802 무선통신 시스템들과의 공존 문제, 다중 경로 환경에서 강인성, 여러 응용 분야를 위한 연구 등을 다루고 있다. 동 그룹에서는 지난 2003년 5월까지 UWB 표준화를 위한 총 23개의 제안서들을 접수하였으며, 이들 제안서들은 전송 방식의 측면에서 크게 멀티밴드 (Multi-Band), 퓨밴드 (Few-Band) 및 OFDM (Orthogonal Frequency Division Multiplexing) 등으로 구분 가능하다.

여기서 특히 퓨밴드 방식은 7.5 GHz의 전체 허가 대역폭을 1.5 GHz 이상의 대역폭을 갖는 2개 ~ 4개 서브밴드 (Sub-Band)로 분할하여 사용하는 방식으로서, 각 서브 밴드가 멀티밴드 방식에 비해 광대역이며 이들 각각에 기존의 싱글밴드 UWB 시스템을 적용할 수 있어 이의 확장된 형태로 볼 수 있다. 현재 동 표준화 그룹에서는 멀티밴드 방식 가운데 유사 방식들의 통합 등과 같은 자체 조정이 진행되었으며, 총 세 번의 회의에 걸쳐서 이들 제안서에 대한 발표와 검토 및 통합 작업을 진행중에 있다. 특히 2003년 7월부터 제안서 선정 작업 (Down Selection)을 시작하여 최근의 UWB에 대한 급격한 연구 개발 추세에 발맞추어 조속한 표준화 작업을 진행중에 있다.

또한 이러한 표준화 작업에 발맞추어 산업체 콘소시엄인 WiMedia Alliance에서는 Intel, Motorola, Sony, XtremeSpectrum, Time Domain 등 관련 업체들의 참여를 통해 UWB를 이용한 초고속 데이터 전송 기술의 상용화에 힘

쓰고 있다.

한편 저속 W-PAN을 위한 IEEE 802.15.4 Zigbee 표준을 기반으로 향후 유비쿼터스 네트워크 구축에 필수적인 위치 추적 관련 기능을 수반하는 저가의 저전력 물리계층의 결정을 위해, 지난 2003년 3월 IEEE 802.15 Alternate Study Group 4a, 즉 SG4a가 창설되었다. 동 그룹에서는 추가적으로 데이터 전송율 및 적용 가능 거리의 유동성까지 고려하여 기존 Zigbee 기술보다 새로운 핵심적인 응용분야 개발 및 관련 시장에의 높은 선점 가능성을 예상하고 있으며, 이를 위해 기대하는 응용 분야의 범주는 다음과 같이 분류될 수 있다.

▶ 스마트 태그, 스마트 홈, 위치추적, 인명 구조 등의 위치 추적 분야
▶ 원격 센서 및 위치 인식 장치 등을 기반으로 하는 각종 제어 분야
▶ 신체 관리 모니터링 및 의료진 위치 파악 등을 요구하는 의료 관련 분야

특히 IEEE 802.15 SG4a에서 기존의 Zigbee 기술 표준과 차별적으로 추구하는 가장 두드러진 핵심 요소는 위치 예측 기능과 저전력 특성이므로, 최근 이에 부합하는 가장 유력한 후보 기술로 UWB가 거론되고 있는 상황이다. UWB 기술은 그림 3.3에서 보는 바와 같이, 시스템 성능에 있어서 데이터 처리량과 적용 가능 거리가 서로 절충 관계에 있기 때문에, IEEE 802.15 TG3a에서 요구하는 근거리 초고속 데이터 전송과 더불어 상대적으로 원거리의 저속 데이터 전송을 요구하는 IEEE 802.15 TG4 및 위치 예측 기능 수반의 저전력 특성을 추구하는 IEEE 802.15 SG4a에도 적절하다는 장점을 갖고 있다.

또한 이러한 UWB의 최근 활발한 연구 개발 추세에 발맞추어 현재 Paranosic, Toshiba, Fujitsu 등을 비롯한 여러 회사에서는 UWB를 기반으로 하는 멀티미디어 데이터 스트리밍의 연구 개발에 박차를 가하고 있으며, Time Domain, XtremeSpectrum, AetherWire, Multispectral Solutions 등

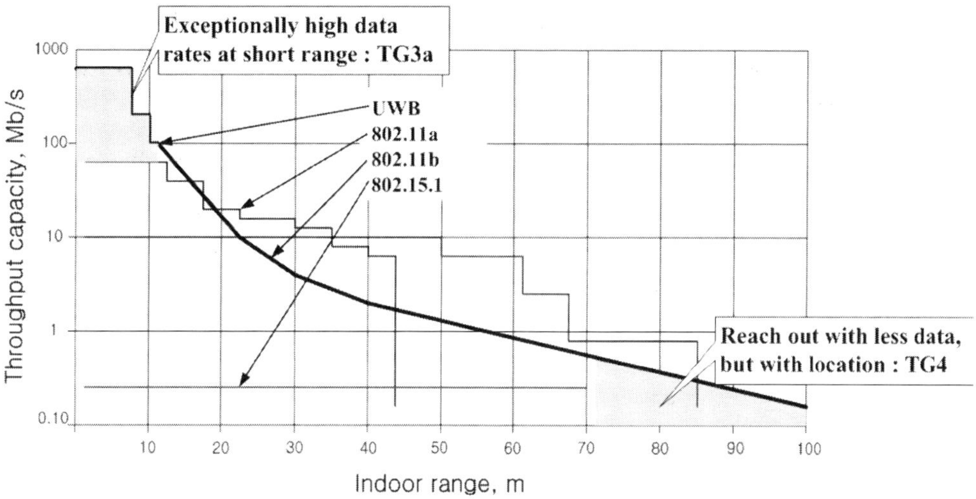

그림 3.3 데이터 처리량과 적용 가능 거리의 절충 관계에 따른 UWB 특성 비교

의 벤처 기업들은 각자의 원천 기술과 응용 분야를 기반으로 100 Mbps 급 UWB 칩셋 및 제품, UWB 관련 기술 특허들을 선보이고 있다.

2002년 10월 Time Domain에서는 이미 40 Mbps 의 데이터 전송률을 가지는 “PlusON 200" 칩셋을 개발하였고, 또한 레이더를 이용한 위치 및 이동 포착을 목적으로 하는 :RadarVision"이라는 제품도 선보였다. 한편 XtremeSpectrum에서는 2002년 7월 최초로 FCC 규격에 부합하는 칩셋을 개발하였고, AetherWire는 위치 추적 용도의 칩셋을 선보이기도 하였으며, Multispectral Solutions 역시 UWB 기반으로 무전기, 이동 포착 센서, 충돌방지 시스템 등을 목적으로 한 제품들을 출시해오고 있다.

3.2.1 IEEE 802.15.3a 표준 현황

IEEE802153a 회의는 현재 여러 회사들의 제안들이 상호 병합 단계를 거치고 있고, 2003년 7월 회의에서는 다운 셀랙션(down selection)이 진행

될 예정이다. 15.3a의 표준화 대상은 물리 레이어(Physical Layer)로, 특히 변조방식이나 다중 접속방식을 담당하는 물리 서브레이어를 중심 표준으로 제안되고 있다.

주파수 사용 측면에서 보면 대부분의 제안이 IEEE802.11a의 주파수 대역인 5㎓대를 피해 주파수를 사용하고 있다. 현재 주요 제안들을 보면 주파수 폭을 넓게 잡는 싱글밴드(Single-band) 방식과, OFDM의 반송파 단위로 이용 주파수를 정하는 OFDM 방식, 전체 주파수 대역을 몇 개의 주파수 블록(sub-band) 단위로 나누어서 사용하는 멀티밴드(Multi-band) 방식이 있다. UWB 원천기술을 많이 확보하고 있는 XSI사는 그림 3.4에서 보여진 바와 같이 2개의 서브밴드 (sub-band)를 가지는 싱글밴드 방식을 제안하였다. 개념적으로 비교적 간단한 하드웨어를 구성하고 있으나 구현이 쉽지 않다는 단점이 있다.

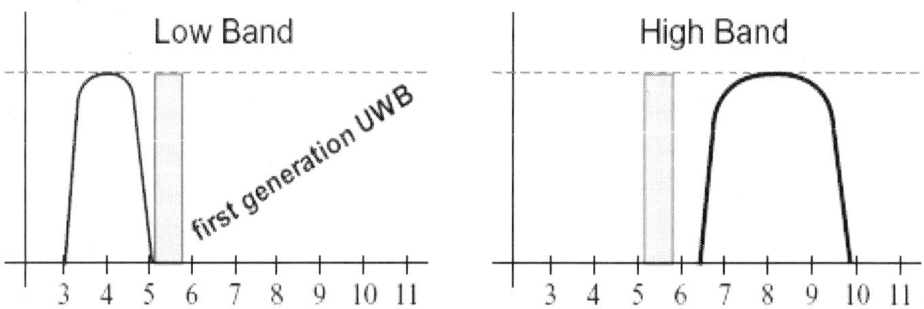

그림 3.4 XSI Dual-band

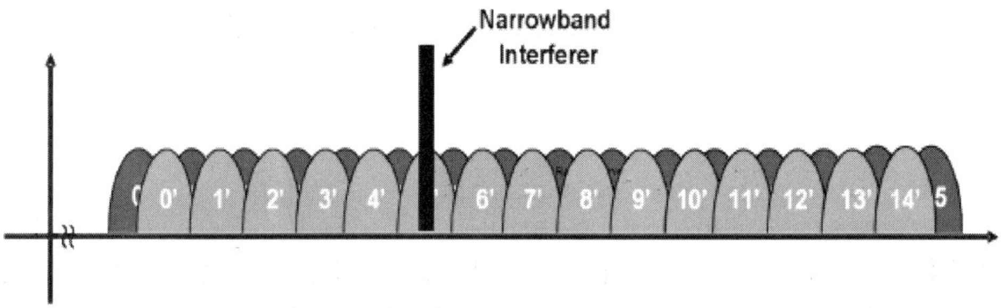

그림 3.5 MBC Multi-band 구성

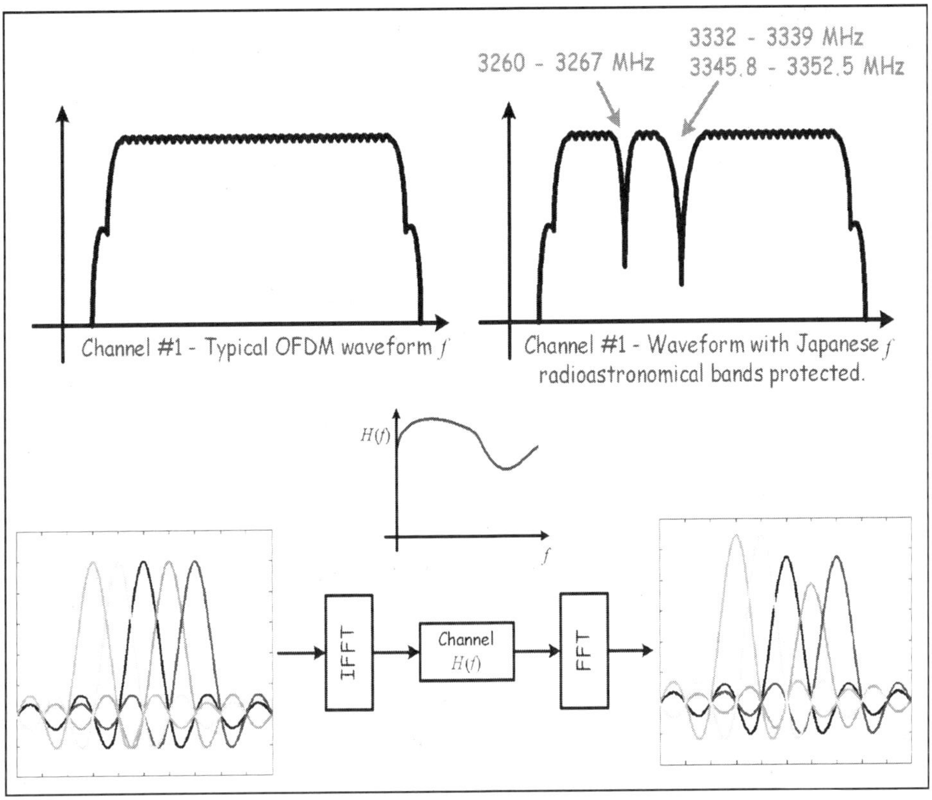

그림 3.6 TI OFDM band 구성 및 개념도

이에 반해 Wisair사를 중심으로 한 멀티밴드연합(MBC: Multi-Band Coalition)측은 500MHz 정도의 대역폭을 13-17개의 섭밴드로 나누는 것을 골자로 하는 멀티밴드방식을 지원하고 있다. 그림 3.5는 14개혹은 15개로 서브밴드를 구성하는 멀티밴드방식을 보여주고 있다.

한편 TI사는 멀티패스와 간섭에 강한 OFDM방식을 가장 늦게 제안하였다. 3개의 섭밴드로 나누어지며 그림 3.6의 개념도에 나타나 있는 FFT 구현이 복잡하다는 단점이 있다. 최근에는 멀티밴드 방식과 OFDM 방식간의 상호 병합이 진행되고 있고 7월 회의에서는 상호 병합된 문서를 발표할 예정이다.

표 3.2 IEEE 802.15.3a에 제안된 기술 비교

	Single-band (Few Band)	Multi-band	OFDM
개념	하나 혹은 3개 정도의 광대역 band로 나눔 FDM+CDM+TDM	500MHz 정도의 대역폭을 갖는 여러개 (13~17)의 band로 나눔. Time Frequency Interleaving Sequence(TFI)+QAM	5 GHz 이하에서 3개의 band로 나눔 TFI-OFDM 사용
장점	개념적으로 간단한 HW 구성 저비용 저전력 시간에 빠르게 대처	구현이 용이하다 다른 무선 네트워크와의 간섭이 적다	range가 길다 멀티패스에 강하다 간섭에 강하다
단점	광대역 안테나가 필수 신호간섭에 대처능력이 적다 (Notch filter 사용) 구현이 용이하지 않다	구현을 통한 검증이 되지 않음 MAC에서 band의 관리가 필요 전력 소모가 많을 수 있다	FFT의 구현이 복잡하다
제안회사	XSI, SONY	Inter, TimeDomain, DTC, WisAir, GA, Femto Devices	TI, U. of Minnesota

각 방법에 대한 장단점을 표 3.2에 나타내었다. 현재 15.3a 표준화에서는 7월 9월 미팅에서 다운셀렉션을 거쳐, 11월에 최종안을 확정한다는 스케줄로 진행이 되고 있다. IEEE802 표준에서 최종 사양으로 채택되기 위해

서는 투표 참여자의 75%의 득표가 필요하다. 이런 관점에서 보면 OFDM과 멀티 밴드 방식의 병합된 안이 월등히 우세하다. 그렇지만 최종안이 75%의 득표를 얻어 최종 사양으로 채택될 수 있을지는 아직 의문이다.

3.2.2 IEEE 802.15.3의 표준현황

153a가 발족되기 이전에 15.3의 표준이 진행되었고, 현재 완료가 된 상태이다. 15.3a는 15.3의 대체 물리층(alternate PHY)을 정의하기 위하여 만들어진 분과이므로 MAC은 기존의 15.3에서 정의한 표준을 사용하는 것을 원칙으로 한다.

15.3 MAC의 특징 중 한 가지 기능은 무선 네트워크의 접속과 분리가(Network Formation) 원활하게 이루어진다는 점이다. 특히 네트워크에 참가하는데 필요한 인증(Authentication), 주소할당(Addressing), 보안 키 설정(Security-Key setting) 및 프로그램 실행(Bootstrap) 등의 시간을 1초 이내로 매우 짧게 하는 것을 목표로 하고 있다. 이것은 모처럼 전송속도가 빨라도 참가하기까지 시간이 걸려서는 안 된다는 생각에서 규정된 것이다. 그리고 또 다른 특징은 15.3의 네트워크는 엑세스 포인트(AP: Access Point)에 기반을 둔 네크워크가 아니라 아무나 피코넷 코데네이터(PNC: Piconet Coordinator)가 될 수 있다는 것이다.

즉 어떠한 디바이스(DEV)도 PNC가 될 수 있으며 기본적으로는 에드호크(Ad Hoc) 네트워크를 상정한다. 소비전력도 중요한 MAC의 기능으로서 여러 가지 파워 관리 모드를 갖추고 있으며, 휴대용 기기에 응용 가능성을 최대한 고려하여 저전력 소비를 위한 방법이 제공되고 있다.

(1) TDMA 형태의 MAC

MAC 방식으로 시분할다중접속(TDMA:Time Division Multiple Access) 방식을 채택한 15.3에서는 실제로 「슈퍼프레임」이라고 하는 시간적인 배치

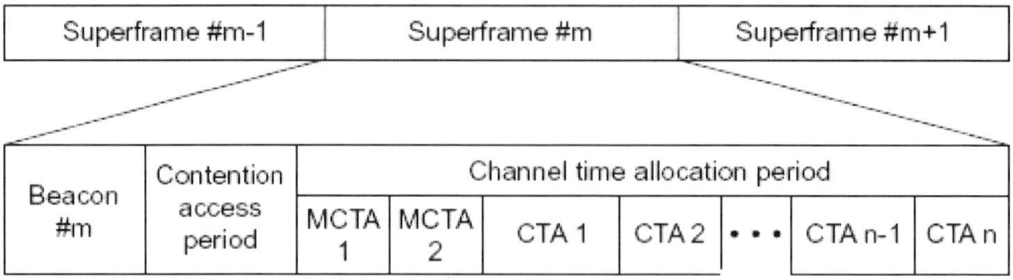

그림 3.7 802.15.3 피코넷 수퍼프레임

octets: 0 or 4	L_n
FCS	Frame payload
MAC frame body	

1	3	1	1	2	2
Stream index	Fragmentation control	SrcID	DestID	PNID	Frame control
MAC header					

그림 3.8 802.15.3 MAC 헤더와 프레임 바디 포멧

구조안에 MAC 프레임 (그림 3.7)을 넣는 구조로 되어있다.

슈퍼프레임은 제어정보가 기술되는 비콘Beacon), 랜덤 액세스 제어가 실행되는CAP(Contention Access Period), 그리고 데이터가 수납되는 CTAP(Channel Time Allocation Period)라는 세 종류의 블록으로 구성되어 있다 이중 CAP는 필수가 아니라 MCTA(Management CTA)라는 형태로 이용되는 경우도 있다 (그림 3.7). 이 경우 CAP 영역은 CSMA/CA 토대로 랜덤 액세스 제어가 이루어지는데 반하여 MCTA는 슬롯 알로하(Slotted Aloha) 방식을 이용하게 된다. 비콘은 데이터를 보낼 때 필요한 제어정보를 가지고 있으며 CAP에서는 기기가 피코넷 참여나 시간을, 할당요구 패캣등이 경합을 한다. 그 후 경합에서 선택된 서비스에 해당하는 페이로드 (사용자 데이터)를 보낼 수 있는 시간구간이 CTAP에 할당된다. 스트리밍과 같은 동기 데이터도 CTAP 안에서 시간틀을 얻어 전송할 기회가 주어지는 경우도 있어 비동기 데이터를 보낼 때도 각각의 크기에 따라 적절하게 요구되는 대역에서 전송할 수 있다. 즉, 네트워크 전체에서 100Mbps 전송능력이 있다고 하면「그중 30Mbps를 사용하도록」혹은「15Mbps를 사용하도록」이라는 선언을 하고, 그 다음 데이터 프레임이 전송된다. 데이터를 송신하는 시간틀에는 두 종류가 있다. 첫 번째는 동적 CTA(Channel Time Allocation)이다. 동적 CTA의 위치는 슈퍼프레임마다 바뀌는 것이 허용되고 있으며 비콘을 놓치면 송수신을 하지 못한다. 다른 한 가지는 수도 스태틱 (pseudo-static) CTA로 슈퍼 프레임마다 절대적인 전송 타이밍이 변하지 않으며 비콘을 몇 개 놓쳐도 계속 정해진 타이밍에 데이터를 송수신할 수 있다. 물론 사양에서 정해진 횟수 이상 연속으로 비콘을 인식못하면 해당 CTA는 사라지게 된다.

(2) Ad Hoc 형태의 네크워크

IEEE 802.15가 고속 전송 사양의 표준화 작업을 시작한 한편 IEEE 802.11에는 IEEE 802.11a의 54Mbps보다 더 빠른 네트워크를 모색하는「Wireless New Generation(WNG)」이라는 Study Committee가 있다. WNG와의 구분에 관해 SG3a는 더 특별한 곳에 적용될 것으로 보여 진다. 예를 들어 회의실에 참가자가 노트북 PC를 가지고 모여 각각 프리젠테이션을 한다. 그 때「그러면 제가 우선 프리젠테이션을 합니다.」라고 말하고 프로젝터를 돌리는 것이 아니라 참가자 전원의 노트북 PC에 옮겨준다. 그 자리에 한정된 네트워크를 만들고 바로 해산하는 식이다.

AV 데이터의 스트리밍이나 초고속 다운로드 등 여러 애플리케이션을 동시에 실현할 수 있는 사용법이 고려되고 있다. 이를테면 MPEG 규격에서는 1M~Mbps 정도부터 24Mbps 라는 것도 있다. 업무용으로는 200Mbps 이상인 것도 있다. 이들의 데이터 전송을 동시에 실시할 수 있다면 이상적이다. 같은 공간에서 서로 다른 채널을 가지는 피코넷을 형성하거나 피코넷 안에 별도의 피코넷을 구성할 수 있는 차일드 피코넷이나 네이버 피코넷으로 구현할 수 있다. 이는 모두 에드호크 네트워크 형태를 지원한다.

3.3 WiMedia UWB 표준화 및 서비스 동향

UWB는 레이더 군사용 목적으로 사용되었으며, 2002년 FCC에서 상용을 허락한 이후 IEEE 802.15.3a에서 표준화가 시작되었다. IEEE 802.15.3a에서 물리계층 기술 채택에 있어서 인텔을 중심으로 하는 MB-OFDM 방식과 모토롤러를 중심으로 하는 DS-CDMA 방식이 제안되어 표준안 도출을 위한 노력을 오랫동안 지속하였으며, 각 방식은 MBOA (MB-OFDM Alliance)와 UWB Forum을 중심으로 각각 관련 기술 연구 및 표준안이 개발되어 왔다.

그러나 MBOA와 DS-CDMA 간의 대립은 결국 표준안 도출에 실패하여 2006년 1월 IEEE 802.15.3a의 활동 중단을 선언하기에 이르렀으며, 이후 각 방식의 표준 활동은 WiMedia Alliance와 UWB Forum에서 진행되면서 시장 점유에 의산 사실상의 표준으로 자리잡기 위한 경쟁에 놓이게 되었다. 한편 UWB Forum은 주요 멤버인 Freescale과 모토롤러가 2006년 4월 Forum을 탈퇴하면서 현재 표준화 활동이 중단된 상태이다.

인텔, 마이크로소프트, HP 등이 주축인 WiMedia Alliance는 2002년 "PAN(Personal Area Network) 환경에서 장치들 간의 무선 멀티미디어 연결과 상호 운용성을 장려"하기 위하여 구성되었으며, 2005년 3월 MBOA-SIG와 합병하여 MBOA 기술을 기반으로 PHY 계층과 MAC 계층 기능 뿐만 아니라 상호 운용성 및 기타 UWB 응용에 필요한 규격 등을 제정하고 있다.

WiMedia Alliance는 2005년 ECMA(European association for standardizing information and communication systems) 표준 채택 및 무선 USB(Certified Wireless USB) 1.0 규격 완료 등 표준화 및 블루투스(Bluetooth), 무선 1394(Wireless 1394), WLP(WiMedia Logical Link Control Protocol), DLNA (Digital Living Network Alliance) 등의 다양한 응용에 활용하기 위한 활동을 활발히 전개하고 있다.

3.3.1 WiMedia UWB 기술 개요

2002년 FCC는 상용화를 허용하면서 UWB 신호를 "중심주파수의 20% 이상의 점유대역폭을 가지거나 또는 500MHz 이상의 대역폭을 차지하는 무선 전송기술"로 정의하였다. 따라서 대역폭만 500MHz 이상 확보한 기존 캐

표 3.3 MBOFDM와 DS-CDMA 기술 비교

구분	MB-OFDM	DS-CDMA
제안사	WiMedia Alliance	UWB Forum
주파수 운용방식	- 14개 (대역폭 : 528 MHz) - 3개 (Mandatory) : 3168~4752 MHz	- single bnad : 3.1~4.9 GHz - dual band : 3.1~4.9 GHz, 6.2~9.7 GHz
변조방식	OFDM/QPSK	CDMA/BPSK or 4-BOK
FEC	Convolutional Code	Convolutional code
데이터 전송률	53.3~480 Mbps	27.5 Mbps ~ 1.32 Gbps
Multiple Access	FDM/TF-interleaving	FDM/CDM/TDM
Piconet 수	4~16 개	6~12 개
송수신	FFT/IFFT 구조	Rake receiver 구조
Location 인식	cm 단위의 Resolution	cm 단위의 Resolution
전송방식 특성	Peak to average ratio 문제	- 채널 간섭에 강함 - Full digital 구현 어려움

리어 변조 기술도 UWB 기술로 분류된다. UWB는 일반적으로는 3.1G ~ 10.6GHz 대역에서 100 Mbps 이상 속도로, 기존의 스펙트럼에 비해 매우 넓은 대역에 걸쳐 FCC part 15의 EIRP(Effective Isotropical Radiated Power) 기준(-41.3dBm/MHz)의 낮은 전력으로 초고속 통신을 실현하는 근거리 무선통신 기술로 규정하고 있다. 기존의 펄스 기반 고유의 장점을 살펴보면 근거리에서 최대 1Gbps급의 초고속 전송이 가능하고, 출력 전력을 낮출 수 있으므로 전력 증폭기 없이 에너지 사용효율을 향상시킬 수 있다.

또한, 다중경로 페이딩의 여러 문제점에 대응 가능하며, 펄스 도달 시간으로부터 수 센티미터 정도의 정밀도로 기기간 거리를 계산할 수 있어 위치 기반 저전력 Ad-Hoc 네트워크에 활용 가능하다. 기술 구현의 난점으로는 다중경로 전송에 의한 ISI(Inter Symbol Inter ference)를 줄이기 위해 레이크(Rake) 수신기를 효율적으로 구현해야 하는 문제와, 기존의 통신기기와 매우 가까운 위치에 있을 경우 나타나는 상호 간섭 문제, 기기 간 신속한 동기 및 링크 형성 기술 등이 필요하며, 생산원가와 전력소모를 낮추는 문제 등이 남아있다.

IEEE 802.15.3에서 정의하고 있는 MAC 프로토콜은 빠른 연결 설정, Ad-Hoc 네트워크, QoS, 보안, 동적 멤버쉽 등의 기능을 제공하며, CSMA/CA (Carrier Sense Multiple Access With Collision Avoidance)를 사용하여 자원을 요청하고, Slotted-ALOHA와 TDMA(Time division multiple access)를 사용하여 사용자 데이터를 전송한다. MBOFDM와 DS-CDMA 기술은 표 3.3에서와 같이 사용주파수, 변조방식, 전송율 등으로 간략히 비교할 수 있다.

3.3.2 WiMedia 표준화 동향

(1) WiMedia Alliance

WiMedia는 2007년 7월 현재 Alereon, HP, 인텔, 마이크로소프트, 노키아, NXP, 삼성전자, 소니, Staccato, STMicroelectronics, TI, Wisair 등의

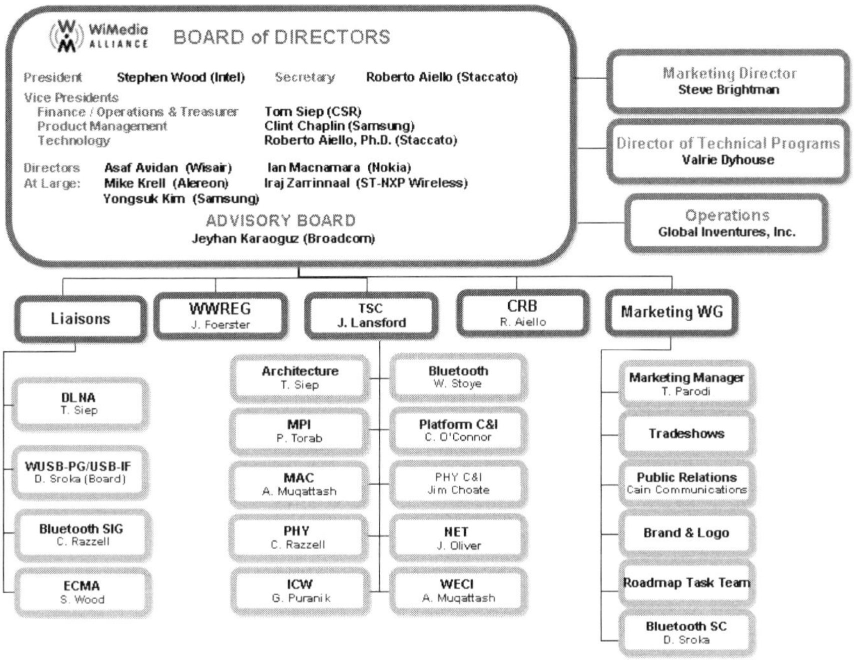

그림 3.9 WiMedia Alliance의 구성

12개사가 프로모터 멤버로 활동하고 있다. 이 밖에 컨트리뷰터(Contributors) 멤버 54개사, 어댑터 멤버 56개사, 서포터(Supporters) 멤버 207개사 등 총 329개 회사를 회원으로 확보하고 있다. WiMedia의 프로모터 멤버는 거의 변하지 않고 있으며, 주로 어댑터 멤버 및 서포터 멤버가 증가하는 추세로, 이는 응용 제품 기반 무선 기술로서 WiMedia UWB를 고려하는 업체들이 증가하는 추세로 이해된다. 그림 3.9는 WiMedia Alliance의 구성을 나타낸 것이다.

그림 3.10과 같이 WiMedia Alliance는 BoD (Board of Directors) 산하 6개의 위원회, 타 연구기관과의 연관 연구, 독자 표준 기술 연구, 시장 및 정책 연구 등의 역할을 분담하고 있다. 기술연구를 위한 TSC (Technical Symbology Committee) 산하에는 Architecture를 비롯하여, 블

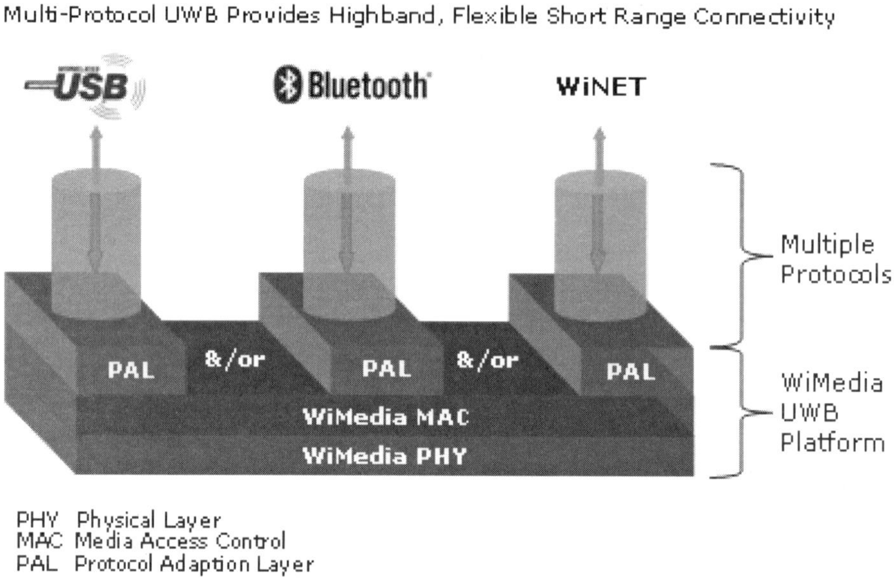

그림 3.10 WiMedia 멀티 프로토콜 구조

루투스, C&I(Certification and Interoperability), DIP(Digital Imaging and Printing), MAC, MAC/PHY 인터페이스, PHY, SMP(Stream Media Profile), USER, WAM(WiMedia Association Model), WLP 등의 워킹 그룹이 있다.

(2) WiMedia 표준화 현황

WiMedia Alliance는 WiMedia UWB 상에 멀티 프로토콜이 탑재되는 구조로 그림 3.10과 같이 블루투스, 무선 USB, WiNet 을 제시하고 있다. 이 중에서 가장 활발히 논의되는 응용은 무선 USB 기술과 WLP이다.

또한, 그림에는 나타나 있지 않지만, IEEE1394를 무선화하기 위한 무선 1394 응용에 대한 연구가 진행되고 있다. 현재까지의 WiMedia에서 표준화가 완료되거나 수행중인 규격의 최종 상태는 표 3.4와 같다.

표 3.4 WiMedia Alliance 주요 규격 상태

번호	규 격 명	Version	일 자
1	WiMedia Logical Link Control Protocol	Draft 0.99.3	2007.06.01
2	Multiband OFDM Physical Multiband OFDM Physical	Release 1.2	2007.02.22
3	WiMedia Platform Test Specification	Revision 1.1	2007.03.30
4	Distributed Medium Access Control (MAC) for Wireless Networks	Release 1.01	2006.12.15
5	WiMedia PHY Compliance and Interoperability Test Specification	Version 1.0	2006.09.01
6	MAC-PHY Interface Specification	Release 1.0	2005.10.05
7	WiMedia Alliance Compliance & Interoperability Policy	Release v1.0	2007.04
8	WiMedia Alliance Logo, Name, Trademark Usage Compliance Policy	Release	2006.01.10
10	Technical Structure and Processes	Version 1.2	2007.05.01

WLP는 현재 1.0 규격이 발표되기 직전의 드래프트(draft) 상태이고, PHY 계층은 1.1.1 발표 후, 1.2 버전의 표준화를 진행하고 있으며, 플랫폼 시험 규격, MAC 계층, PHY 계층 C&I 규격, MAC 계층과 PHY 계층의 인터페이스 규격 등은 최근에 완성되었다. 그 외에 WiMedia Alliance C&I 정책, 로고 및 이름 등의 사용을 위한 정책, 기술 구조 및 프로세스 등의 규격이 승인되었다.

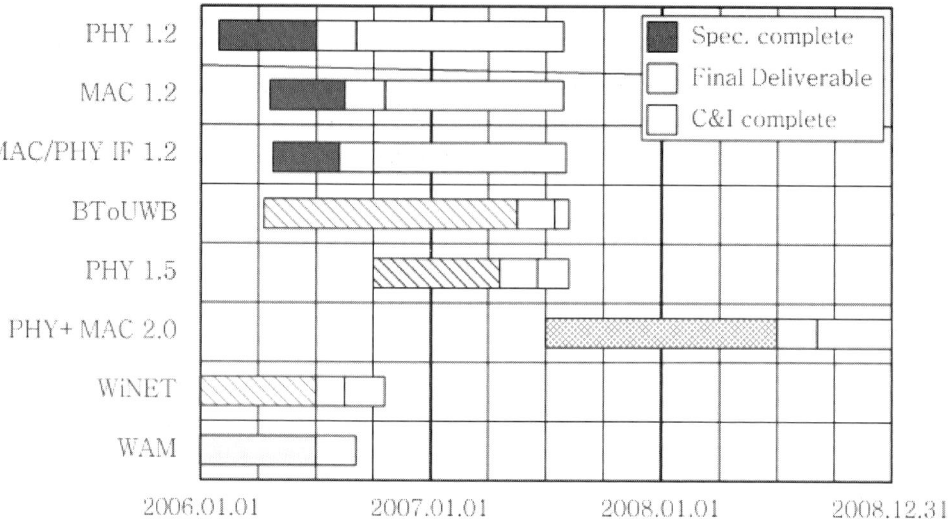

그림 3.11 WiMedia 표준화 로드맵

2007년 5월의 WiMedia Alliance 회의에서는 오픈하우스도 함께 개최되어 WiMedia의 각종 제품들이 전시되었으며, WiMedia 상의 응용으로서 DLNA와 MIPC(Mobile Imaging and Printing Consortium)를 고려하기 위한 논의도 되고 있다.

그림 3.11은 WiMedia 주요 규격에 대한 로드맵을 나타낸 것이다. 그림에서 WLP 및 WAM은 2006년 말까지 완료될 예정이었으나 2007년 7월 현재 아직 1.0 규격이 발표되지 않았다. WLP는 1.0 규격을 위한 최종 드래프트가 승인된 상태이며, WAM은 WLP 규격에 반영되어 WLP 1.0 규격과 호환을 유지할 예정으로서, 오는 10월 개최되는 회의에서 0.9 드래프트를 발표할 예정이다. PHY 계층 1.2는 규격이 진행 중이며, PHY 계층 및 MAC 계층 2.0은 2007년 4분기부터 시작될 예정이다.

그림 3.12는 각국에서 UWB 용으로 허용한 주파수 대역을 MBOA의 대역군 및 대역에 맞게 표현한 것이다. 그림에서 초록색은 사용이 허가된 대역이며, 빨강색은 사용이 금지된 대역이며, 노랑색은 DAA(Detection and Avoid) 기능과 함께 사용이 허가된 대역이며, 파랑색은 해당 연도까지

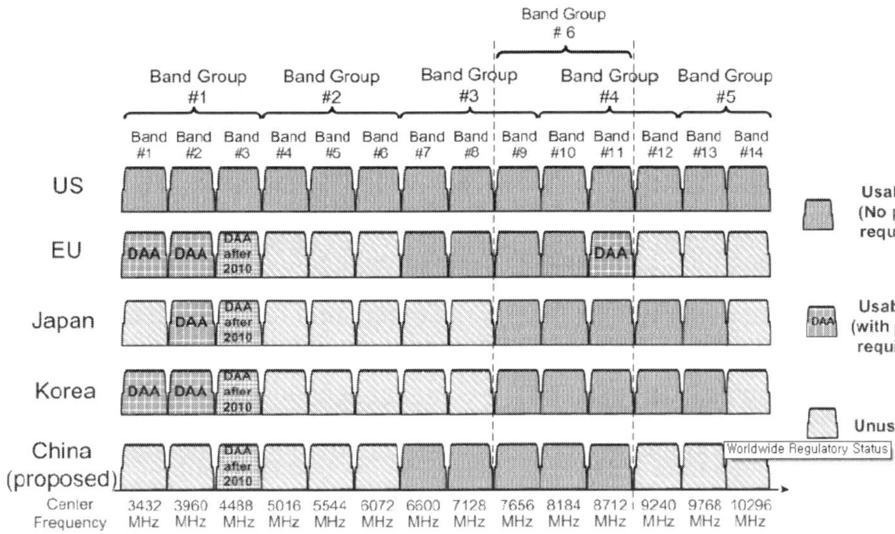

그림 3.12 각국의 UWB 주파수 규정

DAA 기능 없이 사용하다가 이후 DAA를 사용해야 하는 대역을 나타낸 것이다. 미국의 경우 3.1~10.6GHz 전 대역을 허용하고 있으며, 유럽 및 그 외 국가에서는 많은 대역이 다른 용도로 사용되거나 또는 예정된 상태이다.

우리나라의 경우 대역 #1 및 #2는 반드시 DAA 기능을 사용해야 하며, 대역 #3은 2010년 6월말까지는 DAA 없이 사용 가능하며 이후에는 DAA를 사용해야 한다. 한편, DS-CDMA는 3.1~4.9GHz과 6.2~9.7GHz 두개의 대역을 규정하고 있는 바, 현재의 각국 주파수 규정에 따르면 DS-CDMA를 사용하는데 제약이 발생할 수 있다. 2006년 12월에 발표된 PHY 규격 1.1.70E에 따르면 대역 #9, #10, #11을 포함한 밴드그룹 #6이 새로이 정의되었으며, 이에 따라 MAC 및 MAC-PHY 인터페이스 규격도 변경되었다.

(3) Compliance & Interoperability

서비스 PHY 계층 C&I 시험은 2006년 1월부터 시작하여 4차례 수행되었다. 인텔 UWB 통합 연구실에서 시작하여 C&I 시험 규격 작업을 병행함으로써 9월 초에 PHY 계층 C&I 표준을 완료하였다. 1차 시험은 Alereon, Realtek, Staccato, WiQuest, Wisair 등 5개 기업이 참여하였고, 2차 시험은 2006년 3월 28일에서 31일까지 개최되어, Alereon, Realtek, Staccato, Tzero, WiQuest, Wisair 등의 6개 기업이 참여하였다. 3차 시험은 2006년 6월 13일에서 16일까지 Alereon, Focus, Realtek, Staccato, Tzero, WiQuest, Wisair 등의 7개 기업이 참여하였다. PHY 계층 시험규격 0.95 필수항목인 Tx EVM, Tx PSD 및 ACPR (Adjacent Channel Power), Tx Power Control, PER 등과 그 외 480Mbps 송수신 기능을 시험하였다.

4차 시험은 2006년 8월 14일부터 18일까지 개최되어, Alereon, Realtek, Staccato, Tzero, WiQuest, Wisair 등의 6개 기업이 참여하여 PHY 계층 시험규격 0.99 필수항목인 Tx EVM, Tx PSD 및 ACPR, Preamble Cross Correlation, Preamble Relative Power, Tx Power Control, 및 PER(TxPER, RxPER) 등을 시험하였다. 시험 결과 모든 기업이 통과한 항목(EVM, Preamble Cross Correlation, Preamble Relative Power, Tx Power Control)과 일부 기업만 통과한 항목 (ACPR/PSD, RX PER, TX PER) 등으로 구분되었으며, 상호 운용성 시험에서도 성능의 차이가 있었으나 480Mbps는 모두 지원하는 것으로 확인되었다. 2차 시험부터 Agilent, LeCroy, Tektronix 등의 UWB 계측장비 기업이 시험결과 분석에 참여하였다. 4차 시험 결과 Agilent와 Lecroy 장비 간의 EVM 측정 차이에 따라 전송속도, TFC, 신호세기에 의한 약간의 불일치를 나타내었다.

플랫폼 C&I 시험은 PHY 계층 기능과 MAC 계층 기능이 포함된 시험으로 2006년 8월 29일 Lecroy 실험실에서 Focus, 인텔, NEC, Realtek, Staccato, Tzero, WiQuest, Wisair 등의 8개 기업에서 준비한 9개의 플랫폼에 대하여 실시되었다. 그림 3.12는 각각 가장 좋은 채널과 모든 채널에 대한 상호 운용성 시험 결과이다. 그림에서 흰색은 양호, 빗금은 1개 항목에서 오류, 빨강은 2개 항목 이상에서의 오류, 그리고 검정은 시험 미실시를 의미한다.

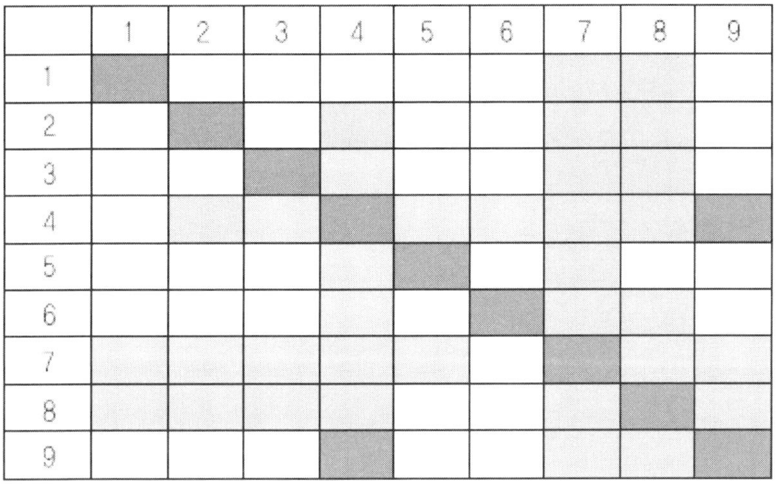

그림 3.13 모든 채널에 대한 상호 운용성 시험 결과

그림 3.13에서와 같이 플랫폼 7 및 8은 다른 대부분의 플랫폼과 상호 운용이 어려운 것을 알 수 있고, 플랫폼 7 및 8을 제외한 나머지 플랫폼은 상호 운용성이 양호한 것으로 나타났다. 플랫폼 상호 운용성 시험 절차는 먼저 어떤 플랫폼이 PNC(PicoNet Coordinator)로서 특정 채널로 비콘(beacon)을 전송하면, 다른 플랫폼이 이 채널을 통하여 디바이스로 접속된다. 다음에는 PNC가 해당 채널을 떠나게 한 다음 디바이스가 비콘 슬롯 2로 재배치해야 하고, 모두 전원을 끈 다음 역할을 교환하여 동일한 절차로 시험함으로써 두 플랫폼 간의 시험은 종료되는 절차를 따른다.

(4) WLP 서비스

WLP는 IP 기반 응용을 지원하기 위한 LLC(Logical Link Control) 계층의 기능을 표준화하고 있으며, 안전한 무선 접속을 통하여 IP 패킷을 전송하기 위한 규격이다. 그림 3.14는 디바이스, 브릿지, 그리고 원격 브릿지를 포함하고 있는 망의 예를 나타낸 것으로, 브릿지들은 이더넷 망으로 연결되어 있다.

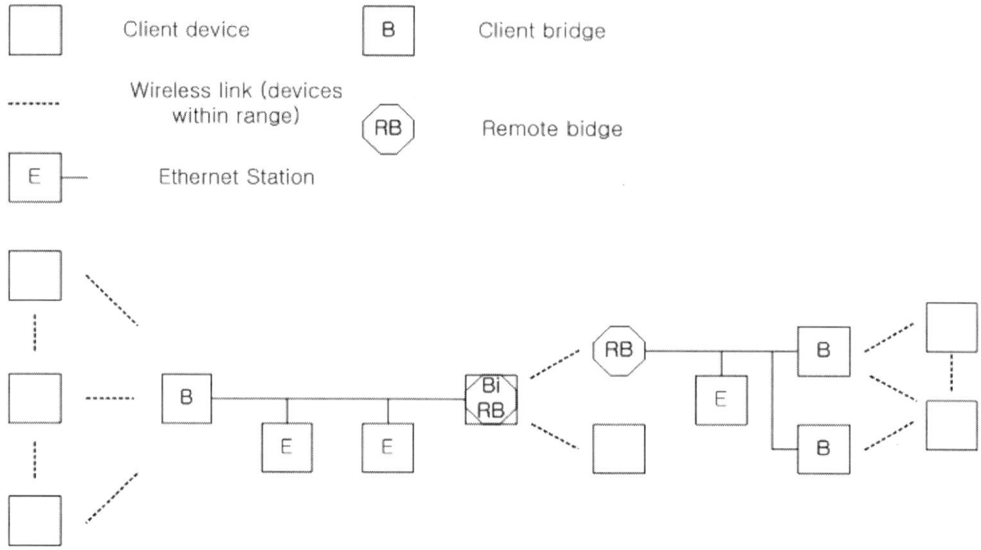

그림 3.14 디바이스와 브릿지를 포함한 망 구성 예

그림에서 브릿지는 무선 디바이스들의 데이터를 이더넷으로 포워딩하는 기능을 수행하며, 원격 브릿지는 서로 다른 브릿지간의 전송 기능을 수행한다. 디바이스의 대부분은 단독 기능을 수행하지만 브릿지 기능과 원격 브릿지 기능을 동시에 수행할 수도 있다.

WLP의 브릿지는 무선 장치를 가상 포트로 관리한다. 전송되는 WLP 패킷은 기존 LAN 패킷이 수신주소, 송신주소, 타입/길이, 그리고 페이로드로 구성된 것에 헤더가 추가된 형태가 표준 데이터 프레임 형태이며, 무선 송수신 장치가 패킷의 DA 및 SA이면 단축된 데이터 프레임 형태도 사용할 수 있다.

3.3.3 WiMedia 기술 동향

(1) 국외 기술 동향

1) 국외 시장 동향

초고속 UWB WPAN 기술이 적용될 수 있는 목표 시장은 크게 통신기기, 이미징, 차량, 위치 추적, 군용 등으로 나눌 수 있다. UWB Forum 규격에서 제안된 응용으로는 Cable Free USB 등이 있다. WiMedia Alliance의 UWB 기술은 전송속도 53.3~480Mbps의 고속 통신과 DRP(Distributed Reservation Protocol) 방식에 의한 QoS 보장, 보안의 안정성 등의 장점으로 WLAN과 차별화된다. WiMedia UWB 기술을 이용한 응용으로서 무선 USB 제품이 2007년부터 출하될 예정이고, 블루투스도 UWB 상에서 서비스를 실시할 예정이며, IP를 위한 WLP, 무선 1394 응용 및 DLNA 등도 연구되고 있어 WiMedia UWB 시장은 매우 밝다고 전망할 수 있다. 인텔과 마이크로소프트는 카드(card) 타입 및 동글(dongle) 타입의 무선 USB 호스트 제품을 개발하고 있고, Wisair, Alereon, Stac cato 등은 무선 USB 디바이스 제품에 주력하고 있다. 시장 조사기관인 In-stat의 2006년 4월 자료에 따르면 무선 USB는 2007년 약 천 백만 개의 출하를 시작으로 2010년 약 3 억 개 규모로 급성장할 것으로 전망된다. 또한, Alereon의 자료에 따르면 UWB 기술이 접목된 제품의 판매대수는 2006년 240만대, 2007년에 1,500만대, 2009년에는 1억대에 근접할 것으로 전망되고 있다.

표 3.5 UWB 적용 제품군의 비율(%)

연도	2005	2006	2007	2008	2009
PC 분야	72.87	73.02	78.08	65.47	68.88
디지털 영상기기	18.21	16.83	15.2	27.21	24.87
디지털 개인기기	8.92	10.15	6.72	7.41	6.26

표 3.5에서와 같이 UWB 칩 사용은 주로 PC 기반 응용으로 69~78% 정도, 디지털영상기기에 대한 수요가 25%까지 성장할 전망이며, 디지털개인기기에 대한 수요는 감소하여 6.26% 정도 점유할 것으로 예상하고 있다. 2005년 ABIresearch 자료에 따르면 UWB 적용 제품군의 출하량과 매출액은 아래 표 3.6과 같이 예상된다. 표에서 보듯이 UWB 칩 출하량은 2006년 80만개를 시작으로 급격히 증가하여 2010년 318만개에 이를것으로 예상되고, 매출액은 2006년 126억원을 시작으로 2010년에는 1조 3천억원에 달할 것으로 예상된다.

2) 국외 기술개발 동향

미국은 UWB 기술의 양대 흐름인 WiMedia Alliance와 UWB Forum을 인텔과 모토롤러가 주도하였으나, 2006년 4월 모토롤러가 UWB Forum을 탈퇴함으로써 사실상 WiMedia Alliance가 UWB 표준을 주도하고 있다. WiMedia Alliance 진영의 인텔은 마이크로소프트와 더불어 USB 호스트에 응용하기 위한 무선 USB 기술을 적용하고 있으며, 규격 구현이 난해하여 제품 개발이 늦어졌으나, 2007년 제품 출시를 앞두고 있다. 인텔은 호스트용 무선 USB PCI 카드 및 동글용 WiMedia MAC 개발에 주력하고 있으며, 마이크로소프트는 윈도우 및 리눅스용 무선 USB 디바이스 드라이버를 개발하였고, 이 중에서 리눅스용 무선 USB 디바이스 드라이버의 소스를 공개하였다. Alereon, Wisair, Staccato, Focus, Realtek, Tzero, WiQuest는 WiMedia UWB PHY를 개발하고 있으며, 무선 USB 디바이스용 제품을 출시할 예정이다.

인텔은 무선 USB PCI 카드의 프로토타입 형태인 PDK(Peripheral Developers Kit)를 개발하여 무선 USB 디바이스 제품과의 상호 운용성 시험을 위하여 무선 USB 디바이스 제품을 개발하는 업체들에게 제공해 왔다. 유럽은 WiMedia의 기술을 ECMA에서 표준으로 채택하였으며, NXP(전, Royal Philips Electronics) 등에서 WiMedia UWB MAC을 개발하였고, 이스라엘의 Wisair는 Alereon과 더불어 WiMedia UWB PHY 및 디바이스용 MAC 칩 개

표 3.6 UWB 칩 단가 및 출하량

(단위 : 출하량 ; 백만개, 매출액 ; 억원)

연　도	2006	2007	2008	2009	2010	합계
출하량	0.8	29	86	176	318	610
매출액	126	2,910	6,910	8,807	12,722	31,465

발에서 선두를 달리고 있다.

일본은 NEC 등에서 WiMedia UWB MAC 기술을 확보하고 있으며, WiMedia UWB PHY는 Staccato 등으로부터 협력하여 호스트 PC에 PCI로 연결되는 UWB 보드를 개발하였다. 최근 개발되고 있는 무선 USB 응용은 인텔 동글 타입 호스트 제품과 호환되는 무선 USB 디바이스 제품이 주를 이루고 있으며, 디지털 카메라나 PMP 등에 내장 또는 외장형의 무선 USB 제품과 허브 형태의 무선 USB 디바이스 제품도 선보이고 있다.

(2) 국내 기술 동향

1) 국내 시장 동향

ETRI에서는 표 3.6과 같이 2005년도 UWB 국내 산업 규모 전망을 발표하였다. 표에서와 같이 UWB 칩은 2005년 2만개의 생산을 시작으로 2009년까지 연평균 589% 성장을 통해 2009년에는 약 4,663만개가 출하될 것으로 전망되며, 또한 2009년에는 응용제품으로 국산제품의 세계 시장 점유율이 22%에 달할 것으로 전망하고 있다.

2) 국내 기술개발 동향

2006년 7월 정보통신부에서 산업 활성화가 예상되는 낮은 대역(3.1~4.8GHz)과 높은 대역(7.2~10.2GHz) 등 2개 대역에 주파수를 분배하였으며, 저주파수대에서는 기존 이용 주파수 및 차세대 이동통신 주파수와의 간섭을 고려, 간섭회피기술(DAA)을 적용한 UWB 시스템만 사용할 수 있게 하였다. 그러나 차세대 이동통신 주파수 결정과 이용 시기 등을 고려해 4.2G~4.8GHz대역은 DAA 적용을 오는 2010년 6월까지 유예하기로 하였다.

산업자원부 또한 최근 'UWB 산업응용 표준화포럼' 출범을 주도하는 등 상용화 기술 및 제품 개발을 위한 산·학·연·관 연계 노력을 강화하고 있다. ETRI는 2003년 2월부터 MBOA와 DS-CDMA 방식의 두 가지 UWB 칩을 개발하였다. 이 가운데 MBOA UWB 칩은 삼성종합기술원과 공동연구를 수행하여 2005년 칩 개발을 완료하고, 2006년 1월 CES에서 시연한 바 있다. 이와 연계하여, 2004년 12월부터 수행 중인 UWB 기반 무선 USB 전송 플랫폼 개발을 위해 WiMedia Alliance의 컨트리뷰터 멤버 및 무선 USB 개발자 포럼의 멤버로서 활동하고 있으며, 삼영전자공업과도 공조하고 있다. 전자부품연구원(KETI)은 범용 임펄스 라디오용 IC 등의 연구를 수행하고 있으며, 세종대, 금오공대, 광운대, 숭실대, 한동대, 한밭대 등과 함께 UWB 모뎀 구조, 안테나, 채널모델, 신호처리, 위치추적, 칩 기술 등의 연구를 수행하고 있다.

삼성전자에서는 HDTV 등 디지털 가전기기에 UWB 기술을 적용하는 것을 목표로 하고, WiMedia Alliance와 DS-CDMA 기술의 양 진영에 참여하고 있으며, 특히 WiMedia Alliance에서는 프로모터 멤버로 초고속 UWB 표준화 작업에 적극적으로 참여하고 있다. 2006년 2월에는 3GSM 세계대회에서 DS-CDMA 방식의 소자를 사용한 UWB 폰을 전시한 바 있으며, 삼성전자의 디지털미디어연구소, 텔레커뮤니케이션연구소, SoC연구소 및 종합기술원이 연계하여 UWB 칩 및 UWB 폰 등의 무선 USB 제품을 개발하고 있다.

3.3.4 응용 분야

WiMedia의 Architecture는 'One Radio-Multi Protocol' 구현을 타깃으로 구현되었다. 그림 3.15는 WiMedia Common Radio Platform을 나타낸다.

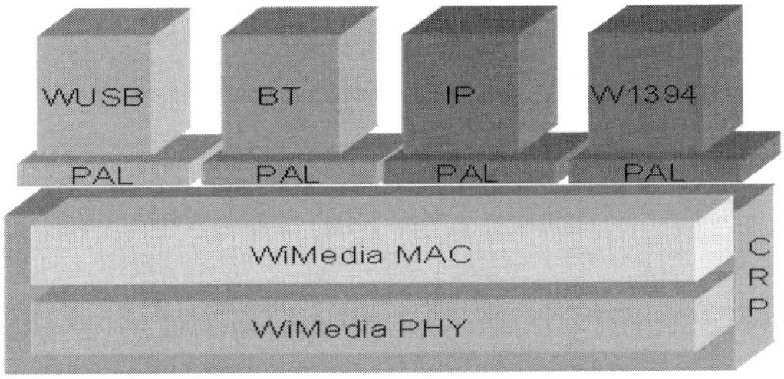

그림 3.15 WiMedia Common Radio Platform

(1) Certified Wireless USB (이후 CW-USB)

USB-IF (USB Implementers Forum)의 CW-USB는 기존 유선 USB 사용자들을 'USB'라는 친숙한 이름으로 거부감 없이 무선 시장으로 유도할 수 있는 큰 장점을 가지고 있다.

2005년 5월 USB-IF가 WiMedia UWB를 PHY platform으로 사용하겠다는 공식 발표 이후, CW-UWB는 WiMedia UWB Application 시장을 본격적으로 열어 줄 Killer Application으로 주목받고 있다.

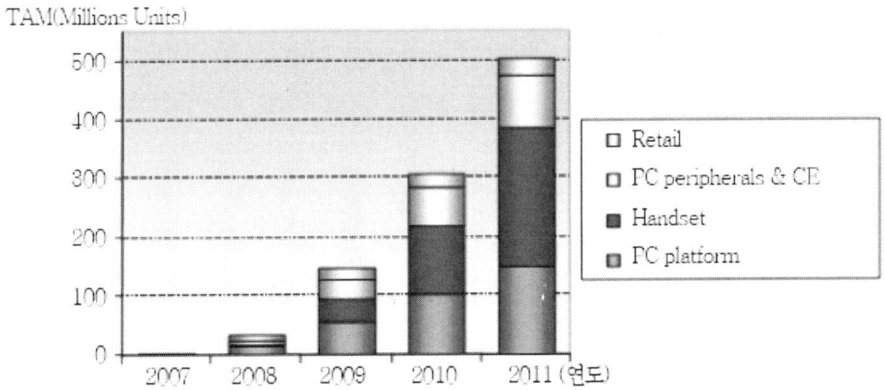

<자료> : In-Star, 2007호

그림 3.16 Certified Wireless USB 시장 전망

2007년 2월 USB-IF는 Alereon, Intel NEC 3개 사에게 첫 CW-USB silicon Building blocks pass certification을 부여하였다. 그 내용을 보면 다음과 같다.

> SILICON BUILDING BLOCKS PASS CERTIFICATION
> AND PAVE THE WAY FOR CERTIFIED WIRELESS USB PRODUCTS
>
> ▪ Host-side silicon
> ✓ Intel HWA : Intel Wireless Link 1480 RTUMC480AAC Model : SL9N3
> ✓ NEC host controller : uPD720170
> ▪ Device-side silicon
> ✓ Alereson : AL4500EVB
> ✓ NEC DWA : uPD720180

뒤이어 2007년 7월 23일 4개사 6개 제품이 CW-USB End User Product를 인증해주는 Compliance test 와 Certification test 를 최초로 통과하였으며, 8월 28일 한 개의 제품이 추가로 제품인증을 받았다.

> CERTIFIED WIRELESS USB TECHNOLOGY REALIZED
> IN FIRST SIX CERTIFIED END-USER PRODUCTS
>
> 1. Dell : Inspiron 1720 notebook
> 2. D-link : Wireless USB Adapter (DUB-1210)
> 3. D-link : 4-port Wireless USB Hub (DUB-2240)
> 4. IOGEAR : Wireless USB Hub & Adapter Kit
> 5. Lenovo : TinkPad T61 notebook
> 6. Lenovo : TinkPad T61p notebook
> 7. Belkin : Wireless USB Hub (F5U302)

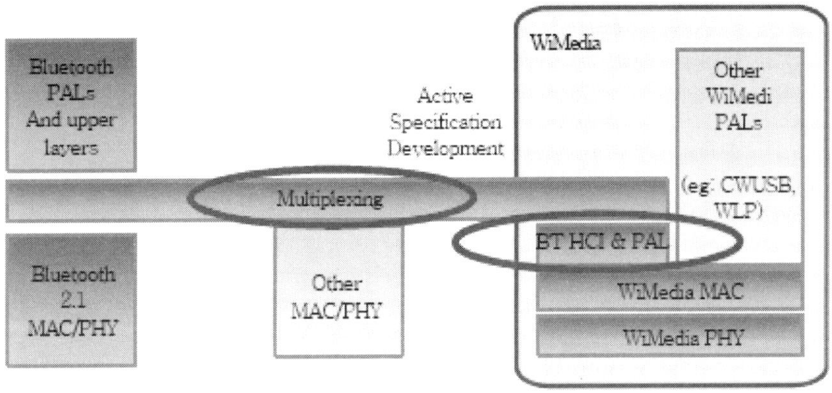

그림 3.17 Next Generation Bluetooth Stack

(2) Bluetooth over UWB (Bluetooth 3.0)

2006년 4월 Bluetooth SIG는 더 빠른 전송속도를 지원하는 차기 Bluetooth를 WiMedia UWB radio 위에서 구현하겠다고 발표하였다. 그 특징을 보면 6 GHz 이상 대역을 사용하여 고속 데이터 전송 모드로 작동하고 저전력 소모를 고속전송 (Multiple mode)에서 최대 200 Mbps)보다 우선적으로 고려하여 설계하고 있다. 구현을 위한 spec. 작업은 2007년 4분기에, 6 GHz 대역에서 작동하는 솔루션은 2008년 3분기에 소개될 전망이다.

(3) IP over UWB (WLP: 구 WiNet)

WiMedia Alliance에는 WiMedia UWB를 IEEE 802.3 (Ethernet) 환경에서 동작할 수 있도록 네트워킹 프로토콜을 정의하는 WLP (WiMedia Link layer control Protocol)라는 Working group이 있다. (2007년 5월 WiMedia Alliance 16th member meeting에서 WiNet에서 WLP 로 명칭 변경).

WLP는 peer-topeer 네트워킹과 파일 셰어링을 지원하는 홈네트워크 구현을 목적으로 기존 이미 WLAN (802.11)에서 검증된 TCP/IP over wireless PHY software를 사용할 수 있게 하는데 중점을 두고 있다.

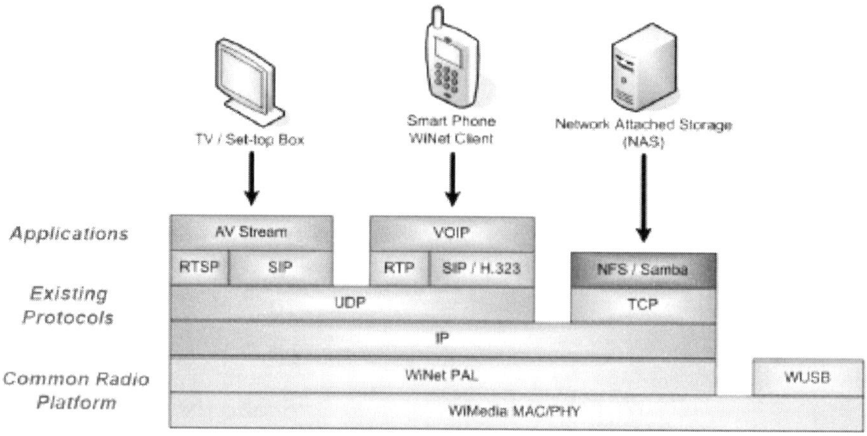

<자료> : 2007 WiMedia 16th Members F@F Meeting Presentation

그림 3.18 WLP Application Stack

2007년 7월 Spec. Ver 1.0의 발표와 더불어 8월 DLNA (Digital Living Network Alliance)의 connentivity PHY에 등록 절차를 진행하고 있다.

3.4 초광대역 무선통신 기술 특허 동향

본 특허동향의 정보 수집, 국가별 범위는 주요국 (한국, 미국, 일본)의 공개 및 등록된 자료로 한정된 것이고, 미국의 경우에는 등록 자료만을 사용하였다. 특허의 조사 범위는 표 3.7에 나타나 있다.

표 3.7 특허 조사 범위

한국	~ 2003년 9월
일본	~ 2002년 10월
미국	~ 2002년 11월

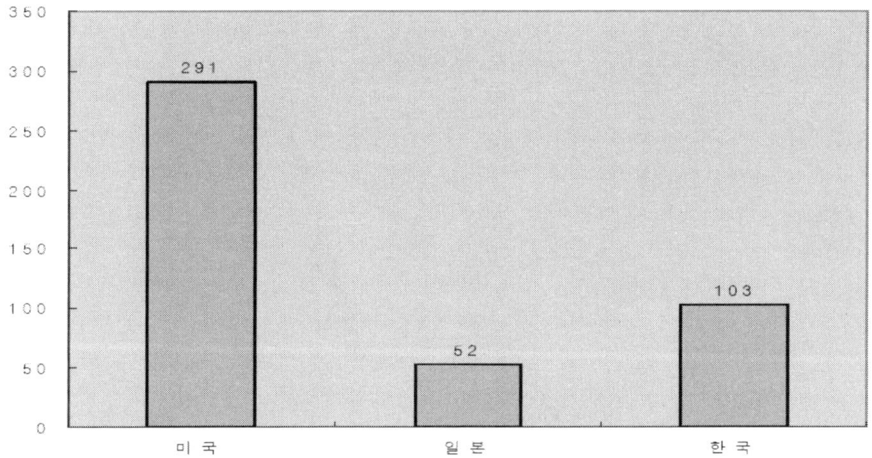

그림 3.19 국가별 출원분포

3.4.1 국가별 출원 분포

그림 3.19의 그래프는 국가별 출원 분포를 나타내고 있는데 국가별로 한국 103 건, 일본 52 건, 미국 291 건이 분포되어 있다. 이중 미국특허의 경우 한국, 일본과는 달리 등록 자료를 기초로 통계를 내었으므로 실제 미국 특허청의 등록 비율이 약 50% 대를 기록하므로 실제 출원 자료는 더 많을 것으로 사료된다.

3.4.2 국내 출원 분포

(1) 국내 연도별 출원 추이

국내 연도별 출원 추이를 보면 1989년부터 출원을 시작 (1989년 출원 건은 외국 출원임) 하여 1993년부터 대체적으로 꾸준한 증가세를 보이다 2000, 2001년도에 급격한 증가세를 보였으며 현재는 그 출원량이 감소세로 잠시 주춤한 상태로 보인다. 주로 국내인, 혹은 국내 업체에 의한 출원

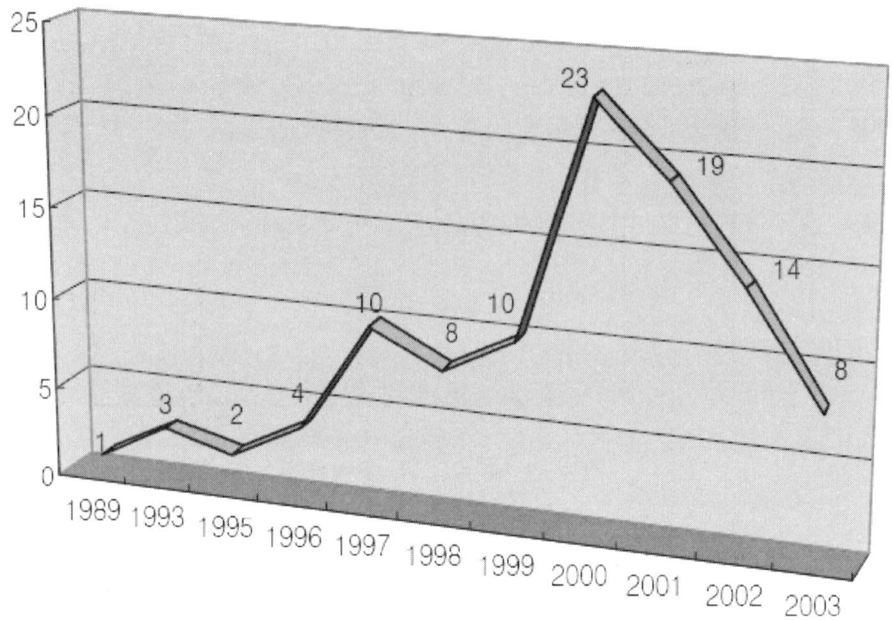

그림 3.20 국내 연도별 출원 추이

이 줄어들었다기보다는 외국 업체의 국내출원이 줄어들어 나타나는 현상으로 세부적인 기술 스펙이 정해지는 과정에서의 소강상태로 보여 진다.

(2) 국내 다출원인 분포

국내에는 다수 출원인이 분포하며 업체별로 아직은 그다지 많은 출원을 하지 않은 상태로 상대적으로 전자통신연구원이나 과학기술원, 혹은 대학의 출원량이 많음을 알 수 있다. 기업체로는 삼성전자와 소니 등 현재 '무선 USB 프로모트 그룹'에 속해 있어 '무선 USB' 기술개발을 주도하는 업체의 출원이 상대적으로 많으며 향후 이 편차는 더욱 커질 것으로 예상된다. 기타에 속한 출원인 분포는 대학이나 연구원에 의한 출원보다는 소기업의 특허출원이 다소 많으며 전반적으로 외국인이나 외국기업체에 의한 출원이 약 40%를 차지하고 있다.

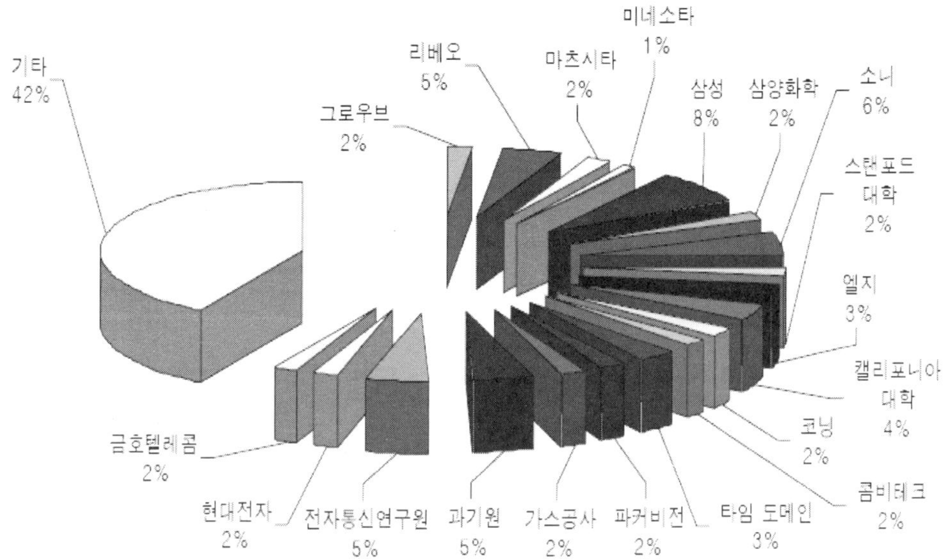

그림 3.21 국내 다출원인 분포

3.4.3 일본의 출원 분포

(1) 연도별 출원 추이

일본의 연도별 출원 추이를 보면 1975년부터 출원을 하여 지속적으로 소량 분포하다 2001년도부터 갑작스런 증가세를 보이다 잠시 주춤하는 양상을 나타낸다. 특징적으로 2001년 전반에 걸쳐 Sony 사의 특허출원이 급격하게 증가하여 이 분야 기술에 대한 지대한 관심을 보여주었음을 알 수 있으며 현재 세부적인 기술 스펙이 정해지는 대로 그에 따라 향후 지속적인 출원량 증가가 예상된다.

(2) 일본의 다출원인 분포

국내의 경우, 연구소 위주의 특허출원이 활발한 데 비해 일본은 기업체

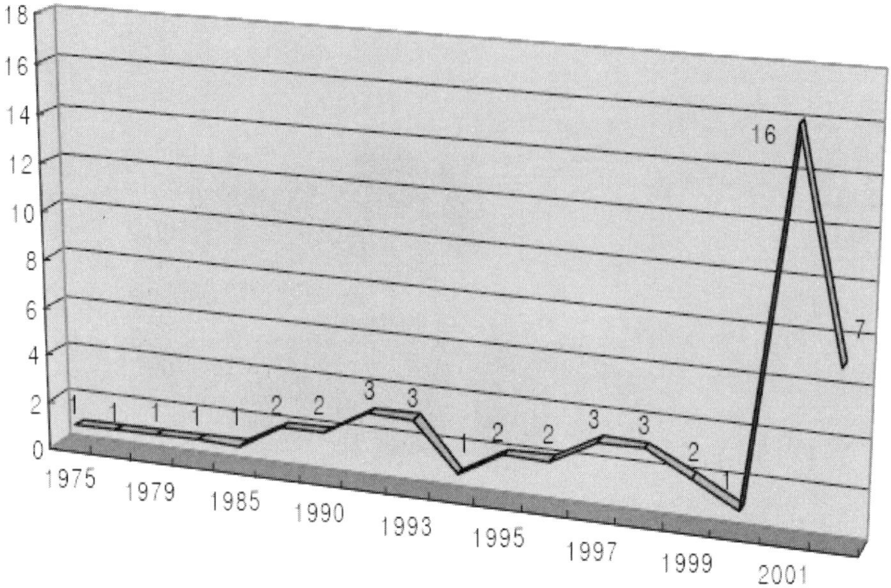

그림 3.22 일본의 연도별 출원 추이

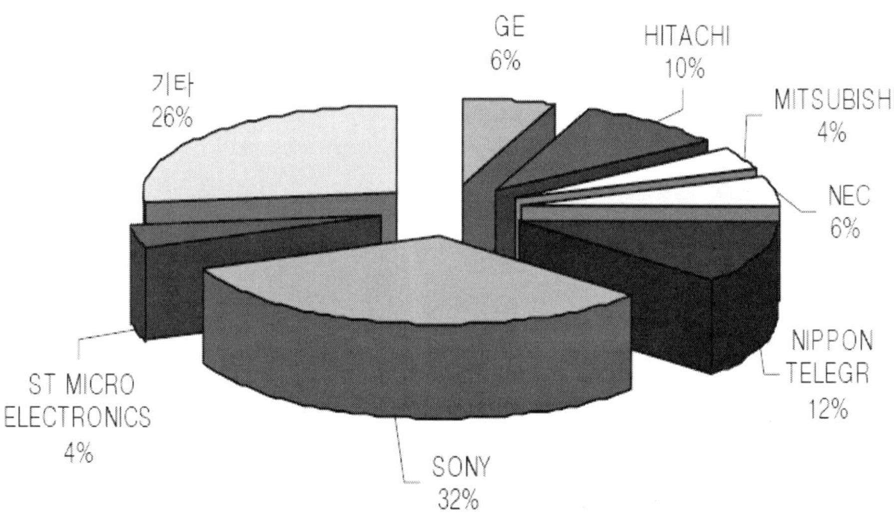

그림 3.23 일본의 다출원인 분포

에 의한 출원이 많으며 특히 몇 개 업체의 특허출원이 두드러져 몇몇 특정 기업에 의한 집중적인 기술연구가 두드러지며 국내 출원동향에 비추어 볼 때 일본 내 자체 기업체에 의한 특허 출원률이 상당히 높으므로 향후 상당한 기술경쟁력을 바탕으로 기술 시장의 선점이 가능할 것으로 보인다.

3.4.4 미국의 출원 분포

(1) 미국의 연도별 출원 추이

미국의 연도별 출원 추이를 살펴보면 1969년도부터 출원되기 시작하여 1993년도부터 조금씩 그 출원량이 증가하여 지속적으로 늘어나고 있는 추세로 상기 도표에 도시 되어 있지는 않았으나 2002년도 실제 출원량은 50건 정도로 조사되어 실제 그 출원량은 급격한 증가세를 보이는 2000년과 2001년과 비슷한 추세로 지속적인 증가세를 보이고 있다.

(2) 미국의 다출원인 분포

UWB 기술 자체가 원래 일반 통신이 아닌 레이더 및 위치추적분야에서 주로 군사적으로 이용 되던 것이라 한국과 일본의 경우와는 대조적으로 국가나 국방쪽의 출원량이 상당량을 차지하고 있으며 비록 아직 기술의 상용화 스펙이 결정 되어지지는 않았으나 원천기술 보유국으로 일본과 마찬가지로 외국인이나 외국업체에 의한 출원보다는 미국 자체 출원량이 대부분을 차지하고 있다. 기업체로는 Time Domain, Xtera 등이 다수 특허를 보유하고 있으며 연구소, 대학의 특허도 다수로 일본과는 대조적인 양상을 보인다.

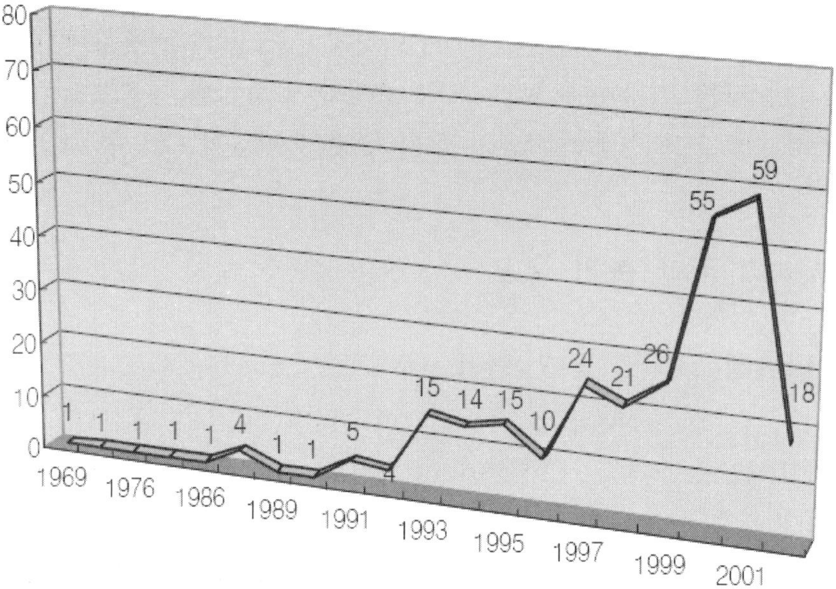

그림 3.24 미국의 연도별 출원 추이

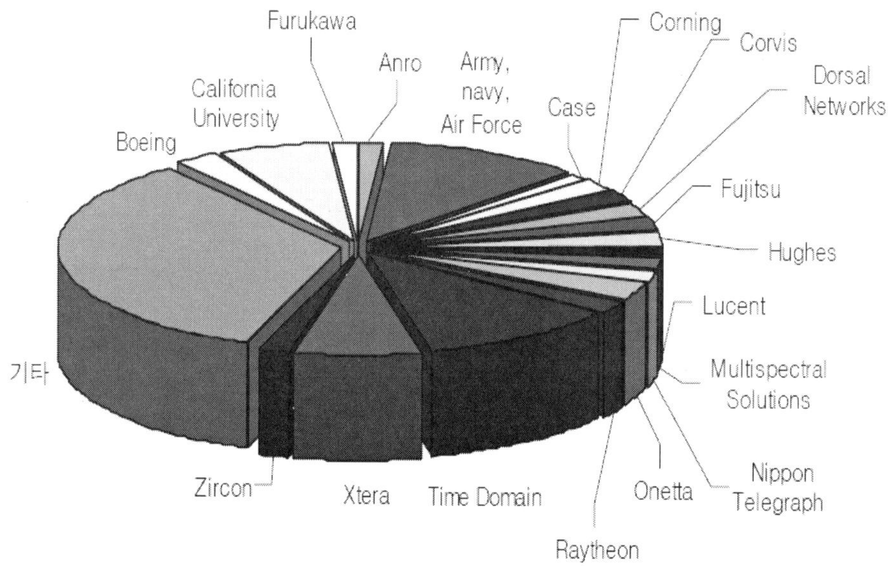

그림 3.25 미국의 다출원인 분포

4 장

초광대역 무선통신 채널 모델

채널 모델링은 통신 시스템 설계 과정에서 또한 제작에 앞서 시스템 성능을 분석하기 위해서 필수적인 과정이다. UWB 시스템의 경우는 초광대역을 사용하므로 펄스폭이 좁고 중복되는 펄스들의 숫자가 적어서 기존의 이동통신 채널과는 다른 특성을 갖게 된다. UWB 채널의 모델링을 위해서 IEEE 802.15 study group에서는 UWB 채널 모델의 제안을 공표했으며 이에 따라 다양한 모델이 제시되었다. UWB 응용 분야 중 통신 분야는 실내 환경에 주로 적용될 것으로 예상되므로 실내 광대역 채널 모델링을 위해 제시된 연구 결과, 특히 Hashemi와 최근에 UWB 채널 모델링으로 IEEE에 제안된 Cassioli의 결과들과 IEEE802.15.3a에서 결정된 UWB 표준 채널 모델을 소개한다.

4.1 UWB 채널 모델

4.1.1 UWB 채널 임펄스 응답

이동통신 채널 환경에서의 신호 전파는 다중 경로를 통해 이루어지게 된다. 이러한 다중 경로에 의한 다중 경로 페이딩으로 수신신호는 왜곡이 나타나게 된다. UWB 채널의 경우는 넓은 대역폭과 시간 축 상에서 겹쳐지는 다중 경로 성분들의 수가 수개에 불과해 central limit theorem을 적용시킬 수는 없다. 그러므로 이동통신 채널 모델에 많이 사용되는 Rayleigh 분포를 적용시키는 것은 문제가 있다.

일반적으로 이동 통신 채널의 특성은 시변(time-varying) 선형 필터의 임펄스 응답의 형태로 다음과 같이 나타낼 수 있다.

$$h(t,\tau)=\sum_{k=0}^{N(\tau)-1} a_k(t)\delta[\tau-\tau_k(t)]e^{j\theta_k(t)}$$

여기서 t와 τ는 각각 관찰 시간과 지연 시간을 나타내고 $a_k(t)$는 시변 진폭, $\tau_k(t)$는 시변 도달시간, $\Theta_k(t)$는 시변 위상, N(t)은 다중 경로의 개수이고 δ는 델타함수 이다. UWB채널은 송수신 기간의 상대적 위치가 순간적으로 변하지 않으므로 시변 채널의 형태를 취할 필요가 없다. 그러므로 시불변(time-invariant) 채널 모델로서 Turin에 의해 다음 식으로 표현되는 static wideband 채널 모델을 이용할 수 있다.

$$h(t)=\sum_{k=0}^{N-1} a_k\delta[\tau-\tau_k]e^{j\theta_k}$$

이산 시간 임펄스 응답 모델에서는 시간 축을 UWB 신호의 펄스폭에 의해 결정되는 bin으로 나누고 각각의 bin은 다중경로 성분의 개수가 아니라 존재 하는지 존재유무만을 구분한다. 즉, 하나의 bin에는 하나의 다중 경로 성분가 존재하거나 없거나 한다.

4.1.2 UWB 채널의 진폭 특성

채널의 진폭 특성을 얻기 위해서 Cassioli는 수 나노의 짧은 펄스를 전송하고 수신 단에서는 이를 DSO(digital sampling oscilloscope)를 통해 측정하였다. Cassioli의 측정 방법에서는 송신 신호자체는 임펄스가 아닌 펄스 형태이므로 이를 보상해 주는 Deconvolution 과정이 필요하다. Hashemi 방법에서는 주파수를 sweep시키면서 실내 전파 채널에서의 주파수 응답을 구한 후 이를 역 푸리에 변환(inverse fourier transform)하여 채널의 임펄스 응답을 구하였다.

(1) Large-scale페이딩

large-scale 페이딩은 송수신기 사이의 큰 위치 변화가 크거나 송수신기 주변 환경이 큰 변화함으로써 나타나는 진폭의 변화를 나타낸다. large-scale 페이딩에 대한 통계적 특성에 대해서 Hashemi와 Cassioli가 제시한 결과는 거의 유사하다. Hashemi는 송신기의 위치를 고정시키고 수신기를 5m에서 30m까지 변화시켜 보면서 각 거리에서 1500개의 임펄스 응답을 얻은 후(이때는 송수신기간 거리는 동일하게 하고 수신기의 위치를 조금씩 변화시켰음) 지연시간 τ의 함수로 진폭의 평균값을 구하였다.

그림 4.1은 이 과정을 거쳐서 얻어진 결과로서 τ에 따라 dB scale 진폭이 선형적으로 감소하였다. 감쇄상수는 1 nsec를 기준으로 dB단위로 표현해보면 11dB(5m의 경우)~14.7dB(30m의 경우)까지 변하였다. Cassioli는 여러 측정 과정을 거쳐 large-scale 페이딩을 수식적으로 표현하고 여기에 포함된 파라미터 값들에 대한 통계적 특성을 얻었다. 다음은 Cassioli가 제시한 채널의 수학적 모델링 과정이다.

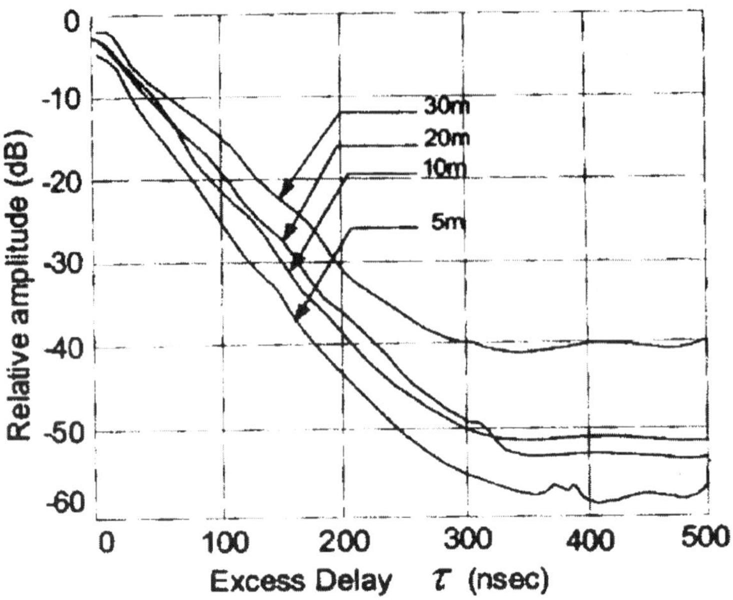

그림 4.1 Large-scale 진폭 특성 (Hashemi's Results)

한 장소에서 파장 정도의 크기로 위치를 조금씩 변화시키면서 PDP(power delay profile)을 49개 얻었고 이들에 대해 평균한 PDP를 SSA_PDP(small-scale averaged PDP)로 정의 하였다. SSA-PDP는 평균을 취함으로써 small -scale 페이딩 현상을 나타낼 수 있다. 실내 무선 채널 환경의 SSA-PDP, $\bar{g}(\tau)$값은 다음과 같이 나타낼 수 있다.

$$\bar{g}(\tau) = \sum_{k=1}^{N_{bin}} \overline{G_k}\delta(\tau - \tau_k)$$

여기에서 $\overline{G_k}$는 $\tau = \tau_k$에 수신기에 도달한 성분의 평균 전력이다. 채널의 진폭 특성은 첫 번째 bin에 해당하는 LOS(line of sight)를 제외하고 측정 데이터를 조사한 결과 두 번째 bin부터는 지수적으로 감소하여 $\bar{g}(\tau)$는 다음 수식으로 표현할 수 있다.

$$\bar{g}(\tau) = \overline{G_1}\delta(\tau - \tau_1) + \sum_{k=2}^{N_{bin}} \overline{G_2} exp\left(-\frac{\tau_k - \tau_2}{\xi}\right)\delta(\tau - \tau_k)$$

여기서 ξ는 SSA-PDP의 감쇄 상수로서 측정결과를 조사해 보면 평균이 14.1 dB이고 표준 편차가 1.27 dB인 log-normal 분포를 닮은 랜덤 변수였다.

평균 에너지 $\bar{g}(\tau)$를 시간에 대하여 적분을 하면 다음과 같이 총 평균에너지 $\overline{G_{tot}}$를 구할 수 있다.

$$\overline{G_{tot}} = \int_o^T \bar{g}(\tau)d\tau = \overline{G_1} + \sum_{k=2}^{N_{bin}} \overline{G_2} exp[-(\tau_k/\tau_2)/\zeta]$$

첫 번째 bin과 두 bin번째 의 전력비를 γ로 정의하자. 즉 $\gamma = \frac{\overline{G_2}}{\overline{G_1}}$이다.

γ을 이용해서 위 식을 다시 표현하면

$$\overline{G_{tot}} = \overline{G_1}[1 + \gamma F(\zeta)]$$

이 된다. 여기서

$$F(\zeta) = \frac{1 - \exp[-(N-1)\Delta\tau/\zeta]}{1 - \exp[-\Delta\tau/\zeta]} \cong \frac{1}{1 - \exp[-\Delta\tau/\zeta]}$$

측정 결과 γ의 평균이 4 dB, 표준 편차가 3 dB인 log-normal 분포를 가지는 랜덤 변수로 가정할 수 있다. $\overline{G_{tot}}$는 채널의 shadowing특성으로 인해서 다음과 같이 분포 log-normal 분포의 특성을 가진다.

$$\overline{G_{tot}} = \text{lognormal}(-PL;4.3)$$

여기에서 PL은 경로 감쇄를 나타내며 송수신기의 거리에 따라 변화한다.

위의 식을 이용하여 평균 에너지를 다음과 같이 구할 수 있다.

$$\overline{G_k} = \begin{cases} \dfrac{\overline{G_{tot}}}{1+\gamma F(\zeta)} & (k=1) \\ \dfrac{\overline{G_{tot}}}{1+\gamma F(\zeta)} re^{-(\tau_k - \tau_2)/\zeta} & (k=2,\ldots,N) \end{cases}$$

결론적으로 채널의 SSA-PDP는 전력비 γ, 감쇄상수 ξ, 그리고 총 평균 에너지 $\overline{G_{tot}}$에 의해 표현 될 수 있다.

그림 4.2는 Cassioli가 제시한 채널의 통계적 특성을 이용해서 large-scale 진폭 특성의 결과이다. 감쇄 상수는 평균값 14.1 dB의 log-normal 분포이다. 그림 4.1의 결과처럼 평균 진폭(또는 평균 전력)이 선형적으로 감소한다.

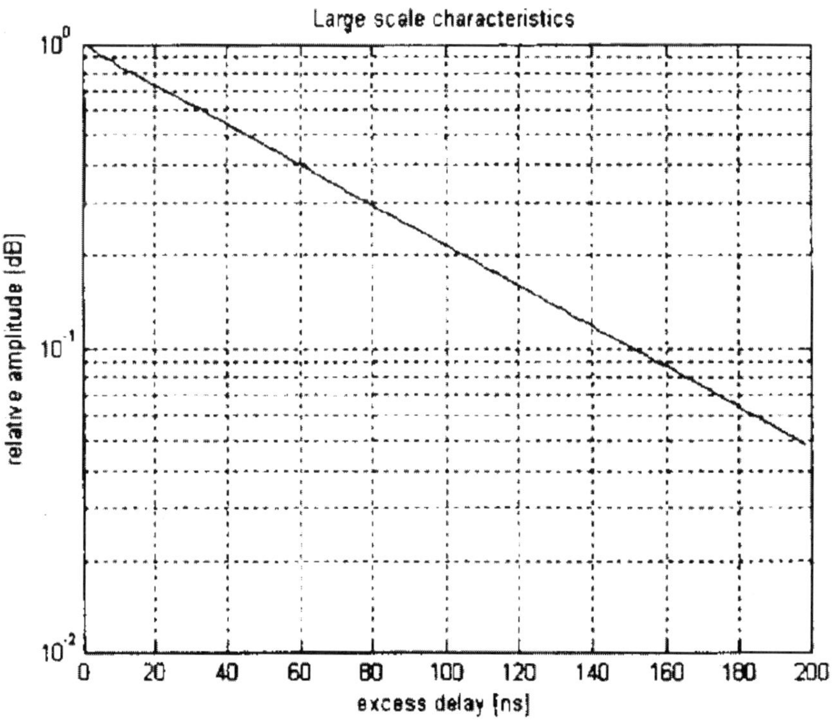

그림 4.2 Large-scale 진폭 특성 (Cassioli's Results)

주목할 것은 첫 번째 bin과 두 번째 bin의 비가 지수적인 관계가 아니라 불규칙적으로 감소하는 것을 볼 수가 있는데 이는 처음으로 도달한 다중경로 성분이 이후에 도달한 다중경로 성분에 비해 상대적으로 크기 때문이다.

4.1.3 UWB 채널의 지연 시간 특성

UWB 송신 펄스가 수신될 때 다중경로를 통해 불규칙적으로 수신되므로 임펄스 응답을 표현할 때 지연 시간(또는 도달 시간)에 대한 수학적인 모델링이 필요하다. 실외 이동 통신 채널에서는 다중경로로 수신되는 신호를 모델링 할 때 보통 Poisson 과정을 사용한다. Poisson 과정은 완전히 불규칙으로 도달하는 사건을 표현하는 랜덤 프로세서로서 평균 도달비율(average arrival rate) λ에 의해 표현된다.

실내 무선 채널 또는 혼잡한 도심지 이동 채널은 주변 환경이 복잡하여 지연 시간 특성이 완전히 불규칙하기 보다는 도달되는 신호가 클러스터화 되어 도달하는 경우도 발생하게 되므로 하나의 파라미터 λ에 의해 표현되는 Poisson 과정으로 모델링하기에는 부적절하다. 이를 보완하기 위해 다양한 실내 무선 채널의 특성을 표현할 수 있는 채널 모델들이 제시되었다.

Saleh는 클러스터별로 Poisson 분포로 도달하고 클러스터 내의 경로들도 Poisson 분포를 갖는 수신 신호도달 시간에 대한 새로운 모델을 제시하였다. 이외에 Suzuki는 도심지에서의 전파 전송 모델로 Poisson 분포를 변형한 modified Poisson (또는 Δ-K)모델을 제시하였다. Cassioli가 제시한 UWB 채널 모델에서는 지연 시간에 대한 내용은 포함되어 있지 않다. Hashemi는 Δ-K 모델이 실내 무선 환경을 잘 표현 할 수 있음을 실험 데이터를 이용해서 증명했으며 Foerster도 Δ-K 모델을 UWB 수신 펄스의 도달 시간 표현에 사용하였다. 그러므로 본 절에서는 Δ-K 모델에 대해서 기술하고자 한다.

Δ-K 모델에서는 평균 도달 비율이 각각 λ와 Kλ인 두 가지 상태, 즉 상

태 1, 상태 2가 존재한다. 현재 bin에서의 상태는 바로 이전의 bin에서의 다중경로 성분 유무에 따라 정해진다. 바로 이전에 다중경로 성분이 있었으면 현재bin은 상태 2가 되며 바로 이전에 다중경로 성분이 없었으면 현재 bin은 상태 1이 된다. 그러므로 다중경로 성분이 계속 있으면 상태 2를 유지하게 된다.K>1일 경우에는 현재 bin에 다중경로 성분이 도달 했다면 다음 bin에 다중 경로 성분이 도달할 확률은 Kλ가 되어 도달할 확률이 상대적으로 크게 되어 다중경로 성분이 또 존재하기 쉬워지면 이것이 반복되는 경우 클러스터화되는 현상이 두드러지게 된다. 반대로 K<1일 때 현재 bin에 다중경로 성분이 도달했다면 다음 bin에 다중경로 성분이 도달할 확률이

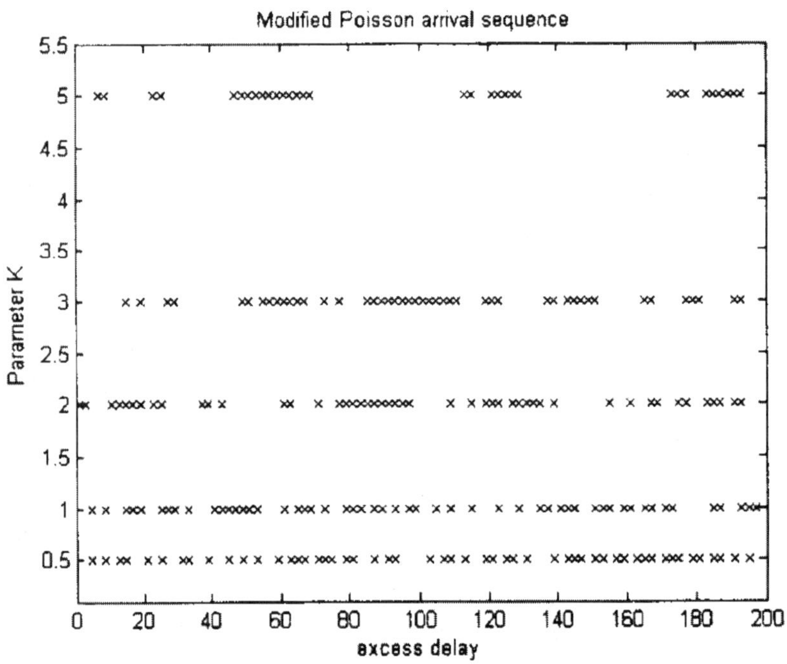

그림 4.3 K 값에 따른 Δ-K의 시간 지연 특성

상대적으로 작게 되어서 Poisson 분포의 경우보다 더욱 균일하게 분포하게 된다. 그림 4.3은 K 값에 따른 Δ-K 모델의 지연 시간 특성을 시뮬레이션 한 결과이다. K 값이 증가할수록 클러스터화 현상이 두드러지는 것을 볼 수 있다. 대부분의 실내 무선 채널 환경에서 K는 1보다 작은 경우가 많지만 실내 환경에 따라 K가 5 이상 되는 경우도 발생하는 것으로 조사 되었다.

앞서 얻어진 진폭 페이딩 결과 및 지연 시간 모델을 결합시켜 진폭과 지연 시간으로 표현되는 임펄스 응답을 발생시킬 수 있다. 그림 4.4는 그림 4.2에서 제시한 진폭 특성에 K=0.5의 Δ-K 모델 지연 시간 특성을 고려한 채널 임펄스 응답이다.

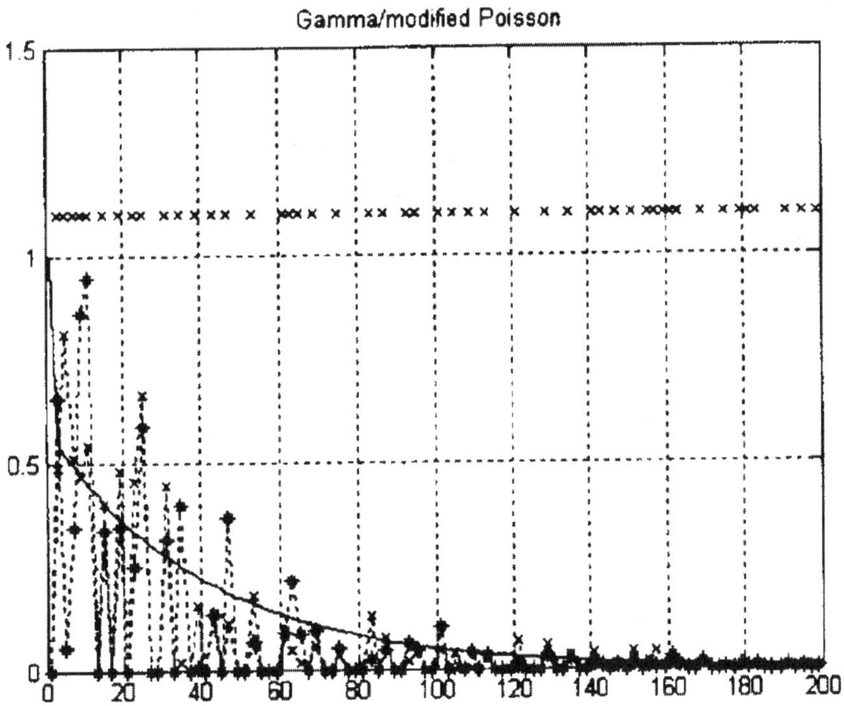

그림 4.4 지연 시간을 고려한 진폭 특성

4.2 IEEE 802.15.3a UWB 표준 채널 모델

UWB 채널의 넓은 대역폭은 기존의 무선 채널 모델과는 다른 현상을 야기한다. 예를 들면, 적은 수의 다중 경로들만이 분해 가능한 (분해능 3 cm) 각 다중 경로 구간 내에 중첩되어 기존 무선 채널 모델에서 자주 이용되는 central limit theorem과 같은 원리가 더 이상 적용되지 않기 때문에 다중 경로 채널의 크기 분포가 더 이상 rayleigh 분포를 따르지 않는다. 또한, 어떤 다중 경로 구간에는 전혀 다중 경로 성분이 존재하지 않는 경우도 생기게 된다.

그러므로, 이런 현상이 일어남을 어떻게 특성화 할 수 있는 가가 중요한 문제이며, 전혀 다중 경로 성분이 존재하지 않는 빈 구간 이후에 다시 다중 경로 성분이 존재하는 구간이 연이어 나타나기 때문에 이를 특성화 할 수 있는 time-of-arrival (TOA)의 분포를 추정하는 것도 역시 중요한 문제가 된다.

이런 TOA 분포를 특성화하기 위해서, UWB 표준 채널 모델에서는 다중 경로가 도달 특성 이 클러스터의 형태를 가지는 Saleh-Valenzuela (S-V) 채널 모델을 사용한다. 이런 현상은 UWB 펄스 파형이 제공하는 상당히 미세한 다중 경로 분해능에 기인한 것이다. 왜냐하면, UWB 펄스 파형은 최대 7.5 GHz의 대역폭(133ps이상의 다중 경로 분해능, 약 4 cm의 경로차)을 가질 수 있기 때문이다. 그러므로, 하나의 산란 효과로 인한 다중 경로 성분이 하나의 클러스터 내에 여러 개의 다중 경로로 나타날 수 있게 되는 것이다.

그러므로, S-V 채널 모델에서는 '클러스터 도달 비율'과 '다중 경로 성분 도달 비율'을 구분한다. 첫 번째 클러스터가 시간t=0 에서 시작하면, 그에 따라오는 다중 경로 성분은 비율 λ 로 Poisson 과정에 의해서 주어진 비율로 도달하게 된다. 이러한 다중 경로 성분들의 파워는 첫 번째 다중 경로 성분에서부터 도달 거리가 증가함에 따라 지수적으로 감소한다. 클러스터 도달 비율은 다중 경로 도달 비율보다 훨씬 낮으며, 차례로 첫 번째 도달 시간에서부터 다음 클러스터가 도달하는 시간을 결정한다. 같은 클러스터

내에 존재하는 다중 경로 성분들은 다시 비율 λ 를 갖는 Poisson 과정을 따르게 된다.

수식적으로, S-V 채널 모델의 충격 응답은 다음과 같이 표현될 수 있다.

$$h_i(t) = X_i \sum_{l=0}^{L} \sum_{k=0}^{K} \alpha_{k,l}^{i} \delta(t - T_l^i - \tau_{k,l}^{i})$$

여기서,

- $\{\alpha_{k,l}^i\}$: 다중 경로의 크기 성분
- $\{T_l^i\}$: l 번째 클러스터의 도달 시간
- $\{\tau_{k,l}^i\}$: l 번째 클러스터의 도달 시간에 상대적인 k 번째 다중 경로 성분의 도달 시간
- $\{X_i\}$: i 번째 채널 구현에서의 log-normal shadowing을 나타낸다. 그런 후 다음과 같이 파라미터를 정의하자.
- T_l = l 번째 클러스터 내의 첫 번째 다중 경로 성분의 도달 시간
- $\tau_{k,l}$ = l 번째 클러스터 내의 k 번째 다중 경로 성분의 도달 시간
- Λ = 클러스터 도착 비율
- λ = 다중 경로 성분 도달 비율,즉 각 클러스터 내의 다중 경로 성분의 도달 비율.

그러면 앞의 정의에 의해, $\tau_{0,l} = 0$ 이 된다. 또, 클러스터 도달 시간 및 다중 경로 성분의 도달 시간은 다음의 분포를 따르게 된다.

$$P(T_l | T_{l-1}) = \Lambda \exp[-\Lambda(T_l - T_{l-1})], \quad l > 0$$

$$P(\tau_{k,l} | \tau_{(k-1),l}) = \lambda \exp[-\lambda(\tau_{k,l} - \tau_{(k-1),l})], \quad k > 0$$

채널 모델에서 다중 경로의 크기 성분은 small-scale 및 large-scale 페

이딩 성분의 곱으로 나타나며 다음과 같이 나타낼 수 있다.

$$\alpha_{k,l} = p_{k,l}\zeta_l\beta_{k,l}$$

측정된 다중 경로 크기 성분의 분포는 기존 S-V 채널 모델에 사용되었던 Rayleigh 보다는 log-normal 분포를 따르게 된다. 더구나, large-scale 페이딩 역시 log-normal 분포를 따르게 된다.

$$20\log_{10}(\zeta_l\beta_{l,k}) \propto Normal(\mu_{k,l}, \sigma_1^2 + \sigma_2^2)$$

또는

$$|\zeta_l\beta_{k,l}| = 10^{(\mu_{k,l} + n_1 + n_2)/20}$$

으로 나타내어지며,

$n_1 \propto Normal(0, \sigma_1^2)$, $n_2 \propto Normal(0, \sigma_2^2)$

은 독립이며, 각각 클러스터 및 다중 경로에 해당하는 페이딩 분포를 나타낸다. 또, 평균파워 delay profile은 다음과 같이 모델링 될 수 있다.

$$E|\zeta_l\beta_{k,l}|^2 = \Omega_0 e^{-T_l/\Gamma} d^{-\tau_{k,l}/\gamma}$$

이는 각 클러스터들의 지수적 감소분 및 각 도달 시간에서 총 클러스터 파워의 감소분을 나타낸다. $P_{k,l}$ 는 산란에 의한 신호의 반전 효과를 설명하기 위한 것이며 +1, -1이 같은 확률로 나타나게 된다. 또, $\mu_{k,l}$ 는 다음과 같이 주어지게 된다.

$$\mu_{k,l} = \frac{10\ln(\Omega_0) - 10T_l/\Gamma - 10\tau_{k,l}/\gamma}{\ln(10)} - \frac{(\sigma_1^2 + \sigma_2^2)\ln(10)}{20}$$

위의 수식에서 ζ_l 은, l번째 클러스터에 관계된 페이딩을 나타내고, $\beta_{k,l}$ 은, l 번째 클러스터의 k 번째 다중 경로 채널에 관계된 페이딩 파라미터이다. 또 한 가지 주목해야 하는 사실은 UWB 채널 모델에서는 파라미터들이 복소수가 아닌 실수를 사용한다는 것이다.

마지막으로, 총 다중 경로 에너지의 log-normal shadowing이 X_i 에 의해서 얻어지기 때문에 $\{\alpha_{k,l}^{i}\}$에 의한 총 에너지는 각각의 구현 때마다 단위화 된다. 위에 언급한 shadowing 분포는 다음과 같이 나타낼 수 있다.

$$20\log10(X_i) \propto Normal(0,\sigma_x^2)$$

비록 이제껏 위에서 언급한 모델이 상당히 일반적이긴 하지만 실은 상당한 정도의 단순화를 내포하고 있다. 첫째로 위의 채널 모델은 클러스터 및 다중 경로 성분의 도착 비율이 도착 시간에 불변이라고 가정하고 있지만 실제로는 그렇지 않다. 또, 본 채널 모델에서는 log-normal 페이딩의 분산이 각 도착 시간마다 독립적이라고 가정하고 있지만 이것도 실제 로는 그렇지 않은 경우이다.

IEEE 802.15.3a 채널 모델은 4개의 상황을 각각 CM1, CM2, CM3, CM4로 표현하고 있다. CM1은 전송단과 수신단의 거리차가 4 m 이하인 line-of-sight(LOS) 환경의 채널을 모델링하고, CM2는 같은 거리 정보이지만, non-LOS (NLOS)인 상황을 모델링한다. CM3는 전송단과 수신단 사이의 거리가 4-10 m 사이인 경우의 NLOS인 상황을 모델링하며, CM4는 채널 지연 시간이 25 ns이상으로 상당히 긴 경우의 상황을 모델링한다.

각 경우의 채널 특성 및 관련 파라미터 값들은 표 4.1에 나타나있다. 그림 4.5, 4.6, 4.7, 4.8는 각각 CM1, CM2, CM3, CM4의 채널 impulse response및 평균 파워 감쇄 profile의 결과를 나타내고 있다. 결과에서 볼 수 있듯이 Delay Spread가 수 ns에 걸쳐있기 때문에 펄스가 시간에 인접되어 있으면 상당한 inter-symbol interference(ISI)를 야기할 수 있는 반면에, 수신단에서 상당한 정도의 다이버시티를 가질 수 있다는 사실도 알 수 있다.

표 4.1 다중 경로 채널 특성 및 파라미터 값들

Target Channel Characteristics[5]	CM1[1]	CM2[2]	CM3[3]	CM4[4]
mean excess delay (nsec) (τ_m)	5.05	10.38	14.18	
RMS delay (nsec) (τ_{rms})	5.28	8.03	14.28	25
NP_{10dB}			35	
NP(85%)	24	36.1	61.54	
Model Parameters				
Λ (1/nsec)	0.0233	0.4	0.0667	0.0667
ramda (1/nsec)	2.5	0.5	2.1	2.1
Γ	7.1	5.5	14.00	24.00
γ	4.3	6.7	7.9	12
σ_1 (dB)	3.3941	3.3941	3.3941	3.3941
σ_2 (dB)	3.3941	3.3941	3.3941	3.3941
σ_x (dB)	3	3	3	3
Model Characteristics[5]				
mean excess delay (nsec) (τ_m)	5.0	9.9	15.9	30.1
RMS delay (nsec) (τ_{rms})	5	8	15	25
NP_{10dB}	12.5	15.3	24.9	41.2
NP(85%)	20.8	33.9	64.7	123.3
Channel energy mean (dB)	-0.4	-0.5	0.0	0.3
Channel energy std (dB)	2.9	3.1	3.1	2.7

[1] This model is based on LOS (0-4m) channel measurements.
[2] This model is based on NLOS (0-4m) channel measurements.
[3] This model is based on NLOS (0-10m) channel measurements, and NLOS measurements.
[4] This model was generated to fit a 25 nsec RMS delay spread to represent an extreme NLOS multipath channel.
[5] These characteristics are based upon a 167 psec sampling time.

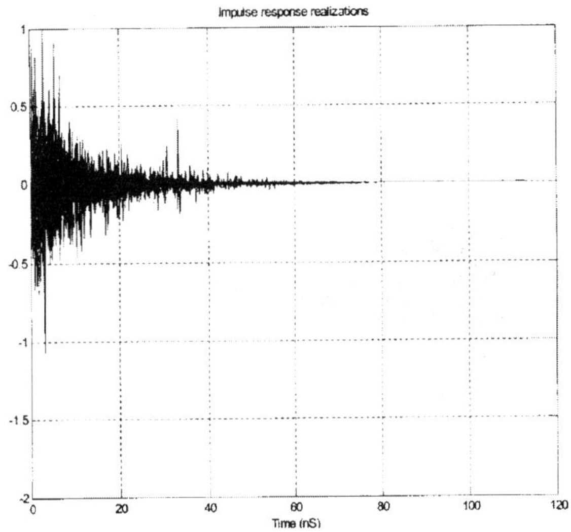

(a)

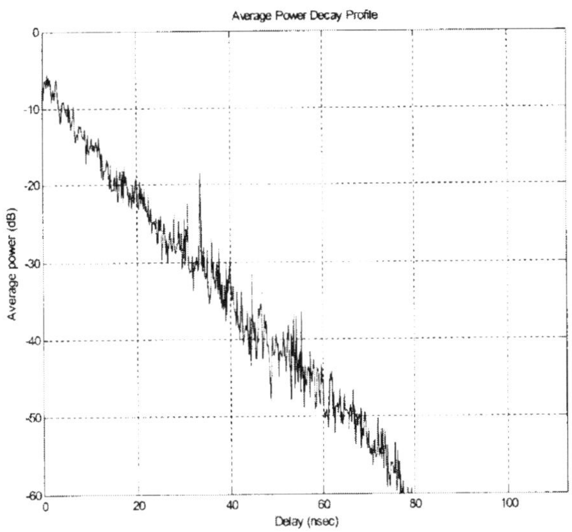

(b)

그림 4.5 CM1의 Impulse Response 및 파워 감쇄 Profile

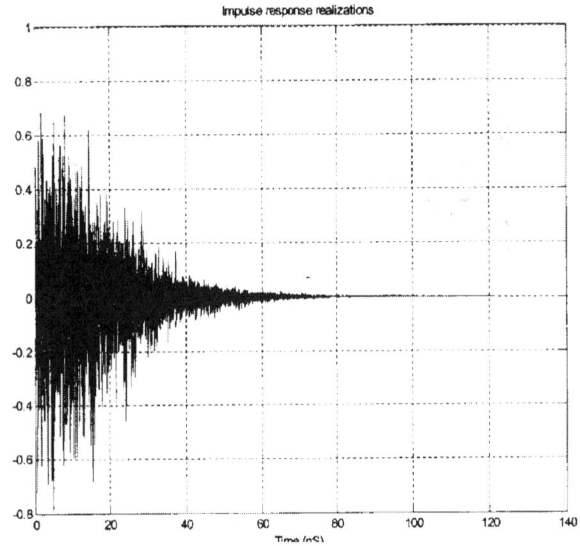

(a)

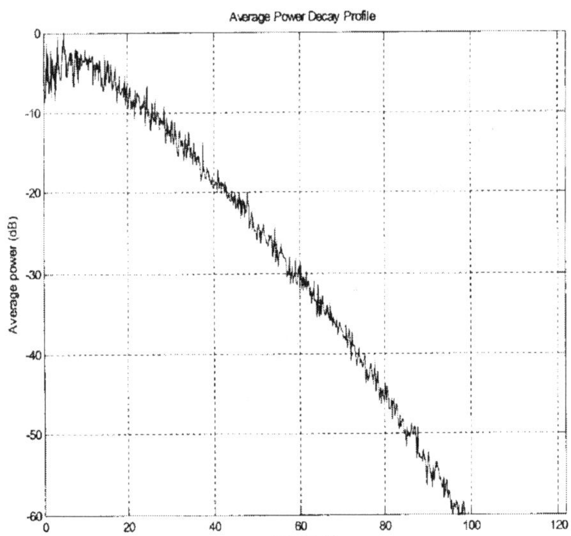

(b)

그림 4.6 CM2의 Impulse Response 및 파워 감쇄 Profile

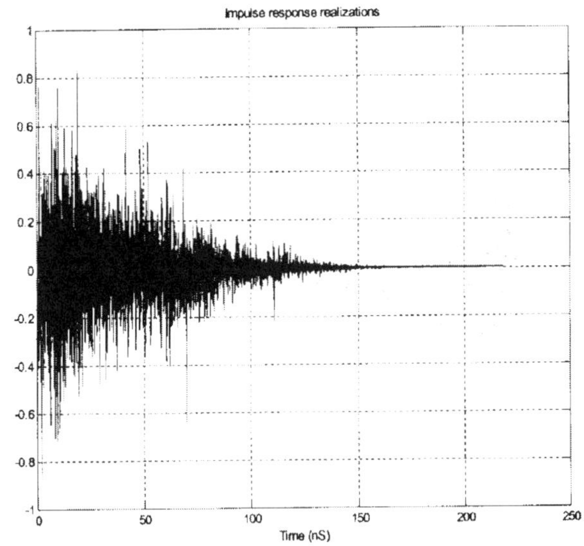

(a)

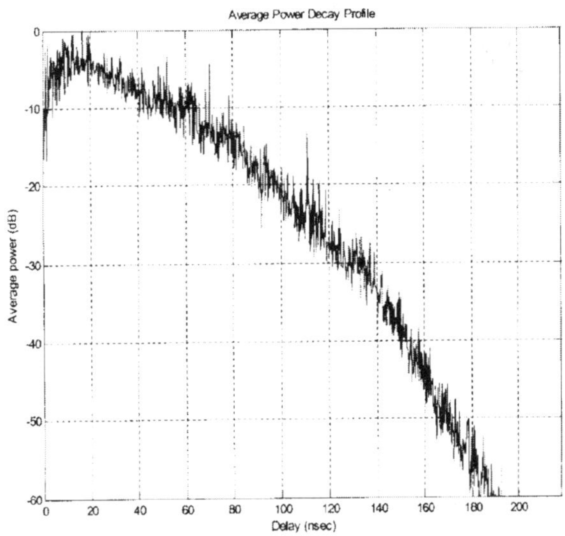

(b)

그림 4.7 CM3의 Impulse Response 및 파워 감쇄 Profile

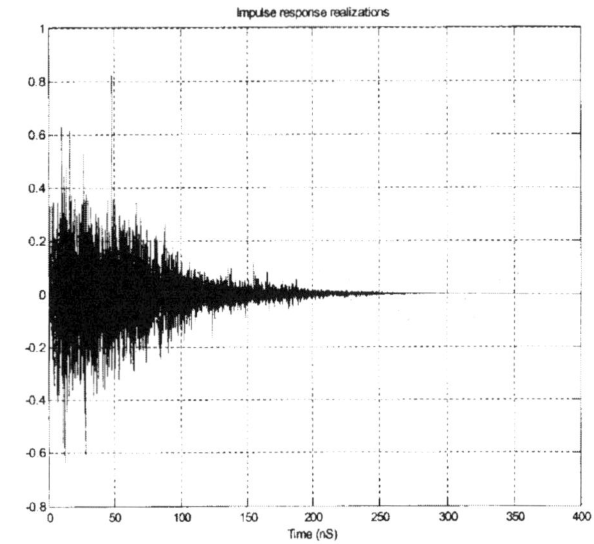

(a)

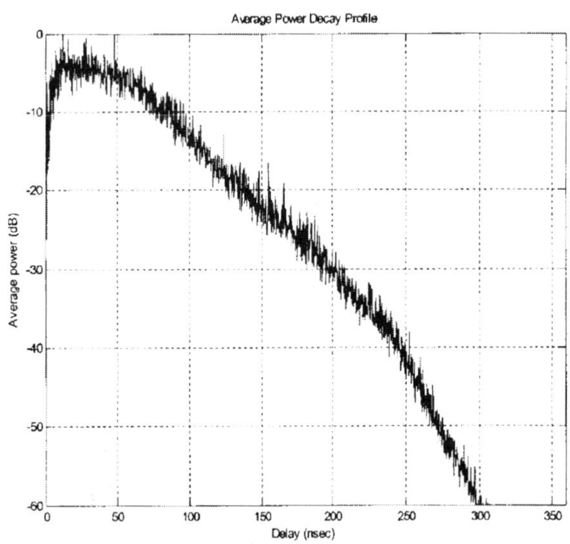

(b)

그림 4.8 CM4의 Impulse Response 및 파워 감쇄 Profile

4.3 IEEE 802.15.4a UWB 무선 다중경로 채널 모델

IEEE 802.15.4a에서 제안된 UWB 무선 다중경로 채널 모델들은 다양한 적용분야에서의 필요에 따라 802.15.4a 기기들이 작동하게 될 수많은 환경에 대한 채널모델로 유도되었다. 비록 향후 이용 가능한 모든 적용분야를 전부 포함할 수는 없겠지만, 제안된 표준안을 공히 평가하기 위해 모의실험에서 고려해야할 다중경로 채널 모델로 충분하다. 적용될 채널 환경의 특성은 다음과 같다.

- Indoor Residential : 이 환경은 비교적 좁은 장소에서의 위험 탐지 센서뿐만 아니라 서로 다른 가전제품들을 연결시키기 위한 홈네트워킹을 위해 필수적이다. 실내 환경에서의 건물 구조는 소단위로 구성되어 있으며 내부 벽이 충분히 두껍다는 특징이 있다.
- Indoor Office : 보통 긴 통로로 연결되어 있는 많은 사무실에서는 설치되어 있는 가구, 책꽂이 그리고 파티션 등이 신호의 감쇠를 증가시킨다.
- Industrial Environments : 이 환경은 공장의 홀과 같이 더욱 넓은 담으로 구분되어 있으며, 수많은 금속 장애물로 이루어져 있다는 특징이 있다. 이로 인하여 심각한 다중경로 페이딩 (Fading) 현상을 초래한다.
- BAN (Body Area Network) : 이는 의학용 센서, 통신장비 혹은 착용가능한 셀폰같이 몸에 부착된 장치들 간의 통신으로 주요 Scatter들이 안테나의 주변에 있어서 채널 모델이 다른 통신 환경에 비해 상이하다.
- Outdoor : 수많은 다양한 Outdoor 시나리오가 존재하지만 현 모델은 오직 교외와 같은 비교적 좁은 영역의 마이크로 셀 시나리오만을 다룬다.
- Agricultural Areas/Farms : 이 지역은 창고나 가축 울타리 등을 제외하고 장애물이 거의 없는 지대이다. 따라서 지연 확산 (Delay Spread)이 다른 채널 환경에 비해 작다고 예상한다.

세부적으로 들어가기 전에 제안된 모델의 중요한 특성들을 요약하여 보면 다음과 같다.

- 모델은 오직 채널만 다루며 안테나 효과는 독립적으로 모델링
- 경로손실로 인한 d^{-n} 법칙
- 경로손실의 주파수 의존족 특징
- 수정된 Saleh-Valenzuela 모델
  - ✓ Cluster에서 경로들의 도착
  - ✓ Ray 도착시간에 따른 혼합된 Poisson 분포
  - ✓ Cluster 감쇠시간의 의존적 지연 특성
  - ✓ 일부 NLOS 환경은 PDP (power delay profile)이 먼저 증가하였다가 감소
- 다른 요소에 의해 다른 m-Factor를 갖는 Small-Scale 페이딩의 Nakagami 분포
- 블록 페이딩 : 채널이 데이터 버스트동안 일정하게 유지

4.3.1 Shadowing

섀도잉은 경로손실의 일반적인 평균의 변화로 정의되며 협대역 페이딩과 상당히 비슷하다. 이러한 경로손실은 dB 크기로 다음과 같이 표현될 수 있다.

$$PL(d) = PL_0 + 10nlog_{10}\left(\frac{d}{d_0}\right) + S$$

여기서 $PL_0 + 10nlog_{10}\left(\frac{d}{d_0}\right) + S$는 거리의 변화에 따른 경로손실을 나타내고, 섀도잉을 나타내는 S는 평균이 0이고 표준편차가 σ인 랜덤한 Gaussian 분포를 나타낸다.

4.3.2 Power Delay Profile

앞서 언급된 바와 같이 IEEE 802.15.4a에서 제안하는 UWB 다중경로 모델은 Poisson 분포 기반의 수정된 Saleh-Valenzuela 모델에 기초하고 있으며, 여기서 다중경로 성분은 Cluster와 Ray의 형태로 도착하게 되고 이들의 진폭은 Log-Normal한 분포에 의해 산출된다. 제안된 UWB 무선 다중경로 채널 모델은 다음과 같이 표현될 수 있다.

$$h(t)=\sum_{l=0}^{L}\sum_{k=0}^{K}\alpha_{k,l}\exp(j\phi_{k,l})\delta(t-T_l-\tau_{k,l})$$

여기서 T_l는 l번째 Cluster의 지연을 나타내고, $\tau_{k,l}$는 l번째 Cluster 도착 시간 (T_l)에 의한 k번째 다중경로 성분의 지연이다. 또한 위 식에서 $\alpha_{k,l}$은 다중경로 감쇠 계수이며, $\phi_{k,l}$는 다중경로 성분의 위상으로서 $[0,2\pi]$의 범위에서 Uniform 분포를 갖게 된다.

특히, 제안된 채널모델에서 Cluster의 개수 L은 다음과 같은 확률밀도함수(Probability Density Function; PDF)를 갖는 Poisson 분포를 따른다고 가정되며, 이는 채널 특성에 따라 구별되는 평균값 $\overline{L}$에 의해 결정된다.

$$p_L(L)=\frac{(\overline{L})^L\exp(\overline{L})}{L!}$$

또한, UWB 다중경로 채널에서의 Cluster 도착 시간은 일반적인 형태의 Poisson 분포에 의해 다음과 같이 결정될 수 있다.

$$p(T_l|T_{l-1})=\Lambda_l\exp[-\Lambda_l(T_l-T_{l-1})],\quad l>0$$

위 식에서 T_l은 l번째 Cluster에서 첫 번째 경로의 도착 시간을 나타내며, Λ_l는 Cluster의 도착율을 의미한다.

한편, IEEE 802.15.4a에서는 주거지 등을 비롯한 실내뿐만 아니라 실외 환경까지 고려하여 최종적인 Ray 도착 시간을 결정하기 위해, 다음과 같이 두 개의 Poisson 분포가 결합된 형태를 제안하고 있다.

$$p(\tau_{k,l}|\tau_{(k-1),l}) = \beta\lambda_1 \exp[-\lambda_1(\tau_{k,l}-\tau_{(k-1),l})] + (\beta-1)\lambda_2 \exp[-\lambda_2(\tau_{k,l}-\tau_{(k-1),l}), \qquad k>0$$

여기서 $\tau_{k,l}$은 T_l과 관련하여 l번째 Cluster 내에서 k번째 경로의 시간 지연이고, λ_1과 λ_2는 Cluster 내에서 경로의 도착율을 의미하며, 특히 β는 Ray 도착 시간을 결정하기 위한 두 Poisson 분포의 결합 비율을 나타낸다.한편, 채널 계수에 대한 평균 전력은 다음과 같이 각각의 Cluster 내에서 Log-Normal한 분포를 갖으며, 이는 지수적으로 감소되는 형태를 갖게 된다.

$$E[|\alpha_{k,l}|^2] = \Omega_l \frac{1}{\gamma_l[(1-\beta)\lambda_1 + \beta\lambda_2 + 1]} exp(-\tau_{k,l}/\gamma_l)$$

위 식에서 Ω_l은 l번째 Cluster에서의 평균 에너지를 나타내며, γ_l은 Cluster 내의 감쇠 성분을 의미한다. 여기서, Cluster 내의 감쇠율은 Cluster 도착 시간에 비례하게 되며 다음과 같은 식으로 표현될 수 있다.

$$\gamma_l \propto k_\gamma T_l + \gamma_0$$

위 식에서 k_γ는 시간 지연에 따른 감쇠 성분의 증가분을 결정하게 된다. 또한, IEEE 802.15.4a에서는 각각의 채널 계수에 대한 Small-Scale 페이딩을 결정하기 위해 다음과 같은 PDF를 갖는 Nakagami 분포를 적용하고 있다.

$$p_\alpha(\alpha) = \frac{2}{\Gamma(m)}\left(\frac{m}{\Omega}\right)^m \alpha^{2m-1} \exp\left(-\frac{m}{\Omega}\alpha^2\right), \quad m \geq \frac{1}{2}$$

위 식에서 m은 Nakagami 페이딩 파라미터이고, $\Gamma(m)$은 감마 함수를 나타내며, Ω는 채널 계수 크기의 평균전력을 의미한다. 한편, 이러한 다중 경로 페이딩은 다음식들에 의해 Rice 분포로 근사화가 가능해진다.

$$m = \frac{(K_r + 1)^2}{(2K_r + 1)}$$

$$K_r = \frac{\sqrt{m^2 - m}}{m - \sqrt{m^2 - m}}$$

여기서, K_r은 Rice 페이딩 파라미터를 나타낸다. 또한, 위 식에서 Nakagami 페이딩 파라미터 m은 다음과 같은 평균 및 표준 편차를 갖는 Log-Normal한 분포를 따르는 랜덤 변수로 모델링될 수 있다.

$$\mu_m(\tau) = m_0 - k_m \tau$$

$$\sigma_m(\tau) = \widehat{m_0} - \widehat{k_m}\tau$$

위 식에서 알 수 있듯이 m은 시간 지연 성분에 의존적으로 결정되며, 특히 각 Cluster의 첫 번째 다중경로 성분에 대해서는 다음과 같이 달리 모델링된다.

$$m = \overline{m_0}$$

한편, IEEE 802.15.4a에서 제안된 UWB 무선 다중경로 채널 모델에 대한 파라미터들을 간단히 정리하면 다음과 같다.

- PL_0 : 1 m 거리에서의 경로손실
- n : 경로손실 지수
- σ_S : 새도잉 표준편차
- A_{ant} : 안테나 손실

- k : 경로손실의 주파수 의존도
- $\overline{L}$: Cluster 평균 수
- Λ : Inter-cluster 도착율
- $\lambda_1, \lambda_2, \beta$: Ray 도착율
- Γ : Inter-Cluster 감쇠상수
- k_γ, γ_0 : Intra-Cluster 감쇠시간상수 파라미터
- $\sigma_{cluster}$: Cluster 섀도잉 분산
- m_0, k_m : Nakagami m-Factor 평균
- $\widehat{m_0}, \widehat{k_m}$: Nakagami m-Factor 분산
- $\widetilde{m_0}$: 상세 요소를 위한 Nakagami m-Factor
- $\gamma_{rise}, \gamma_1, \chi$: 대체 PDP 형식의 파라미터

4.3.3 IEEE 802.15.4a UWB 채널 모델 및 파라미터

제안된 UWB 채널 모델은 환경과 조건의 특성에 따라 다음과 같이 9가지로 분류되며, 표 4.2 ~ 4.6에서는 IEEE 802.15.4a에서 분류된 9가지 UWB 채널 모델을 위한 파라미터들을 제시하고 있다.

❖ 채널 모델1 (CM1) : LoS (Line-of-Sight) Residential
송수신단 거리 7~20 m / 동작 주파수 대역폭 10 GHz 이상

❖ 채널 모델2 (CM2) : NLoS (Non-LoS) Residential
송수신단 거리 7~20 m / 동작 주파수 대역폭 10 GHz 이상

❖ 채널 모델3 (CM3) : LoS Office

송수신단 거리 3~28 m / 동작 주파수 대역폭 2~8 GHz

❖ 채널 모델4 (CM4) : NLoS Office
송수신단 거리 3~28 m / 동작 주파수 대역폭 2~8 GHz

❖ 채널 모델5 (CM5) : LoS Outdoor
송수신단 거리 5~17 m / 동작 주파수 대역폭 3~6 GHz

❖ 채널 모델6 (CM6) : NLoS Outdoor
송수신단 거리 5~17 m / 동작 주파수 대역폭 3~6 GHz

❖ 채널 모델7 (CM7) : LoS Industrial
송수신단 거리 2~8 m

❖ 채널 모델8 (CM8) : NLoS Industrial
송수신단 거리 2~8 m

❖ 채널 모델9 (CM9) : Farm

표 4.2 Residential 환경에서의 UWB 채널 모델을 위한 파라미터

		CM1	CM2
Direct		LOS	NLOS
Path Loss	PL_0[dB]	43.9	48.7
	n	17.9	4.58
	S [dB]	2.22	3.51
	A_{ant} [dB]	3	3
	k	1.12±0.12	1.53±0.32
PDP	$\overline{L}$	3	3.5
	Λ [1/nsec]	0.047	0.12
	γ_1, γ_2 [1/nsec], β	1.54, 0.15, 0.095	1.77, 0.15, 0.045
	Γ [nsec]	22.61	26.27
	k_γ	0	0
	γ_0 [nsec]	12.53	17.50
	$\sigma_{cluster}$ [dB]	2.75	2.93
Small-Scale Fading	m_0 [dB]	0.67	0.69
	k_m	0	0
	$\widehat{m_0}$	0.28	0.32
	$\widehat{k_m}$	0	0
	$\widetilde{m_0}$	–	–

표 4.3 Indoor Office 환경에서의 UWB 채널 모델을 위한 파라미터

		CM3	CM4
Direct		LOS	NLOS
Path Loss	n	1.63	3.07
	σ_s	1.9	3.9
	PL_0[dB]	35.4	59.9
	A_{ant} [dB]	3	3
	k	0.03	0.71
PDP	$\overline{L}$	5.4	1
	Λ [1/nsec]	0.016	–
	γ_1, γ_2 [1/nsec], β	0.19, 2.97, 0.0184	–
	Γ [nsec]	14.6	–
	k_γ	0	–
	γ_0 [nsec]	6.4	–
	$\sigma_{cluster}$ [dB]	–	–
Small-Scale Fading	m_0 [dB]	0.42	0.50
	k_m	0	0
	$\widehat{m_0}$ [dB]	0.31	0.25
	$\widehat{k_m}$	0	0
	$\widetilde{m_0}$	–	–
	χ	–	0.86
	γ_{rise} [nsec]	–	15.21
	γ_1 [nsec]	–	11.84

표 4.4 Outdoor 환경에서의 UWB 채널 모델을 위한 파라미터

		CM5	CM6
Direct		LOS	NLOS
Path Loss	n	1.76	2.5
	σ_s	0.83	2
	PL_0[dB]	45.6	73.0
	A_{ant} [dB]	3	3
	k	0.12	0.13
PDP	$\overline{L}$	13.6	10.5
	Λ [1/nsec]	0.00048	0.0243
	γ_1, γ_2 [1/nsec], β	0.27, 2.41, 0.0078	0.15, 1.13, 0.0062
	Γ [nsec]	31.7	104.7
	k_γ	0	0
	γ_0 [nsec]	3.7	9.3
	$\sigma_{cluster}$ [dB]	–	–
Small-Scale Fading	m_0 [dB]	0.77	0.56
	k_m	0	0
	$\widehat{m_0}$ [dB]	0.78	0.25
	$\widehat{k_m}$	0	0
	$\widetilde{m_0}$	–	–
	χ	–	–
	γ_{rise} [nsec]	–	–
	γ_1 [nsec]	–	–

표 4.5 Industrial 환경에서의 UWB 채널 모델을 위한 파라미터

		CM7	CM8
Direct		LOS	NLOS
Path Loss	n	1.2	2.15
	σ_s	6	6
	PL_0[dB]	56.7	56.7
	A_{ant} [dB]	3	3
	k	-1.103	-1.427
PDP	$\overline{L}$	4.75	1
	Λ [1/nsec]	0.0709	-
	γ_1, γ_2 [1/nsec], β	-	-
	Γ [nsec]	13.47	-
	k_γ	0.926	-
	γ_0 [nsec]	0.651	-
	$\sigma_{cluster}$ [dB]	4.32	-
Small-Scale Fading	m_0 [dB]	0.36	0.30
	k_m	0	0
	$\widehat{m_0}$ [dB]	1.13	1.15
	$\widehat{k_m}$	0	0
	$\widetilde{m_0}$	12.99	-
	χ	-	1
	γ_{rise} [nsec]	-	17.35
	γ_1 [nsec]	-	85.35

표 4.6 Open Outdoor (Farm Area) 환경에서의 UWB 채널 모델을 위한 파라미터

		CM9
Direct		LOS
Path Loss	n	1.58
	σ_s	3.96
	PL_0[dB]	48.96
	A_{ant} [dB]	3
	k	0
PDP	$\overline{L}$	3.31
	Λ [1/nsec]	0.0305
	γ_1, γ_2 [1/nsec], β	0.0225, 0, 0
	Γ [nsec]	56
	k_γ	0
	γ_0 [nsec]	0.92
	$\sigma_{cluster}$ [dB]	-
Small-Scale Fading	m_0 [dB]	4.1
	k_m	0
	$\widehat{m_0}$ [dB]	2.5
	$\widehat{k_m}$	0
	$\widetilde{m_0}$	0
	χ	-
	γ_{rise} [nsec]	-
	γ_1 [nsec]	-

5 장

초광대역 무선통신 변복조 기술

이번 장에서는 새로운 무선 기술로 급부상하고 있는 UWB 무선 통신에 적용 가능한 기술인 PPM(Pulse Position Modulation), PAM(Pulse Amplitude Modulation), BPSK(Binary Phase Shift Keying), QPSK (Quadrature Phase Shift Keying), OFDM(Orthogonal Frequency Division Multiplexing)의 변·복조 기술에 관해서 알아보도록 한다.

5.1 펄스 위치 변조 (PPM - Pulse Position Modulation)

PPM 방식을 적용한 시간 도약 UWB 시스템에서 변조 및 시간 도약을 위한 전송 파형의 이해를 위해서 그림 5.1을 참고한다. 그림 5.1 (a)는 UWB 시스템에서 사용하는 번째 사용자의 모노사이클 파형의 주기적인 전송을 나타내며, 식으로 표현하면 다음과 같다.

$$s_R^{(k)}(t) = \sum_{j=0}^{N_s - 1} w(t - jT_f)$$

여기서 T_f는 모노사이클 파형이 전송되는 주기를 의미하며 대략 모노사

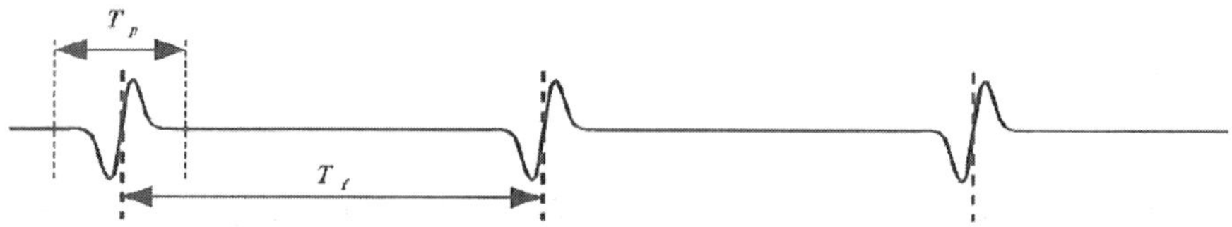

(a) Monocycle 펄스열

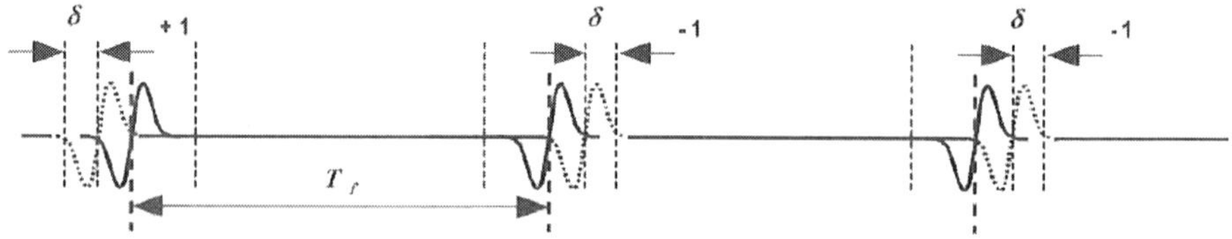

(b) PPM 방식으로 변조한 후의 파형

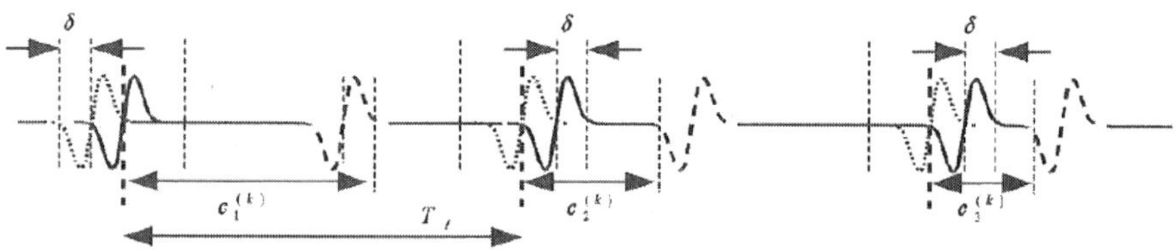

(c) 시간 도약 부호로 확산후의 파형

그림 5.1 시간도약 UWB 시스템의 전송 파형

이클 펄스폭 T_p의 수 백~수 천배에 해당한다. 위의 식에서 알 수 있듯이 모든 사용자는 동일한 모노사이클 파형과 전송 주기를 가진다. 그림 5.1 (b)는 모노사이클 파형을 PPM 방식으로 변조한 후의 파형을 나타내며, 식으로 표현하면 다음과 같다.

$$s_M^{(k)}(t) = \sum_{i=-\infty}^{\infty} \sum_{j=0}^{N_s-1} w\left(t - jT_f - \delta b_i^{(k)}\right)$$

여기서 δ는 파형의 변조를 위한 시간 위치 변수를 의미하며, $b_i^{(k)}$는 전송

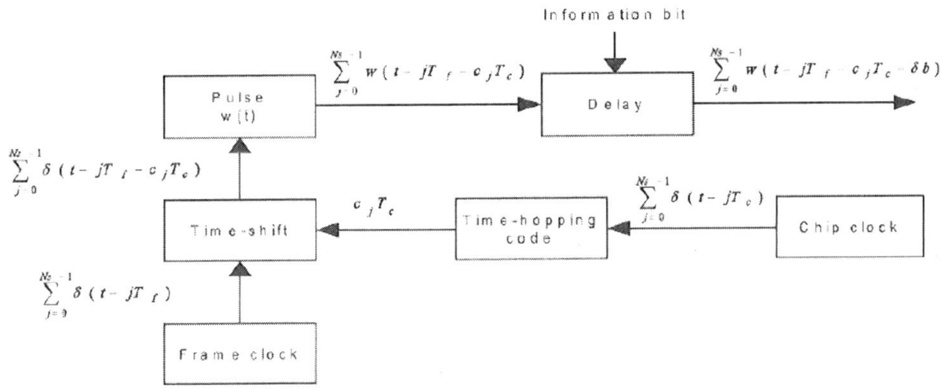

그림 5.2 시간도약 UWB 송신단 구조

데이터를 나타낸다. 위의 식에서 알 수 있듯이 한 심벌을 전송하기 위해서 N_s 개의 펄스를 반복 전송함으로써 한 심벌의 주기는 $N_s T_f$가 되며, 이로 인해 duty cycle 이 매우 낮아지게 된다. 펄스 반복 주기 N_s는 펄스율, 데이터율, 간섭 레벨 및 전송 거리를 고려해서 설계되며, 대략 200 이상의 값을 가진다.

UWB 시스템에서 다중 접속을 구현하기 위해서는 사용자간의 펄스가 동일한 시점에 수신되는 확률을 낮도록 설계해야 한다. 이러한 문제점을 해결하기 위해 UWB 시스템에서는 그림 5.1 (c)와 같이 시간 도약 방식을 적용한다.

PPM 방식을 사용하는 UWB 시스템의 전형적인 시간 도약 신호는 그림 5.2와 같은 과정을 거쳐 생성되며, 송신 신호는 다음과 같이 표현된다.

$$s^{(k)}(t) = \sum_{i=-\infty}^{\infty} \sum_{j=0}^{N_s-1} w\left(t - iT_b - jT_f - c_j^{(k)} T_c - \delta b_i^{(k)}\right)$$

여기서 $T_b = N_s T_f$이며, $c_j^{(k)}$는 시간 도약 부호로써 $c_j^{(k)} = c_{j+iN_p}^{(k)}$를 만족하는 N_p주기를 가지는 의사 랜덤 (pseudorandom) 코드로 설계된다.

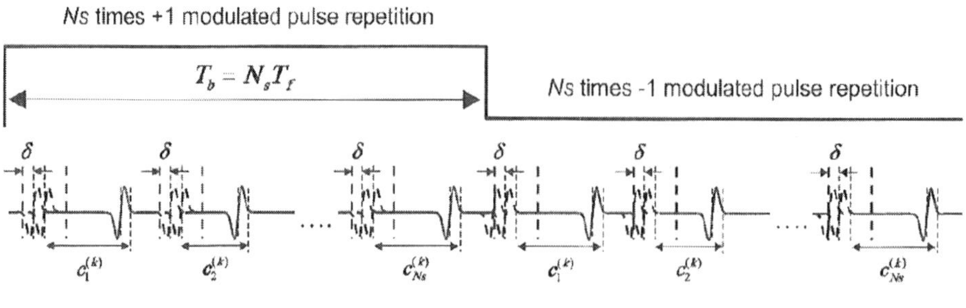

그림 5.3 +1과 -1로 변조된 UWB 전송 신호

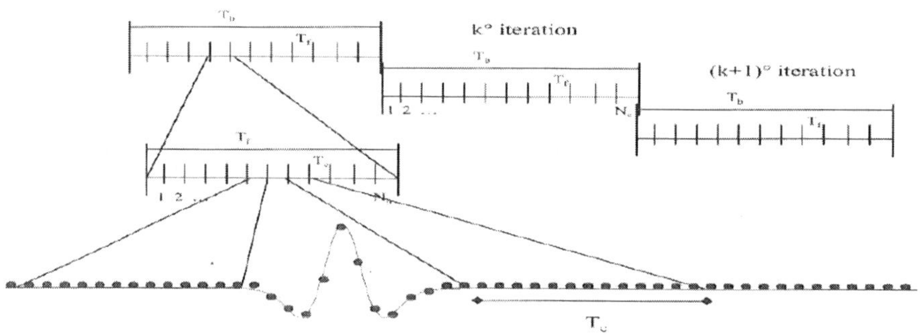

그림 5.4 시간 도약 UWB 시스템의 프레임 구조

시간 도약 부호는 $0 \le c_j^{(k)} < N_h$ 를 만족하는 범위의 정수 값이며, 다중 접속을 위해 펄스간의 충돌을 방지하게 위해서 $N_h T_c \le T_f$을 만족해야 한다.

그림 5.3은 최종적으로 +1과 -1로 변조되어 전송되는 UWB 파형을 나타내며, 그림 5.4는 시간 도약 UWB 시스템의 전체 프레임 구조를 나타낸다.

UWB 시스템에서 전송 속도와 수신 SNR 향상을 위해서 PPM 방식이외에 M-ary 직교 신호를 이용한 방식을 적용할 수도 있다. 그림 5.5는 M=4인 경우에 직교 신호를 적용한 UWB 시스템의 전송 신호를 나타낸다. 이 경우에 변조 위치 변수 δ가 $\delta^{(k)} = [(i+k-1)\bmod M]T_p,\ (i = 1, 2, 3, ..., M)$로 설

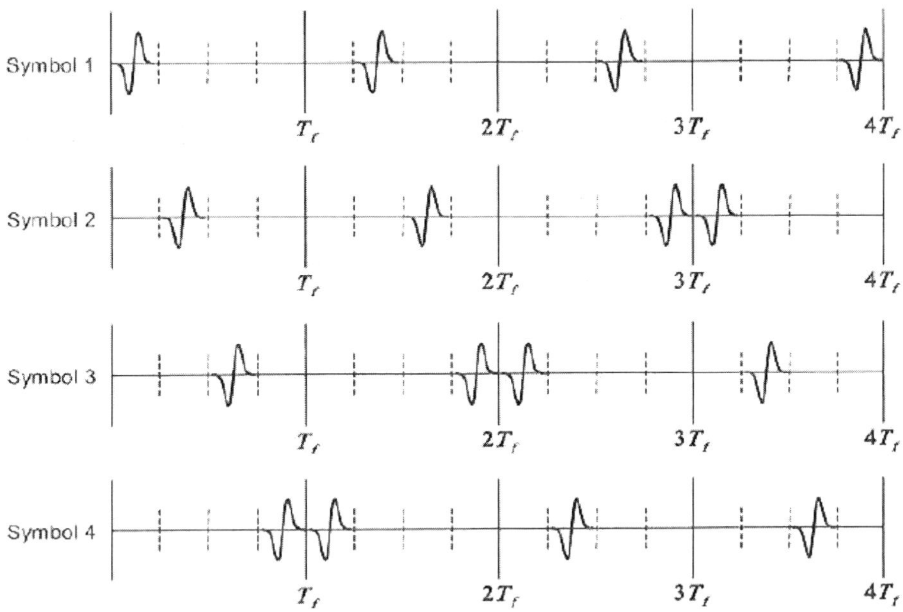

그림 5.5 M-ary 직교 신호를 적용한 UWB 시스템

계되며, $MT_p \ll T_f$를 만족해야 한다. 이 방식은 앞서 설명한 PPM을 적용한 방식에 비해서 전송 속도가 $\log_2 M$배 향상되며, 반면에 수신단에서의 검파 회로가 다소 복잡해지는 단점이 존재한다.수신단 구조는 그림 5.6에서 보듯이, K명의 사용자가 존재하는 UWB 시스템에서 수신되는 UWB 신호는 다음과 같다.

$$r(t)=\sum_{k=1}^{K}\sum_{i=-\infty}^{\infty}\sum_{j=0}^{N_s-1} w\left(t-iT_b-jT_f-c_j^{(k)}T_c-\delta b_i^{(k)}\right)+i_{RFI}(t)+n(t)$$

여기서 $i_{RFI}(t)$는 RFI (Radio Frequency Interference) 간섭 성분이며, $n(t)$는 가우시안 잡음을 의미한다. p번째 사용자 수신기에서 관찰된 수신 신호는 다음과 같이 표현된다.

$$r(t) = s^{(p)}(t) + i_{MUI}(t) + i_{RFI}(t) + n(t)$$

여기서 $i_{MUI}(t)$는 다른 사용자에 의한 다중 사용자 간섭 성분으로써 다음과 같다.

$$i_{MUI}(t) = \sum_{\substack{k=1 \\ k \neq p}}^{K} \sum_{i=-\infty}^{\infty} \sum_{j=0}^{N_s-1} w\left(t - iT_b - jT_f - c_j^{(k)} T_c - \delta b_i^{(k)}\right)$$

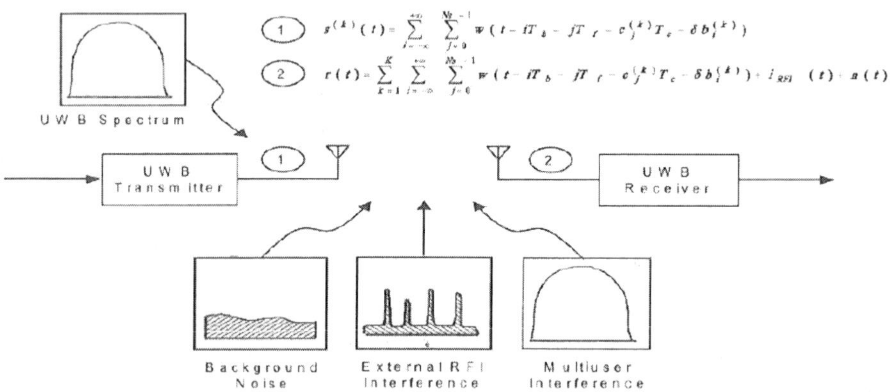

그림 5.6 시간도약 UWB 시스템 모델

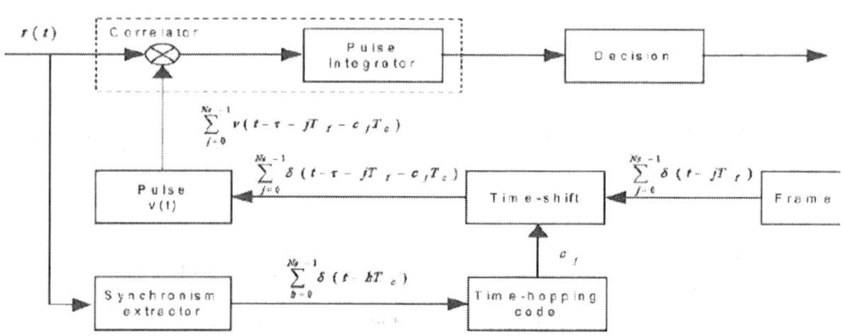

그림 5.7 시간 도약 UWB 수신단 구조

그림 5.7은 시간 도약 UWB 시스템이 수신단 구조를 나타낸다. 우선 수신된 신호 $r(t)$로부터 프레임의 시작 정보와 의사 랜덤 코드의 패턴을 예측해야 한다. 수신단에서는 예측된 시간 정보를 이용하여 수신 신호의 위치를 추적하며, 변조된 UWB 신호를 복원하기 위해서 cross-correlator를 사용한다. 이때 사용되는 기준 신호는 모노사이클 파형을 이용하여 다음과 같이 생성된다.

$$v(t)=w(t)-w(t-\delta)$$

위에서 정의된 기준 신호를 이용하여 T_b 구간 동안 신호를 검파하면, cross-correlator의 출력 값은 다음과 같이 정의된다.

$$\begin{aligned} Z &= N_s\int_{T_f} r(t)v(t)dt \\ &= \begin{cases} N_s m_p & \text{if } b=0 \\ -N_s m_p & \text{if } b=1 \end{cases} \end{aligned}$$

여기서 변수 m_p는 다음과 같이 정의된다.

$$m_p=\int_{-\infty}^{\infty} r(t-\delta)v(t)dt$$

수신기의 성능은 cross-correlator와 결정 변수 생성 방식에 따라 판단된다. 우선 가우시안 채널 상에서 하나의 모노사이클에서 오류가 발생할 확률은 다음과 같다.

$$P_e=Q\left(\sqrt{SNR|_{N_s=1}}\right)$$

수신단에서 N_s개의 펄스를 검파할 경우에 경판정을 적용하게 되면 오류율은 다음과 같이 구할 수 있다.

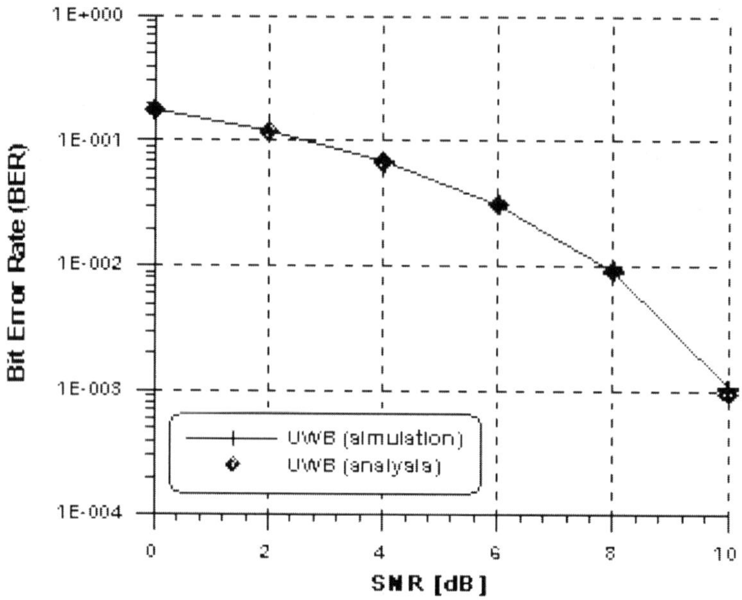

그림 5.8 UWB 시스템의 비트 오류 확률

$$P = \sum_{j=[N_s/2]}^{N_s} \binom{N_s}{j} P_e^j (1-P_e)^{N_s - j}$$

반면에 UWB 수신단에서 N_s개의 펄스를 cross-correlator를 사용하여 검파할 경우의 비트 오류율은 다음과 같이 구할 수 있다.

$$P_e = 2Q\left(\sqrt{N_s SNR|_{N_s=1}}\right)$$

그림 5.8과 그림 5.9는 시간 도약 UWB 시스템의 성능을 살펴보기 위한 시뮬레이션 결과를 나타낸다. 그림 5.8은 UWB 시스템의 비트 오률 성능을 나타낸다. UWB 시스템에서 external RFI 간섭 성분이 존재하지 않는 경우에는 그림에서 보듯이 비트 오률이 N_s에 무관함을 알 수 있다.

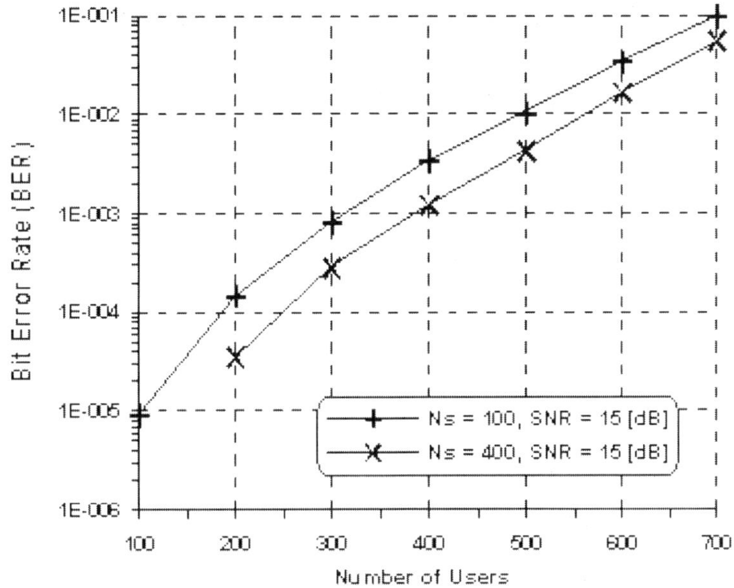

그림 5.9 UWB 시스템의 사용자수에 따른 비트 오류 확률

그림 5.9는 UWB 시스템에서 N_s가 각각 100과 400인 경우에 다중 사용자의 수에 따른 비트 오률 성능을 보여 주고 있다.

다중 사용자 간섭 성분이 존재하는 경우에는 그림에서 보듯이 N_s에 따른 성능 차이가 발생함을 알 수 있으며, 다중 접속이 가능한 사용자 수가 수백~수 천명에 달함을 알 수 있다.

5.2 펄스 진폭 변조 (PAM – Pulse Amplitude Modulation)

펄스 진폭 변조(PAM) 방식은 그림 5.10처럼 펄스의 진폭을 변화시켜 데이터를 보내는 변조 기법을 말하며 식으로 표현하면 다음과 같다.

$$s^{(k)}(t) = \sum_{j=0}^{N_s - 1} a_i w(t - jT_f)$$

여기서 a_i는 진폭을 나타내며 T_f는 모노사이클 파형이 전송되는 주기를 의미한다.

또한 다중접속을 구현하기 위해서는 송신단과 수신단이 서로 알고 있는 의사 랜덤 (pseudorandom) c_j에 따라 신호가 호핑하게 되며 송신 신호를 표현하면 아래와 같다.

$$s^{(k)}(t) = \sum_{i=-\infty}^{\infty} \sum_{j=0}^{N_s - 1} a_i w(t - iT_b - jT_f - c_j^{(k)} T_c)$$

데이터를 보낼 때는 위의 신호의 진폭 a_i를 변화시켜 신호 $s(t)$를 보낸다. k번째 사용자가 존재하는 PAM 수신단에서는 수신된 신호는 다음과 같이 표현할 수 있다.

$$r(t) = \sum_{k=1}^{K} \sum_{i=-\infty}^{\infty} \sum_{j=0}^{N_s - 1} a_i w(t - iT_b - jT_f - c_j^{(k)} T_c) + i_{RFI}(t) + n(t)$$

여기서 $i_{RFI}(t)$는 앞에서 설명한 것과 같이 간섭 성분이며, $n(t)$는 가우시안 잡음을 의미한다. 변조된 PAM 신호를 복원하기 위해서 상관기를 사용한다. 이때 사용하는 기준 신호는 송신단에서 사용했던 $w(t)$ 파형을 이용한다.

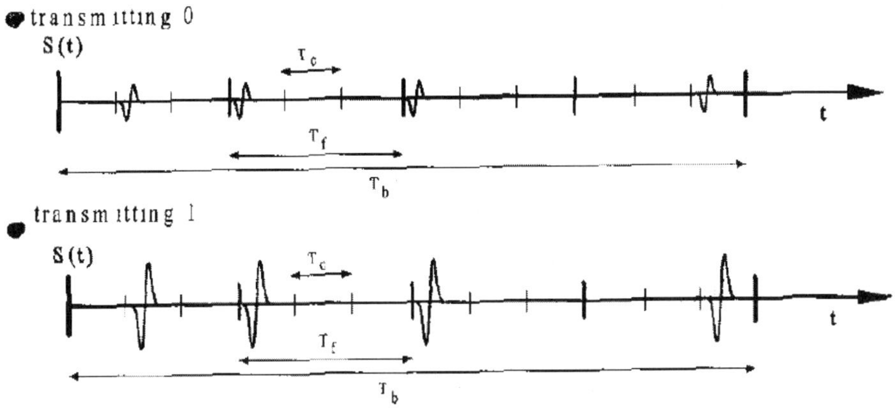

그림 5.10 PAM 변조된 UWB 전송 신호

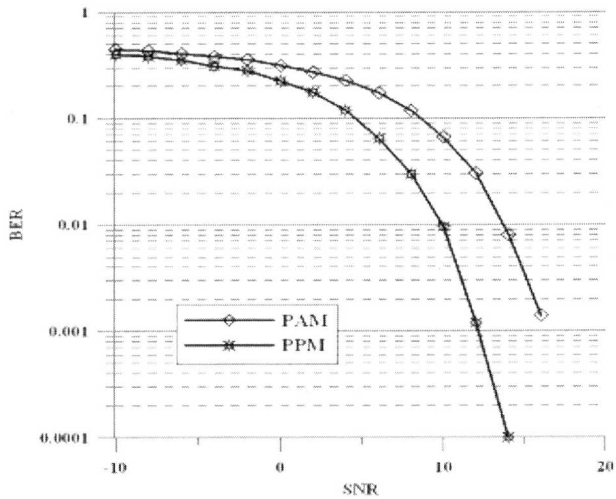

그림 5.11 PPM과 PAM의 BER을 비교한 시뮬레이션 결과

이 기준신호를 이용하여 검파하면 상관기의 출력 값은 다음과 같이 정의된다.

$$Z = N_s \int_{T_f} r(t)w(t)dt$$
$$= \begin{cases} 0, & \text{if } b=0 \\ N_s w_{p,} & \text{if } b=1 \end{cases}$$

여기서 w_p는 다음과 같다.

$$w_p = \int_{-\infty}^{\infty} r(t-\delta)w(t)dt$$

그림 5.11은 PPM과 PAM을 시뮬레이션 한 결과를 나타낸다.

5.3 위상 편이 방식 변조 (PSK - Phase Shift Keying)

5.3.1 이진 위상 편이 방식 변조 기법 (BPSK - Binary Phase Shift Keying)

BPSK는 정보를 보내기 위해 전송되는 신호의 위상을 0°와 180°로 변화시켜 전송하며, 전송 신호를 나타내면 다음과 같다.

$$s_R^{(k)}(t) = \sum_{j=0}^{N_s-1} p_i w(t - jT_f) \qquad \begin{cases} p_i = -1, & \text{if } b=0 \\ p_i = +1, & \text{if } b=1 \end{cases}$$

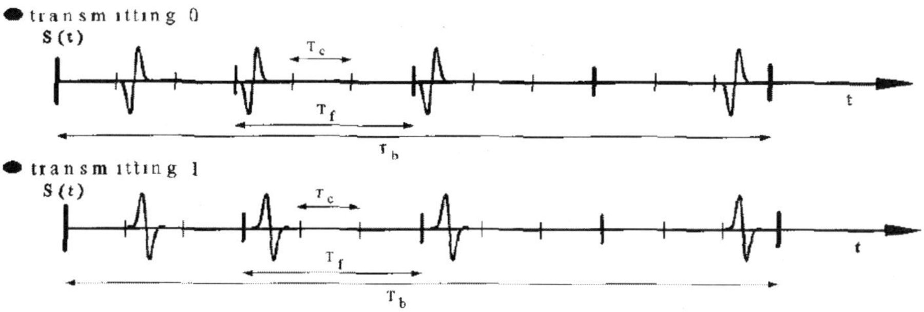

그림 5.12 BPSK 변조된 UWB 전송 신호

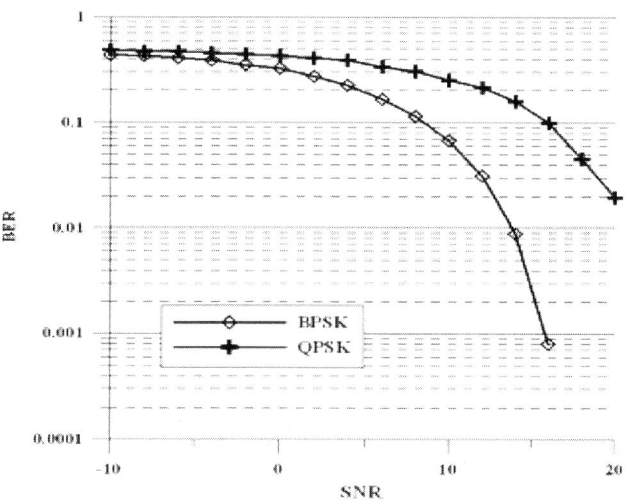

그림 5.13 BPSK와 QPSK의 BER 비교 시뮬레이션 결과

위의 신호를 다중 접속을 구현하기 위해 시간 도약을 적용하면 그림 5.12와 같이 나타나게 된다. 그림 5.12와 같은 시간 도약 과정을 거치면 송신 신호는 다음과 같이 표현된다.

$$s_R^{(k)}(t) = \sum_{i=-\infty}^{\infty} \sum_{j=0}^{N_s-1} p_i w\left(t - iT_b - jT_f - c_j^{(k)} T_c\right)$$

T_b와 T_f, T_c는 앞 절에서 설명한 것과 동일하며, p_i는 BPSK에서 위상을 0°와 180°로 바꿔주는 역할을 하는 계수이다. p_i를 1과 -1로 변화시켜 데이터를 실어 보낸다. 송신된 신호는 채널을 통과하고 난 후의 수신된 신호를 살펴보면 다음과 같다.

$$r(t) = \sum_{k=1}^{K} \sum_{i=-\infty}^{\infty} \sum_{j=0}^{N_s-1} p_i w\left(t - iT_b - jT_f - c_j^{(k)} T_c\right) + i_{RFI}(t) + n(t)$$

수신단에서 수신한 $r(t)$를 기준 신호가 $w(t)$인 상관기를 거친 후의 출력값 Z는

$$\begin{aligned} Z &= N_s \int_{T_f} r(t) w(t) dt \\ &= \begin{cases} N_s B_p > 0, & \text{if } b = 1 \\ -N_s B_p < 0, & \text{if } b = 0 \end{cases} \end{aligned}$$

이 된다. 여기서 B_p는 $B_p = \int_{-\infty}^{\infty} r(t-\delta) w(t) dt$를 나타내는 값이다. Z의 값이 임계값 0을 넘으면 1 로 검출하고, 0을 넘지 못하면 송신 데이터가 0으로 검출한다. BPSK 시뮬레이션한 결과는 그림 5.13에서 알 수 있다.

5.3.2 4진 위상 편이 방식 변조 기법 (QPSK - Quadrature Phase Shift Keying)

BPSK에서 확장된 개념으로 0과 1 두가지로 구분하는 것과 달리 00, 01, 10, 11, 4가지의 2비트를 한 신호로 구분한다. 한 파형으로 2비트를 보내기 때문에 BPSK보다 2배의 데이터를 전송할 수 있다.

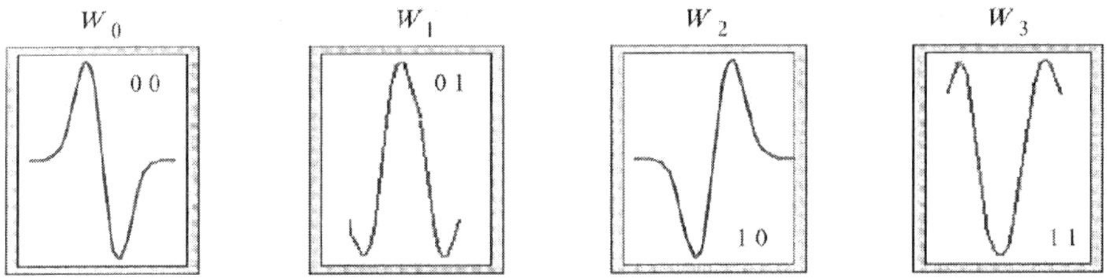

그림 5.14 QPSK 변조된 UWB 전송 파형

그림 5.14는 위상을 90°씩 변화시킨 송신될 파형을 나타낸 그림이며, 송신 신호를 식으로 표현하면 다음과 같다.

$$S_Q^{(k)}(t) = \sum_{i=-\infty}^{\infty} \sum_{j=0}^{N_s-1} w_Q\left(t - iT_b - jT_f - c_j^{(k)} T_c\right)$$

채널을 통과한 후 수신된 신호는 다음과 같다.

$$r(t) = \sum_{k=1}^{K} \sum_{i=-\infty}^{\infty} \sum_{j=0}^{N_s-1} w_Q\left(t - iT_b - jT_f - c_j^{(k)} T_c\right) + i_{RFI}(t) + n(t)$$

수신된 신호를 기준 신호 4개 (w_0, w_1, w_2, w_3)를 이용하여 T_b구간 동안 신호를 검파하면 상관기의 출력한 값은 다음과 같이 정의된다.

$$Z_i = N_s \sum_{i=0}^{3} \int_{T_f} r(t) w_i(t) dt$$

출력 값 Z_i에서 가장 큰 값을 갖는 i값을 가지고 원래의 데이터를 복원한다. 예를 들면 $i=2$일 경우 송신할 때 매핑된 값으로 01로 다시 복원한다. 그림 5.13은 BPSK와 QPSK의 SNR(Signal to Noise Ratio)에 따른 BER

(Bit Error Rate)을 나타낸 그림으로서 BPSK가 QPSK보다 더 오률 확률이 낮은 것을 알 수 있다.

5.4 직교 주파수 분할 다중 변조 (OFDM - Orthogonal Frequency Division Multiplexing)

OFDM은 멀티 캐리어 변조 방식의 일종으로 멀티 패스 및 이동 수신 환경에 우수한 성능을 발휘하는 시스템이다. 송신 신호는 그림 5.15 에서 보는 바와 같이 IDFT를 통과하고 나온 신호로 아래의 식과 같이 나타낼 수 있다.

$$x_i[n] = \frac{1}{N}\sum_{k=0}^{N_c-1} X_{j,k} e^{-\frac{2\pi}{N_c}nk}, \qquad 0 \le n < N$$

그림 5.16은 신호 x_j가 c_j에 따라 호핑하는 것을 나타내는 송신단의 블록도 그림이다. 이 신호를 v사용자가 사용할 때 자신의 의사 랜덤 코드에 맞게 신호가 호핑하는데 송신신호는 아래의 식처럼 바뀌게 된다.

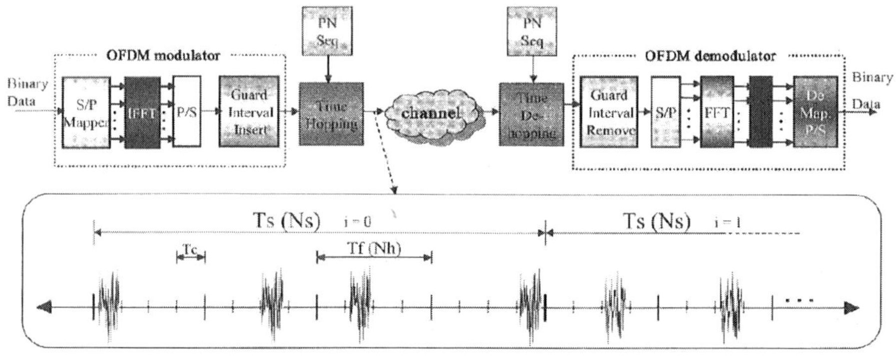

그림 5.15 OFDM 기반의 UWB 시스템의 전체 블록도

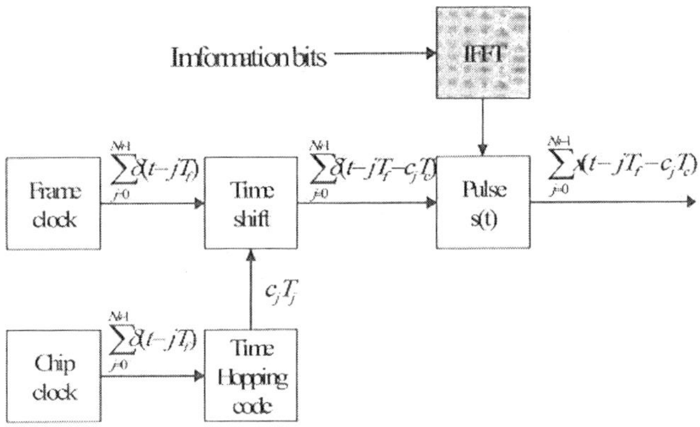

그림 5.16 OFDM 기반 UWB 시스템 송신 블록도

$$S^{(v)}(t^{(v)}) = \sum_{-\infty}^{\infty} X\left(t^{(v)} - jT_f - c_j^{(v)} T_c\right)$$

이때 $t^{(v)}$는 송신단의 클럭 타임을 나타낸 것이며, T_f는 반복 시간이다. $S^{(v)}(t^{(v)})$가 채널을 통과하게 되면 아래와 같은 $r(t)$신호로 바뀌게 된다.

$$r(t) = \sum_{l=0}^{N_u} A_l S_{rec}^{(l)}(t - \tau_l) + n(t)$$

여기서 l은 부반송파의 개수를 나타내고, A_l은 각 부반송파의 크기를 표시하며, τ는 송신단과 수신단의 시간 지연을 말한다. 수신단에서 원래의 신호를 복원하기 위해서는 그림 5.17과 같이 각 부 반송파에 수신된 값들의 평균을 구한 후 FFT 블록에 통과 시키면 원래의 값을 복원할 수 있다.

그림 5.18은 기존의 PPM과 새로운 변조 기법인 OFDM에서 SNR에 따른 BER을 비교하였다.

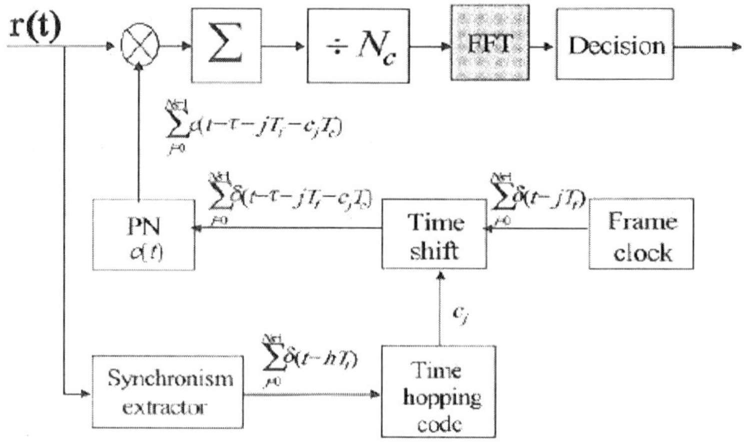

그림 5.17 OFDM 기반 UWB 시스템 수신단 블록도

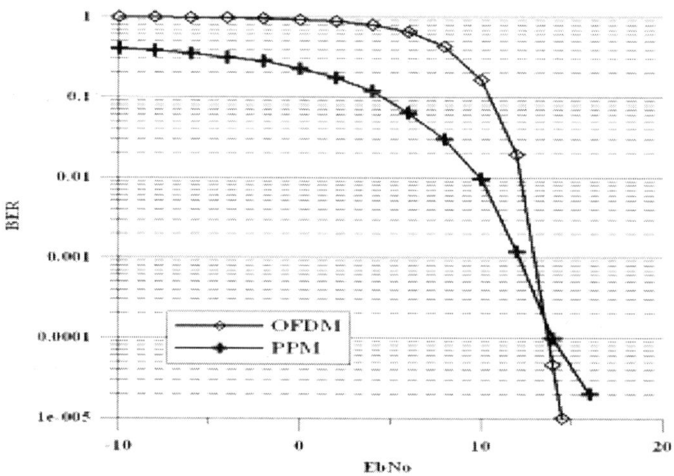

그림 5.18 PPM과 OFDM의 BER 비교 시뮬레이션 결과

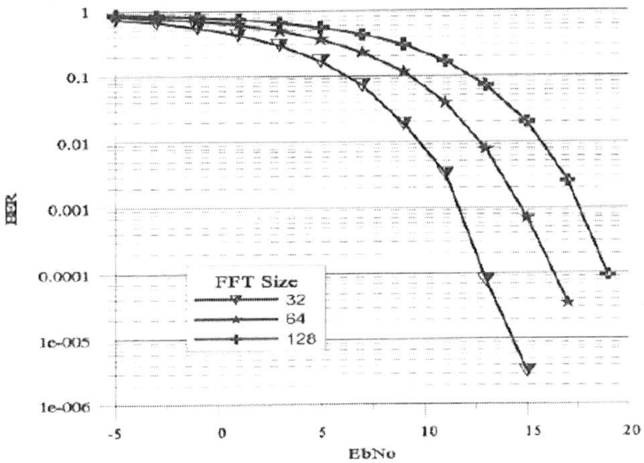

그림 5.19 FFT 크기에 따른 BER 그래프

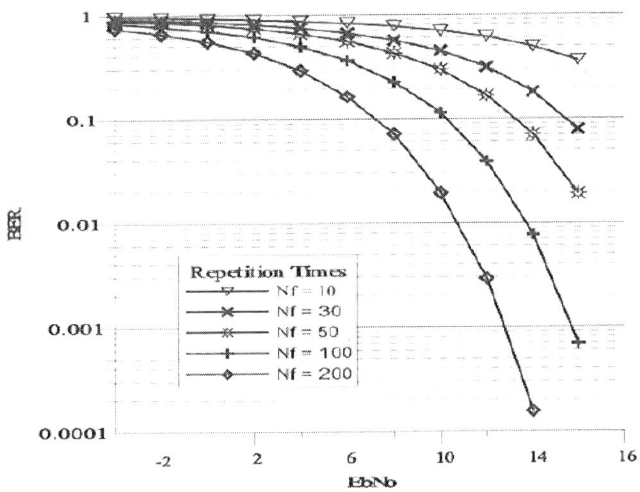

그림 5.20 반복 횟수에 따른 BER 그래프

그림 5.19에서는 FFT 크기가 작을수록 BER이 작아지는 것을 알 수 있으며, 그림 5.20은 반복 횟수(N_f)에 따른 BER의 변화를 나타낸 그래프이다. 반복 횟수가 많으면 많을수록 BER이 줄어드는 것을 알 수 있다. 그림 5.18에서 OFDM이 PPM보다 BER이 높으나, 여기에서는 FFT 크기를 32로 했기 때문에 PPM보다 전송 속도가 32배나 빠르다는 것을 알고 있어야 하다. 오류는 조금 높지만, 더 빠른 전송율을 가지고 채널 코딩을 한다면, 오히려 PPM보다 더 BER이 작게 떨어지게 될 것이다. 그러므로 RS채널 코딩과 터보 코드와 같은 채널 코딩을 붙여 함께 연구해야 한다.

5.5 Multi-coded PPM UWB 변복조 기법

최근 초광대역 (UWB) 기술은 High Data Rate Wireless Personal Area Network (HDRW-PAN) 기술의 가능성 있는 후보 기술로 심도 있게 거론되고 있다. 현재까지 이를 구현하기 위한에 적용 가능한 변복조 기술은 현재까지 다음과 같은 방법들이 제안, 연구되어 왔다.

- PPM (Pulse Position Modulation) 방식
- PAM (Pulse Amplitude Modulation) 방식 - OOK (On-Off Keying) 방식 포함
- PSK (Phase Shift Keying) 방식 - BPSK 방식 및 QPSK 방식
- DSC (Direct Sequence Code) 방식
- OFDM (Orthogonal Frequency Division Multiplexing) 방식

PPM 방식은 가장 오랫동안 사용되고 또한 연구되고 있는 방식으로서 0 또는 1에 따라 기본 펄스의 위치를 변화시키는 방식이다. 즉, 시간상의 Offset으로 변조를 하는 방식으로 기준 시간보다 다소 일찍 도착한 신호는

0, 다소 늦게 도착한 신호는 1로 결정할 수 있다. 이러한 PPM UWB 변복조 기술은 전송 속도와 수신 SNR(Signal to Noise Ratio)를 향상시키기 위해서 M-ary 직교 신호를 이용한 방식을 적용할 수도 있다. PAM 방식은 출력을 변화시켜 정보를 표시하게 되는데 8-ary PAM과 같은 경우는 진폭을 8 단계로 사용하여 3 bits의 정보를 보낼 수 있게 된다. PAM 특별한 경우로 OOK 방식이 있는데 이는 펄스가 존재시에 1, 없을 때 0을 보내는 것으로 결정하게 하는 방식이다. 그리고 BPSK 방식은 신호의 위상에 따라 0과 1을 표시하는 방식으로, PPM보다 SNR에서 3dB 이점과 전송 용량 면에서 2배의 이점을 가지지만,다중 경로가 존재하는 상황에서 위상 변화 문제점을 가진다. QPSK방식은 BPSK에서 확장된 개념으로 0과 1, 두 가지로 구분하는 것과 달리 00, 01, 10, 11 4가지의 2 bits를 하나의 신호로 구분한다. 한 파형으로 2 bits를 보내기 때문에 BPSK보다 2 배의 데이터 전송이 가능하다. DSC 방식은 DS-CDMA 방식을 그대로 적용한 방식으로써 우수한 잡음 방지 성능을 가지고, 데이터를 중간에서 가로채기가 어려워 보안성이 우수하다는 장점이 있다. OFDM 방식은 기존 multi-carrier 변조 방식을 그대로 UWB에 적용한 방식으로 멀티 패스 및 이동 수신 환경에 우수한 성능을 보인다.

특히, Binary Pulse Position Modulation (Binary PPM) 변조 기술 및 Time-Hopping (TH) 다중 접속 방식을 이용한 UWB Impulse Radio (UWB-IR)은 실내 다중 접속 무선 통신 기술에서 상당한 가능성을 보여주는 것으로 보고되고 있다. 이 방식은 AWGN 채널 환경에서 단수 사용자의 correlation 수신기를 사용하여 어느 정도 높은 전송 속도를 보장해줄 수 있는 가능성을 가지고 있는 것으로 알려져 있다. 특히 F. Ramirez-Mirelez의 논문에서는, 기존의 UWB 시스템의 확장 개념으로 M-ary PPM 기술을 사용한 방식도 거론되고 있는 상황이다.

최근에는 기존의 DS-CDMA 방식과 유사한 Direct-Spread UWB (DS-UWB) 방식도 PPM 기반의 UWB 시스템의 대안으로 신중히 거론되고 있는 실정이며 IEEE 802.15.3a HDR UWB 표준으로도 많은 관심을 받고 있다.

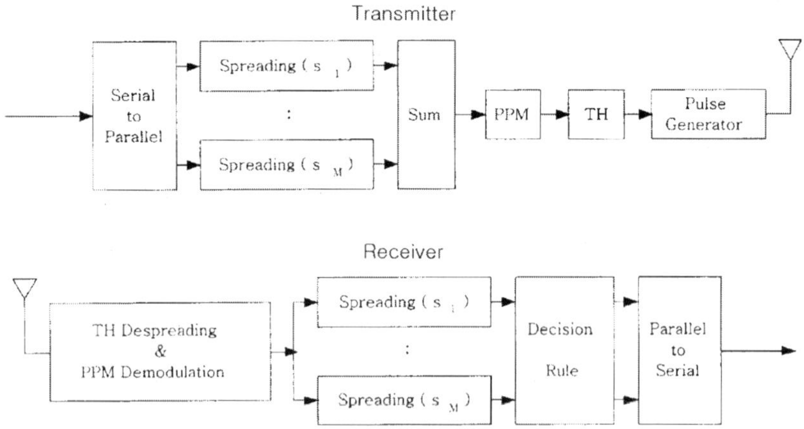

그림 5.21 전체 시스템 구성도

본 장에서는 위에 언급된 기존 변복조 방식보다 높은 전송 속도를 제공할 수 있는 변복조 기술로, PPM을 기반으로 multi-code 개념을 도입하여 동시에 보내는 데이터의 수가 증가함에 따라 더욱더 높은 전송 속도를 제시할 수 있는 변조 방식을 제시하고자 한다. 사용자가 보내고자 하는 L개의 bits는 총 L개의 multi-code들에 의해 확산 과정을 거치게 되고 이 결과값들에 의해 최종적으로 펄스의 위치가 변조된다.

PPM 방식을 기반으로 하는 이유는 펄스가 하나만 존재하는 경우에는 그 신호가 주파수 영역에서 광대역 잡음처럼 나타나지만, 이 신호가 일정한 시간 주기를 가지게 되면 주파수 영역에서 규칙적인 주기 때문에 스파크 현상(comb line)이 나타난다. 주파수 영역에서 이러한 현상이 나타나면 다른 통신에서 사용하는 협대역 신호에 간섭을 주기 때문에 펄스열의 규칙성을 어느 정도 완화시킬 수 있는 PPM 방식을 기반으로 한다. 그러나 이러한 PPM 만으로는 충분히 펄스열의 규칙성을 없애 주는 것이 부족하기 때문에 본 연구에서는 다중화방식을 위해 기존에 많이 사용되고 있는 시간 도약 다중 접속 (time-hopping multiple access) 방식을 이용한다. 즉, 일정한 펄스 시간보다 큰 시간 구간(frame)을 정해서 특별한 코드를 이용해 frame

내에 정해진 구간에 펄스를 위치시키면 된다. 이렇게 하면 여러 사용자가 동시에 통신을 하여도 자기 신호를 구분해 낼 수 있어 다중 접속 방식으로 사용될 수 있을 뿐만 아니라 규칙적인 펄스열로 인해 주파수 영역에서 나타났던 스파크 현상도 더욱더 완화되게 된다. 본 장에서 구현하고자 하는 새로운 방식의 변복조 방식은 다음과 같이 개념적으로 나타낼 수 있다.

5.5.1 송신단 변조 방식

최종적으로 송신단에서 변조되어 전송되는 사용자 v의 n번째 신호를 수식으로 나타내면 다음과 같다.

$$x^{(v)}(t,n)=\sum_{k=0}^{Ns-1} w(t-nT_s-kT_f-c_n^{(v)}(k)T_c-m_n^{(v)}(k)T_m)$$

여기서 w(t)는 duration이 T_w이고, 에너지가 E_w인 펄스 파형을 나타내고, k는 frame의 index(1 pulse/frame)를 나타내며 T_f는 frame duration을 나타낸다.

$c_n^{(v)}(k)$는 사용자 v에 할당된 시간 도약 부호(Time-Hopping Code)를 나타낸다. 이 시간 도약 부호는 주기가 N_s이고 부호의 범위는 $0\leq c_n^{(v)}(k)\leq N_k$ 사이의 정수 값을 가진다. T_C는 time-hopping shift parameter이다. 그러므로 시간 도약 부호가 최대로 가질 수 있는 time duration은 N_hT_c가 되며 이는 T_f보다 작은 값을 가진다. $m_n^{(v)}(k)$은 pulse position modulation parameter를 나타내고, T_m은 modulation time shift parameter를 나타낸다. 여기서 n번째 신호를 전송하기 위한 시간은 $T_s=N_sT_f$ 가 된다.

신호 $d_n^{(v)}(k)$는 multi-code 신호로써, 사용자 v의 L개의 신호를 확산 주기가 N_s인 M개의 직교 코드로 확산함으로써 생성된다.

$$d_n^{(v)} = [d_n^{(v)}(0), ..., d_n^{(v)}(N_s - 1)]^T = S^{(v)} b_n^{(v)}$$

여기서 $b_n^{(v)}=[b_1^{(v)}(1), \ldots, b_L^{(v)}(1)]^T$, $S(v)=[S_1(v), \ldots, S_L(v)]$ 이고, $S_l^{(v)}=[S_1^{(v)}(0), \ldots, S_l^{(v)}(Ns-1)]^T$ 는 각각 사용자 v의 총 L개의 bits 벡터, 확산 코드 행렬 및 사용자 v의l번째 확산 코드를 나타낸다.

이렇게 생성된 신호 $d_n^{(v)}(k)$로부터 pulse position modulation parameter, $m_n^{(v)}(k)$은 다음과 같이 구성될 수 있다.

$$m_n^{(v)}(k) = \frac{d_n^{(v)}(k) + L}{2}$$

5.5.2 수신단 복조 방식

전송된 신호가 총 N_u명의 사용자가 있는 AWGN 채널을 통과했을 때 수신된 신호는 다음과 같이 나타낼 수 있다.

$$r(t) = \sum_{v=1}^{N_v} A^{(v)} x^{(v)}(t - \tau^{(v)}) + n(t)$$

여기서 $A^{(v)}$와 $\tau^{(v)}$은 각각 사용자 v의 수신된 신호의 크기와 지연시간을 나타내고, n(t)는 가우시안 백색 잡음을 나타낸다.

원하는 사용자가 첫 번째 사용자이고, 수신된 신호가 각각의 frame마다 L+1 개의 template 펄스를 통과한 후, 샘플링하게 되면 다음과 같은 총 $(L+1) \times N_s$ 개의 element를 갖는 decision statistic 벡터를 얻을 수 있게 된다.

$$t^{(1)} = [t_{0,0}^{(1)}, ..., t_{0,L}^{(1)}, t_{1,0}^{(1)}, ..., t_{N-1,L}^{(1)}]^T$$

여기서

$$t_{k,j}^{(1)} = \int_{NT_s + kT_f + \tau^{(1)}}^{NT_s + (k+1)T_f + \tau^{(1)}} r(t) v_j^{(1)}(t - c_k^{(1)} T_c) dt$$

이고,

$$v_j^{(1)}(t) = w(t - jT_m)$$

이다.

결정 단을 통과한 후에는 multi-code 신호가 복원될 수 있으며, 이 과정은 다음과 같다.

$$\widehat{m_{d_n^{(1)}(k)}} = \mathrm{argmax}_{0 \le j \le L}\, t_{k,j}^{(1)}$$

$$\widehat{d_{n^{(1)}}}(k) = 2\widehat{m_n^{(1)}}(k) - L$$

이렇게 복원된 첫 번째 사용자의 Multi-code 신호는 두 번째 단계에서 아래와 같이 역확산 과정을 거쳐서 최종적으로 처음 보내어진 총 M개의 bits를 복원하게 된다.

$$\widehat{b_{n^{(1)}}} = [\widehat{b_n^{(1)}}(1), ..., \widehat{b_n^{(1)}}(L)]^T = sign\left\{ S^{(1)^T} \widehat{d_n^{(1)}} \right\}$$

여기서

$$\widehat{d_{n^{(1)}}} = [\widehat{d_n^{(1)}}(0), ..., \widehat{d_n^{(1)}}(N_s - 1)]^T$$

이다.

5.5.3 성능 분석

본 장에서는 제안된 방식의 성능 분석을 위하여 시스템의 link capacity를 분석한다. link capacity는 1 초당 보낼 수 있는 정보량을 나타내며 단위는 bits/sec (bps)를 쓰고, 이는 다음과 같이 정의될 수 있다.

$$C = (1 - P_b) R_b \quad (bps)$$

여기서 P_b는 BER을 나타내고, R_b는 bit data rate를 나타낸다.

그러므로 link capacity를 분석하기 위해서 먼저 제안된 시스템의 BER을 분석하면 다음의 결과를 얻을 수 있다.

$$P_b = Q\left(\frac{\sqrt{N_s}}{\sigma_{e_n}}\right)$$

여기서

$$\sigma_{e_n}^2 = \frac{1}{2^{L-3}}\left[\sum_{p=0}^{L} p^2 \left(\sum_{q=0}^{L-p} {}_L C_q\right)\right]\frac{P_e}{L}$$

이고

$$P_e = LQ\left(\sqrt{\frac{A^{(1)^2} E_w}{\sigma_i^2}}\right)$$

은 PPM의 에러 확률을 나타내고, σ_i^2는 AWGN 및 다른 사용자 간섭의 분산 값을 나타낸다.

다음으로 제안된 시스템의 bit data rate를 분석하면 이는 다음과 같이 표현될 수 있다.

$$R_b = \frac{l}{T_s} = \frac{L}{N_s N_h (L+1) T_w} \quad (bps)$$

그러므로 제안된 시스템의 Link Capacity는 다음과 같이 최종적으로 분석된다.

$$C = \left[1 - Q\left(\frac{\sqrt{N_s}}{\sigma_{e_n}} \right) \right] \frac{N}{N_s N_h (L+1) T_w} \quad (bps)$$

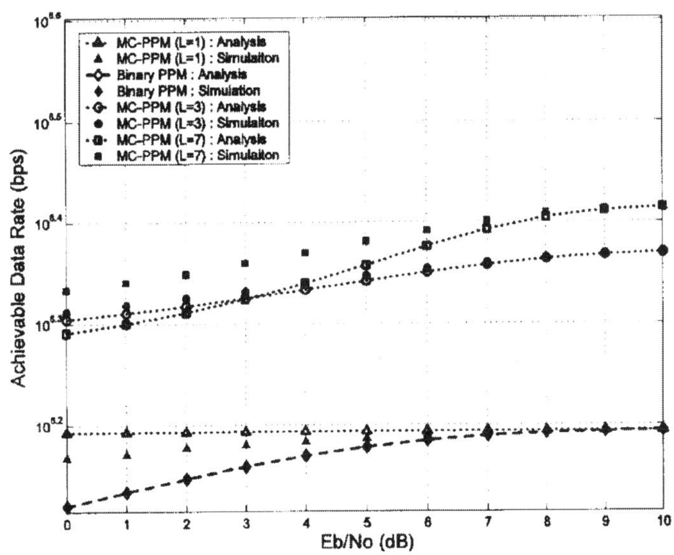

그림 5.22 제안된 방식(L=1,3,7)과 Binary PPM의 E_b/N_o에 따른 Link Capacity (Achievable Data Rate) 비교

5.5.4 모의 실험

본 절에서는 제안된 multi-coded PPM UWB 시스템의 link capacity를 분석한 결과와 모의실험을 통하여 나타난 결과를 비교하고 그 특징을 분석한다. 이를 위해 잘 알려진 직교 M-ary PPM 기법의 결과를 첨부하고 제안된 시스템과 비교한다. 모의실험에 사용된 시스템 파라미터는 T_m=0.75ns, N_k=8, N_s=8이다. M-ary PPM의 경우에는 N_s가 펄스 반복 횟수를 나타내게 된다. 그림 5.22는 범위가 [0dB, 10dB]인 E_b/N_o에 따른 제안된 기법과 M-ary PPM 기법의 link capacity 결과를 나타낸다. 여기서 E_b와 E_w의 관계는 $E_b=N_s/L \cdot Ew$ 이며, $\sigma^2_i=N_o/2$이다.

그림 5.22로부터 알 수 있듯이 제안된 multi-coded PPM 방식은 기존의 M-ary PPM 방식 보다 더 좋은 link capacity 성능을 나타냄을 알 수 있다. 기존의 M-ary PPM의 경우에는 binary PPM이 가장 좋은 성능을 보인다는 것을 모의실험 결과 파악할 수 있었고, 그렇기 때문에 결과에는 binar

y PPM의 경우만 나타내었다. 그러나 제안된 시스템의 경우, 한 신호 구간 동안 동시 전송되는 데이터의 개수, L이 증가함에 따라 link capacity도 증가하는 것을 알 수 있었다. 그리고 분석된 결과는 L이 작은 경우 거의 시뮬레이션 결과와 엇비슷함을 알 수 있었지만 L이 큰 경우에는 E_b/N_o가 작은 경우 차이가 남을 알 수 있는데, 이는 성능 분석 시 PPM 에러 확률 P_e가 union bound를 사용하여 유도되었기 때문이다.

위의 결과와 같이 제안된 multi-coded PPM UWB 시스템은 고속 데이터 전송에 유리하게 되어 있으므로 앞으로 HDR W-PAN의 대안 방식으로 유력하게 거론될 수 있을 것이라 판단된다.

6 장 초광대역 무선통신 안테나 기술

6.1 개요

UWB 통신 기술은 RF 반송파 대신에 1 nsec 이하의 폭이 좁은 펄스를 이용하여 정보를 전송하는 기술로 펄스의 성질에 의해 광대역에 걸쳐 기저대역 잡음과 같이 낮은 전력 스펙트럼이 존재하므로 현재 사용하고 있는 타 무선 통신 시스템에 간섭을 주지 않고 송신이 가능하고 대역폭 또한 광대역으로 취할 수 있기 때문에 전송속도에 있어서도 기존 시스템에 비해 유리하다.

또한 UWB 는 매우 짧은 펄스를 사용하기 때문에 직접파와 반사파의 경로 도달거리가 차이가 나도 두 신호를 구별할 수 있는, 즉 다중 경로에 강한 장점을 지니며 짧은 펄스에 의한 분해능을 이용하여 cm 단위의 정밀도를 구현가능하고 광대역 특성에 의한 장애물 투과 특성이 우수하여 지반 침투 레이더(GPR) 등과 위치추적 시스템 등에도 응용이 가능하다.

UWB 시스템은 현재 크게 두 가지로 분류되어 지는데 하나는 multi band UWB 방식으로서 OFDM 변복조 방식을 사용하는 시스템이 있고, 나머지 하나는 single band UWB 방식으로 이것은 DS-CDMA(M-BOX) 방식을 채택하고 있다. 이러한 시스템에서 사용될 안테나는 UWB 시스템에서 요구하는 광대역의 대역폭 및 군지연 특성 등의 성능을 만족시키며 단말 등에 장착이 가능하도록 소형, 경량으로 제작되어야 한다.

6.2 UWB 안테나 이론

FCC 는 UWB 시스템을 중심 주파수의 20% 이상의 부분 대역폭 혹은 500 MHz 이상의 RF 대역폭을 갖는 시스템으로 정의하고 있으며 대역폭의 상하단 주파수도 -10 dB 지점으로 제한하고 있다.

UWB 시스템이 개발되기 시작한 이후 주로 군사용 목적의 UWB 안테나들이 많이 개발 되어왔는데 TEM 혼, 스파이럴 안테나, 대수주기 안테나 그리고 Tapered Slot Antenna(TSA) 등 GPR 이나 그 외 군사용 레이더 용도로 많은 안테나들이 개발되었다.

그러나 이 안테나들은 크기가 크다는 단점과 TEM 혼을 제외한 안테나들은 임펄스 응답 특성이 dispersive 하다는 단점 등이 있어 최근의 옥내 통신용 UWB 시스템에는 부적합하다. 따라서 최근의 UWB 시스템용 안테나는 주로 소형, 경량의 평판형 안테나나 모노폴 또는 다이폴 안테나가 주로 연구되고 있다.

따라서 다음 장에서는 UWB 안테나 중 가장 널리 쓰이고 제작이 용이한 팻 다이폴 안테나와 보우타이 안테나를 이용해 UWB 안테나의 광대역 원리를 설명하고 이러한 기본 형태에서 여러 가지 기법을 사용해 각각의 목적에 맞게 변형된 안테나들을 소개하도록 한다.

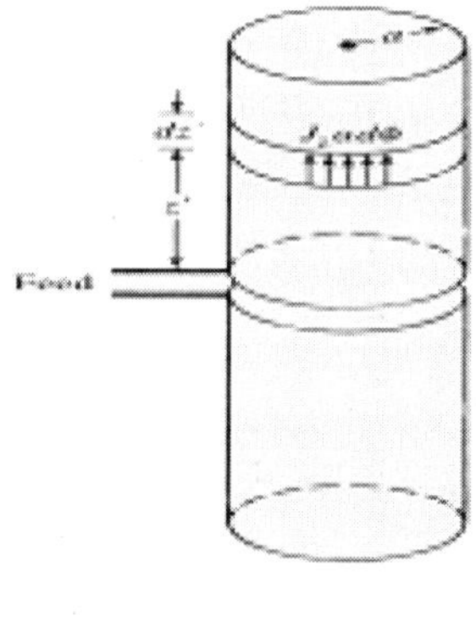

그림 6.1 팻 다이폴 안테나

6.2.1 팻 다이폴 안테나(Fat Dipole Antenna)

가장 널리 사용되는 반 파장 다이폴 안테나(half-wavelength dipole antenna)는 전류의 세기가 안테나의 중앙에서 최대 값을 나타내며 정현파의 반 파장 범위에서 변하는 선형전류분포를 갖는다.

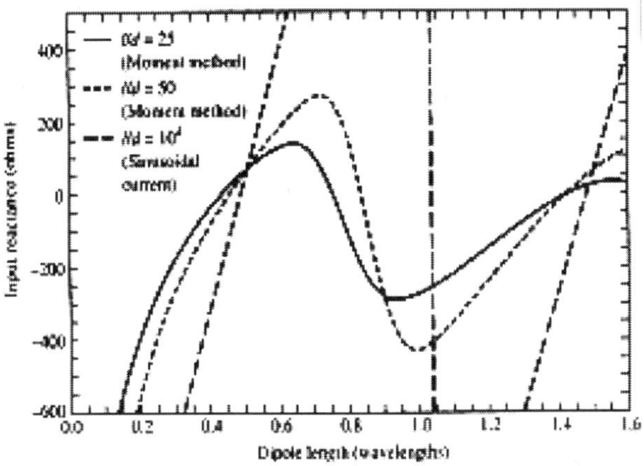

(a) 입력 레지스턴스 (d=2a)

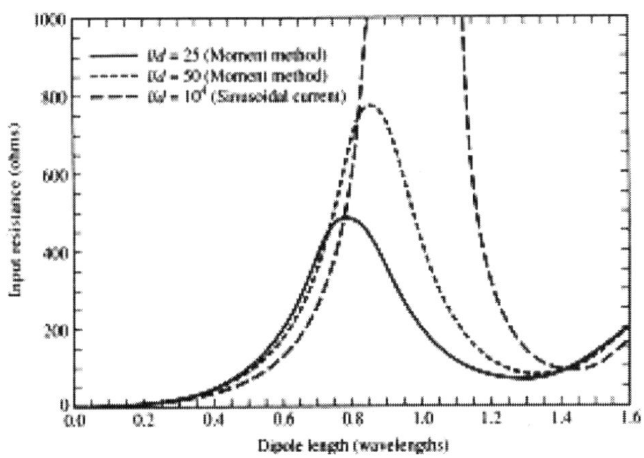

(b) 입력 리액턴스 (d=2a)

그림 6.2 다이폴의 길이 변화에 따른 입력 레지스턴스와 리액텅스의 변화량

반파장 다이폴의 공진 조건을 만들려면 물리적 길이가 자유공간에서의 반 파장보다 다소 짧아야 하고 안테나 도선의 두께가 늘어나면 길이가 더 짧아야 한다. 이 반 파장 다이폴에서 안테나의 지름, 즉 두께가 넓어진 것을 팻 다이폴이라고 하는데 이는 광대역 특성을 나타낸다.

그림 6.1과 같은 팻 다이폴은 다이폴의 폭과 길이의 비율이 거의 1:1 인 경우를 말하며 팻 다이폴에서의 전류는 다이폴의 반지름 a 에 비례한다. 따라서 다이폴의 반지름이 증가함에 따라 전류의 양이 증가하게 되고, 그림 6.2의 (a)와 (b)에서처럼 임피던스 변화가 안테나 길이에 따라 덜 민감하므로 주파수에 대한 광대역의 효과를 얻을 수 있다. 이는 모노폴 안테나에도 적용 가능하며 안테나를 소형, 경량화 시키기 위하여 마이크로스트립 같은 평판형으로 구현할 경우에도 광대역을 구현할 수 있다.

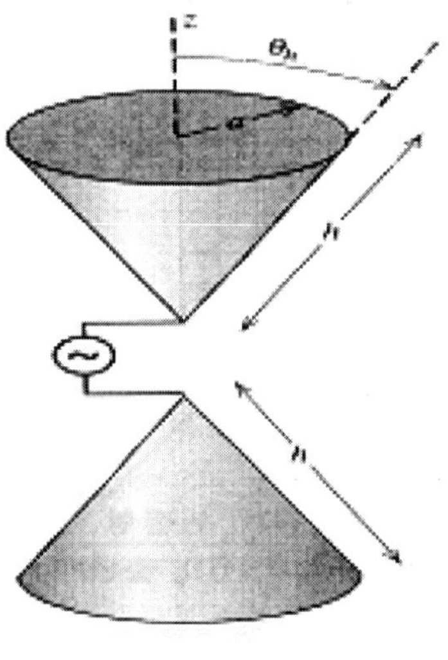

그림 6.3 유한 쌍원추 안테나

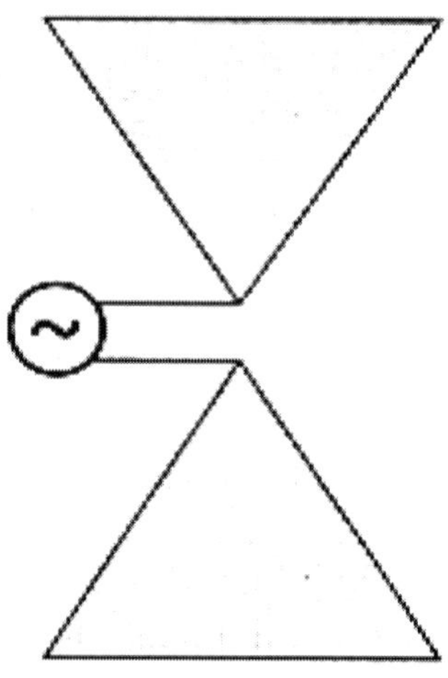

그림 6.4 보우타이 안테나

6.2.2 보우타이 안테나(Bow-tie Antenna)

그림 6.3과 같은 유한 쌍원추 안테나를 생각해 보면, 안테나를 감싸는 반지름 h 의 가상의 구 내부에는 TEM 파와 함께 원뿔의 종단에서 생성된 고차모드가 존재한다. 이러한 고차모드는 안테나의 리액턴스를 형성하는 주된 요인이다.

원뿔의 종단부분은 복소 입력 임피던스를 유도하는 정재파를 만들어 내는 반사를 일으킨다. 따라서 그림 6.3에서 보인 유한 쌍원추 안테나의 평면형인 그림 6.4와 같은 보우타이 안테나에서는 높이 h 를 조절함으로써 임피던스 성분을 조절할 수 있다.

또 각을 증가시킴으로서 점점 더 넓어지는 대역폭에서 입력 임피던스의 리액턴스 부분을 최소로 유지할 수 있다. 동시에 그림 6.5의 (a) 와 (b)와 같이 입력 임피던스의 실수 부분은 주파수 변화에 덜 민감해진다. 따라서 광대역 효과를 얻을 수 있다.

6.3 국외 연구개발 동향

최근 전 세계적으로 UWB 통신 기술이 각광을 받고 있는 가운데 국외 기업과 학계에서도 UWB 통신을 위한 안테나에 관한 연구와 실제 제품들이 많이 쏟아져 나오고 있다. 국외 기업 중에서는 대표적으로 Xtreme Spectrum, Time Domain, Wisair 등은 UWB 칩셋과 더불어 UWB 안테나도 개발하여 UWB 송수신 시스템을 구성하였고 SkyCross 는 UWB 용 안테나를 제작, 판매하고 있다.

그러나 기업의 특성상 UWB 안테나의 구조나 형태는 공개된 자료가 거의 없고 외부 형태로 미루어 소형, 경량의 평판형 안테나의 형태를 보임을 알 수 있다.

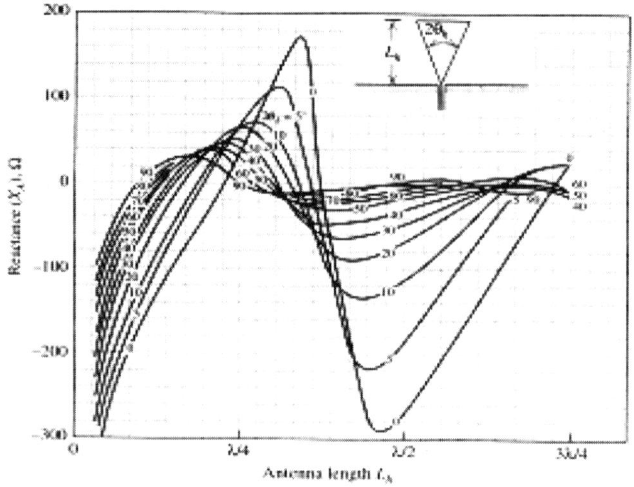

(a) 입력 리액턴스

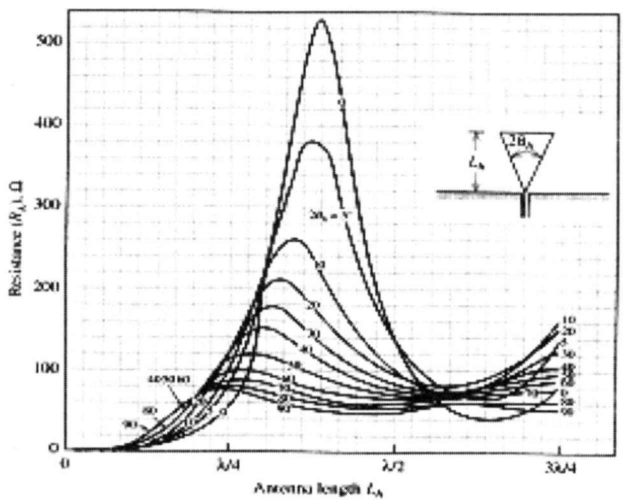

(b) 입력 레지스턴스

그림 6.5 안테나 길이 변화에 따른 입력 리액턴스와 입력 레지스턴스 변화량

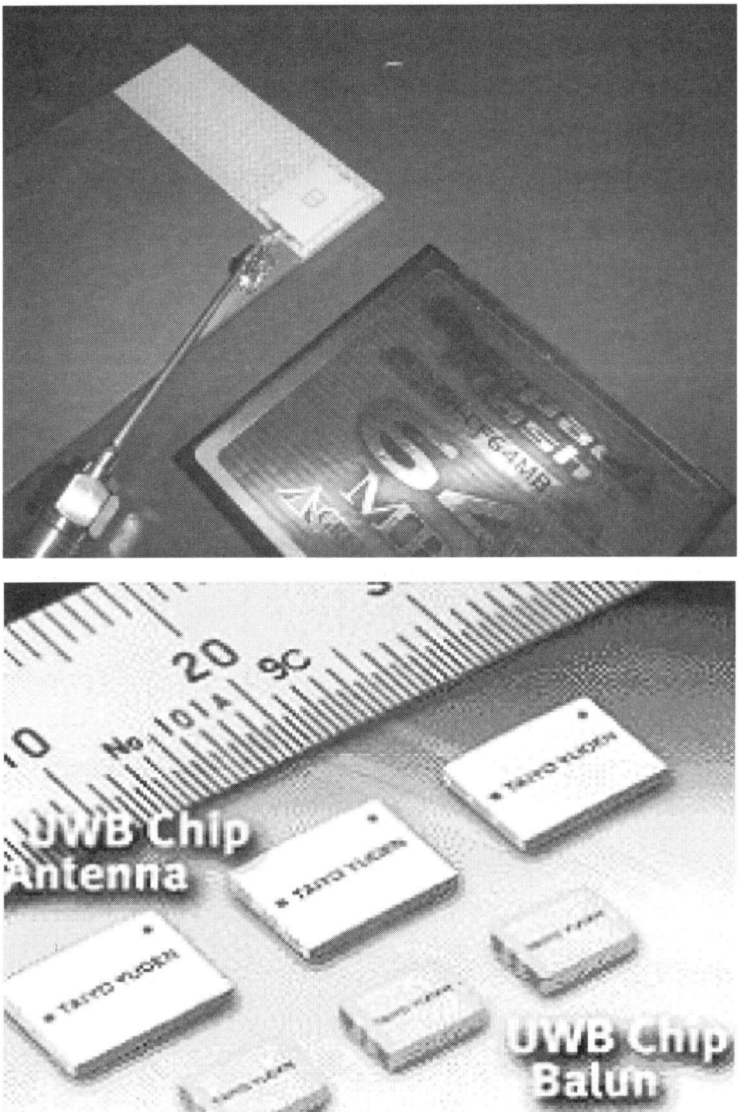

그림 6.6 Taiyo Yuden 사의 UWB용 ceramic chip antenna

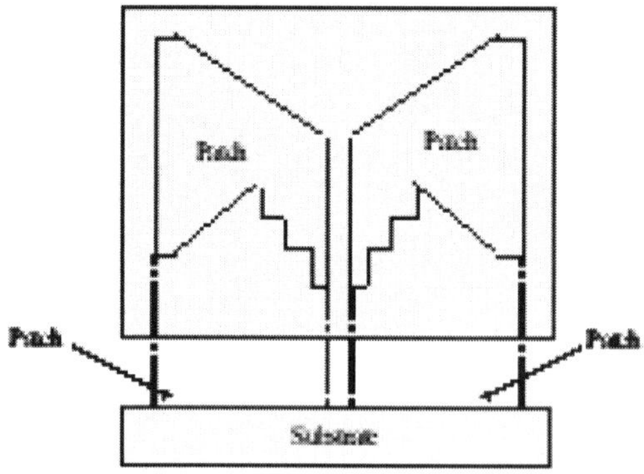

(a)안테나 구조

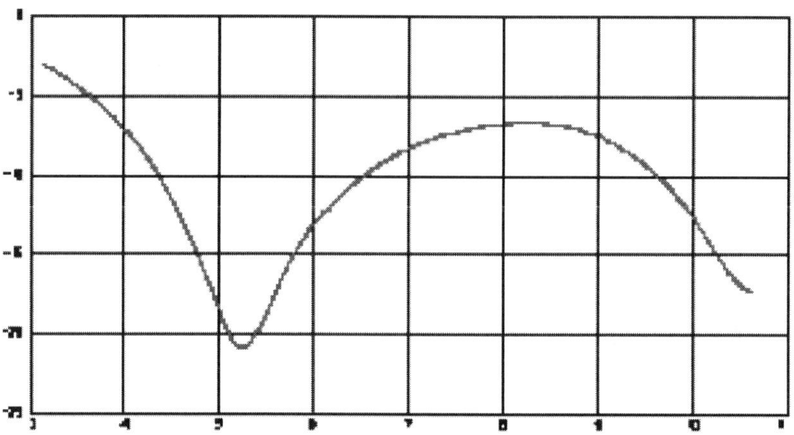

(b) 반사손실 특성

그림 6.7 평판형 보우타이 UWB 안테나

따라서 본 장에서는 주로 학계에 발표된 UWB 안테나의 형태 및 특성에 대해 살펴보고자 한다. 그림 6.6은 국외 업체인 Taiyo Yuden 사의 UWB antenna 이다. 이 업체에서는 안테나 크기의 초소형화에 중점을 두어

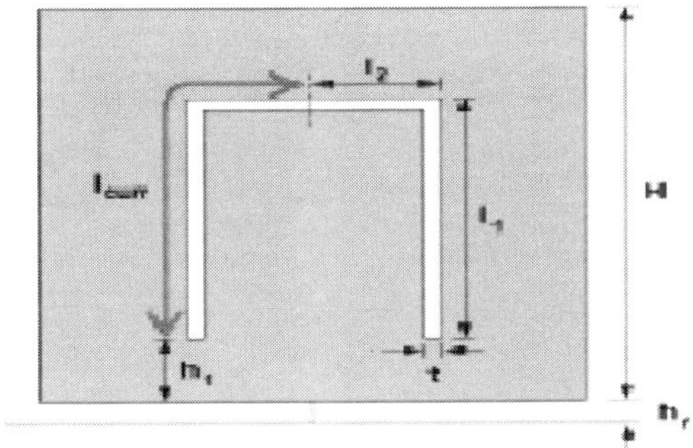

(a) 안테나 구조

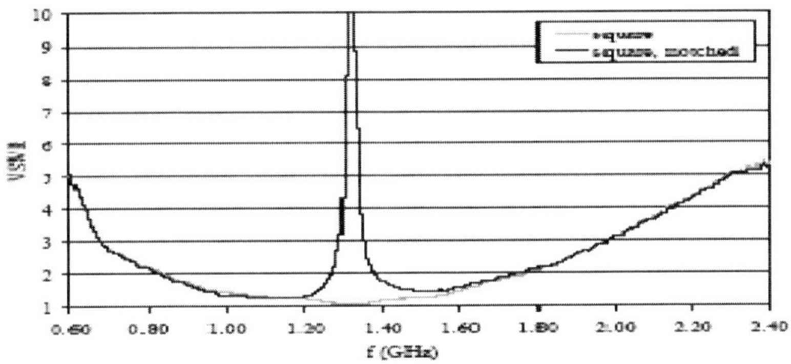

(b) VSWR 특성

그림 6.8 밴드 노치 특성을 갖는 평면 사각 모노폴 안테나

안테나를 ceramic chip 으로 구현하여 안테나 크기를 8x6x1mm3 로 구현하였다. 이 안테나는 3.1~8 GHz 대역을 만족하는 광대역 밸룬을 사용하였다.

그림 6.7은 평판형의 UWB 용 보우타이 안테나의 형태를 나타낸다. 보우타이 안테나는 주파수 독립 안테나의 일종인 유한 쌍원추 안테나의 평판형으로 간주된다. 주파수 독립 안테나는 10:1 혹은 그 이상의 대역폭을 가지는 안테나로서 고정된 물리적 길이와 각을 조절하여 설계 가능한 안테나를 말하는데 이 안테나는 각 안테나 소자들이 일정한 주기를 가지며 각각 다른 길이에 의해서 다중 공진을 일으켜 광대역을 구현할 수 있다.

그림 6.7의 보우타이 안테나는 반사손실 -6 dB 이하의 값에서 3.8 ~ 10.6 GHz 의 대역폭을 만족시키며 모노폴과 같이 전 방향성의 방사 패턴을 갖는다.

그림 6.8의 안테나는 평면 사각 모노폴 안테나에 역 U 자형 슬롯을 삽입하여 대역 저지 특성을 갖도록 설계되었다. 대역 저지 주파수는 슬롯 길이의 반인 lcurr 이λ/4 값을 갖는 주파수로 결정된다.

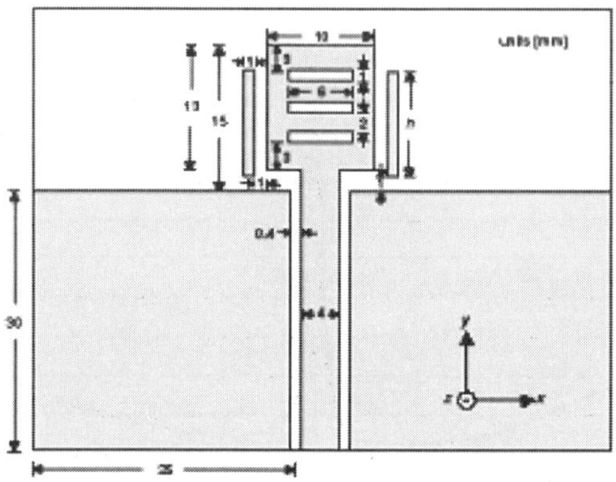

(a) 안테나 구조

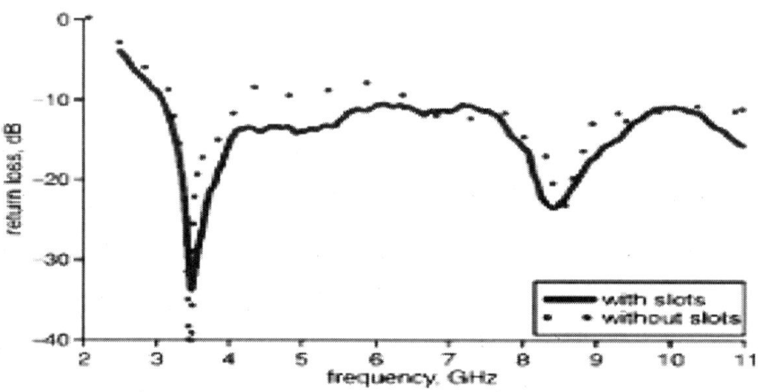

(b) 삼각형 노치 다이폴의 주파수대 이득 변화량

그림 6.9 밴드 노치 특성을 갖는 타원형 다이폴 안테나

그림 6.8의 (a)와 (b)에는 안테나 구조와 VSWR 특성을 나타내었다.

그림 6.9의 안테나는 타원형 평판 다이폴 안테나로서 뛰어난 임피던스 정합 특성과 균일한 주파수 응답 특성을 갖는 장점이 있다. 이 안테나는 GPS 시스템과의 간섭을 피하기 위해 각각 삼각형 노치와 타원형 노치를 다이폴 안테나에 삽입하여 GPS 밴드를 대역 저지하는 특성을 갖도록 설계되었다.

삼각형 노치에 대해서는 그림 6.9의 (a)에 나타난 A 와 N 파라미터의 합인 A+N 이 반파장의 길이가 될 때 그 해당 주파수에서 대역저지 특성을 나타내고 타원형 노치의 경우는 L 의 길이가 대역저지 주파수의 반파장에 해당된다.

그림 6.9의 (b)에는 삼각형 노치 다이폴 안테나의 주파수에 따른 이득 변화량을나타내었는데 저지시키려는 주파수에서 이득이 매우 감소하는 것을 볼 수가 있다.

6.4 국내 연구개발 동향

현재 국내에서는 각각 정보통신부 산하 UWB 포럼과 산업자원부 산하 UWB 포럼이 결성되어 국내 여러 대학과 연구기관들이 참가하여 활동하고 있으며 UWB 안테나에 관한 연구도 활발히 진행되어 여러 기관에서 특허도 출원 중에 있다. 이에 따라 본 장에서는 국내 학계 및 업계에서 개발된 UWB 안테나의 형태 및 특성에 대해 고찰해 보고자 한다.

그림 6.10의 (a)에는 CPW 급전 모노폴 안테나를 나타내었다. 이 안테나는 모노폴안테나의 옆면에 광대역 특성을 얻기 위한 기생 패치를 추가하였고 또한 패치 내부에 세 개의 슬롯을 삽입하여 임피던스 정합 특성을 개선

하여 광대역 특성을 증가시켰다.

그림 6.10의 (b)에는 슬롯이 있는 경우와 없는 경우의 반사 손실을 비교하여 측정한 데이터를 나타내었다. 방사패턴은 모노폴의 특성상 전방향성 방사패턴을 갖는다.

그림 6.11에는 안테나의 임피던스 변화량을 조절하여 광대역을 구현한 팻 모노폴 안테나를 나타내었다. 이러한 팻 모노폴 안테나는 매우 간단한 구조를 가지며 대역폭을 증가시키기 위해 원형 형태의 평면형 모노폴을 사용하였고, 테이퍼링된 접지면을 사용함으로써 좀 더 넓은 광대역 임피던스 정합을 하였다. 또한 이 안테나는 방사체 내부에 스퍼 라인에서 변형된 슬롯을 삽입하여 안테나 자체에서 IEEE802.11a 와 HIPERLAN/2 대역(5.15 ~ 5.825 GHz)의 방사를 저지하는 특성을 얻었다. 그림 6.11의 (b)는 안테나의 반사 손실 특성을 나타내었다.

그림 6.12에 나타난 안테나는 테이퍼링된 CPW 급전구조를 사용하여 보우타이 형태의 슬롯 안테나를 바탕으로 모서리 부분을 최적화하여 그림 6.12의 (b)와 같은 광대역 효과를 얻었다. 그리고 IEEE 802.11a WLAN 대역을 제한하는 대역저지 특성을 안테나 자체에서 갖도록 하는 아이디어가 최근 추세로 떠오르고 있어 이 안테나에서도 V 자 형태의 슬롯을 삽입하여 대역저지 특성을 갖도록 설계되었다. 이 슬롯은 저지하고자 하는 대역의 중심주파수의 반파장 길이로 설계된다.

그림 6.13 에는 UWB 용 안테나 중 지향성 방사 패턴을 갖는 대표적인 안테나인 Tapered Slot Antenna (TSA)를 나타내었다. 이 안테나는 다중 스터브를 사용하여 급전시 대역폭을 증가시켰고, 테이퍼형 슬롯 방사체 상단 부분에 대칭적인 $\lambda/4$ 슬롯 스터브를 삽입하여 IEEE802.11a 와 HIPERLAN/2 대역(5.15 ~ 5.825 GHz)의 방사를 저지하는 특성을 얻었다.

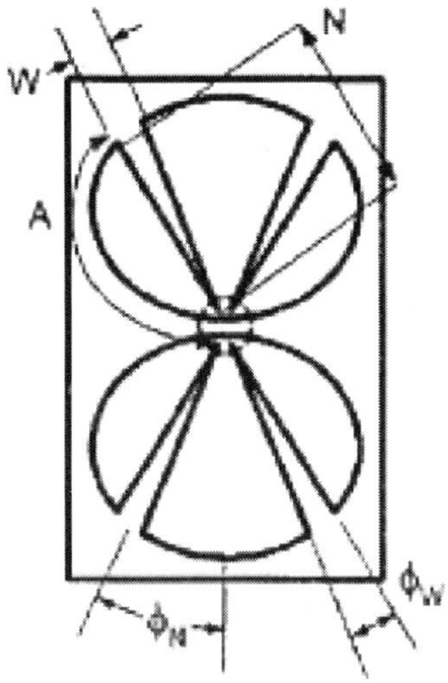

(a) 안테나 구조

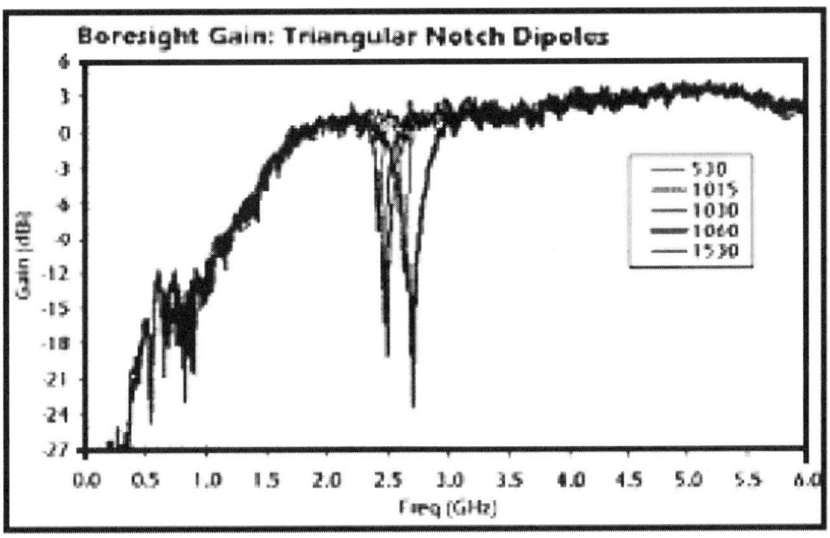

(b) 반사손실 특성

그림 6.10 CPW 급전 모노폴 UWB 안테나

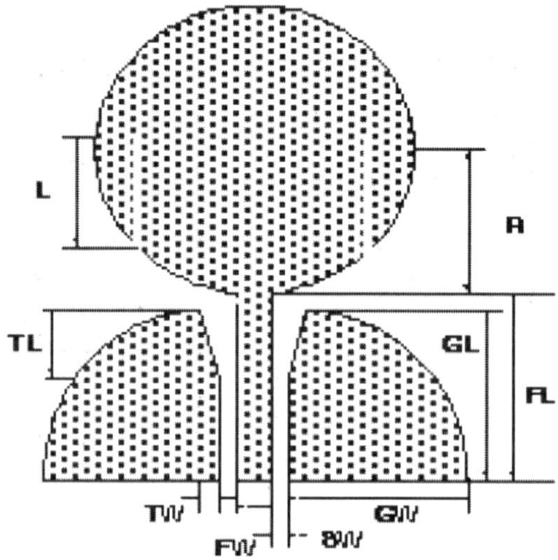

(a) 안테나 구조

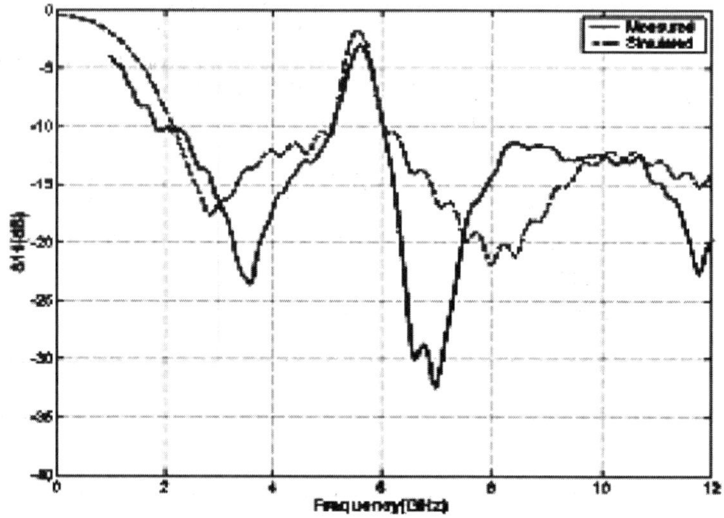

(b) 반사 손실

그림 6.11 팻 모노폴 안테나

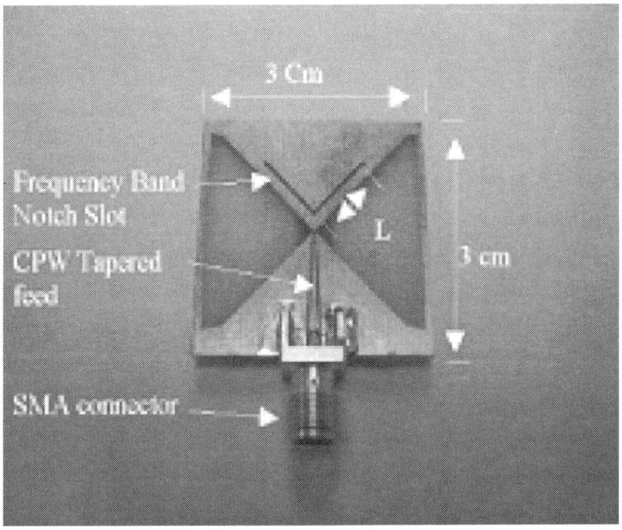

(a) 안테나 구조

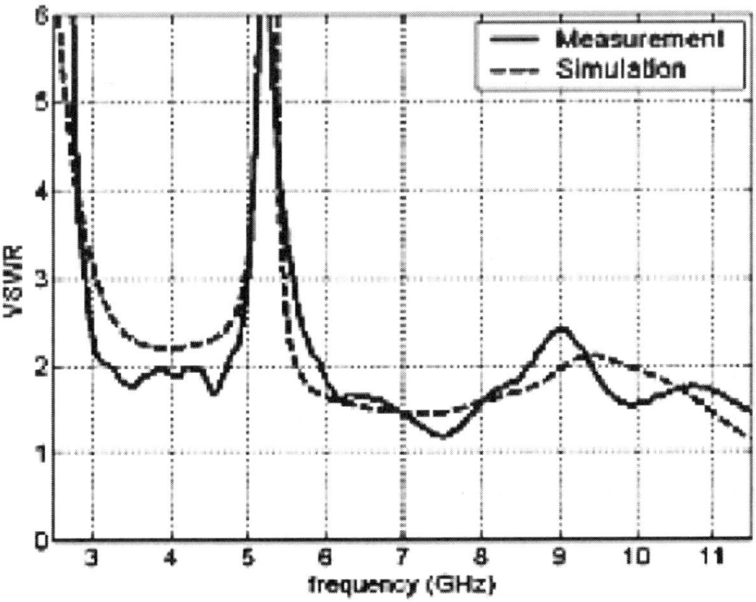

(b) VSWR 특성

그림 6.12 평면형 UWB 슬롯 안테나

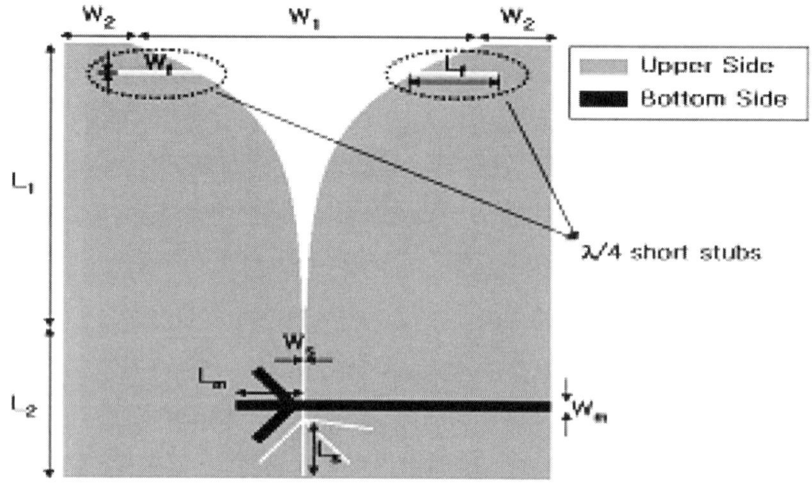

(a) 안테나 구조

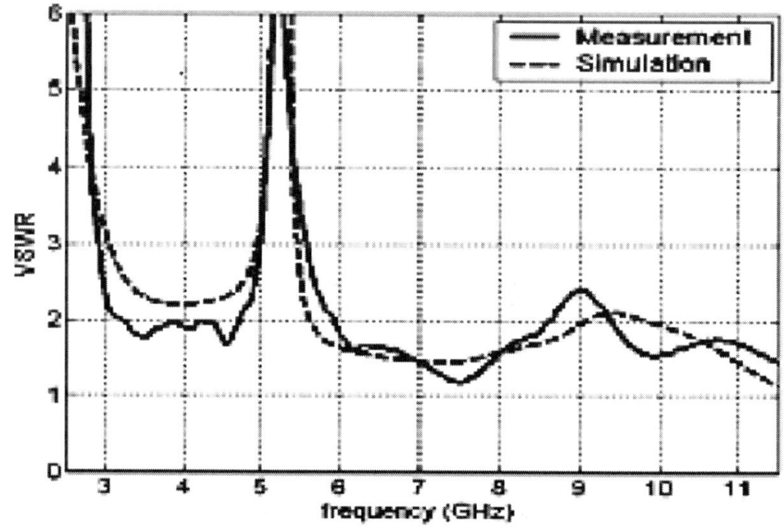

(b) 반사 손실 특성

그림 6.13 대역 저지 특성을 갖는 TSA

6.5 향후 연구 방향

앞서 살펴본 바와 같이 국내외에서 업체 및 학계에서의 UWB 안테나 개발이 활발히 진행중이며 업체에서는 단말 장착이 용이한 칩 형태의 소형 안테나가 주로 연구되고 있고 학계에서는 소형화뿐만 아니라 타 통신과의 간섭을 안테나 자체내에서 해결하려는 연구가 많이 시도되고 있다.

현재 UWB 통신 기술은 미국을 제외한 대부분의 나라에서는 아직 연구단계의 수준이고 제도적으로도 표준화를 추진 중에 있는 기술로서 기존 IEEE 802.15.3a 에서 추진하는 high data rate 용 시스템 뿐 아니라 새로이 IEEE 802.15.4a 에서 추진하는 low data rate 용 시스템의 표준화도 추진 중인, 연구 분야가 광범위하고 다양한 최신 기술이다.

국내에서도 이러한 UWB 기술의 발전 추세를 감안하여 UWB 시스템 도입에 대비한 연구를 서두를 필요가 있을 것으로 보인다. 특히 앞서 설명한 바와 같이 UWB 안테나의 경우는 소형, 경량화의 문제를 해결해야 할 뿐만 아니라 초광대역 특성 및 주파수에 상관없이 균일한 방사패턴을 구현해야 하는 등의 여러 요구사항을 지니고 있어 아직 전 세계적으로도 특허나 규격이 거의 전무한 실정이다. 따라서 지금까지 연구 개발되어온 국내외 UWB 안테나의 연구결과들을 바탕으로 보다 효율적이고 경제적인 안테나 구조의 연구 개발이 필요하다.

7 장

UWB 동기화 기술

7.1 개요

연속적인 정현파를 사용하는 기존의 무선통신 시스템과는 달리, 전형적인 UWB 시스템 송신단에서는 1 nsec 내외의 매우 좁은 폭을 갖는 펄스 혹은 임펄스를 단속적으로 전송한다. 이 때문에 UWB 시스템은 수백 MHz~수GHz 의 대역에 걸쳐 매우 낮은 전력의 초광대역 특성 및 간섭 특성을 갖게 되고, 높은 채널 용량과 데이터 전송율을 지원하며 다중 경로에 대한 세밀한 분해가 용이하므로 오차가 수십cm 이내의 정밀한 무선 측위가 가능해진다. 이에 반해, 초 단시간 구간 단위의 데이터 변조 등을 위해서 매우 정밀한 동기 제어가 요구되고 초광대역 특성 때문에 안테나 등의 아날로그 회로 설계가 어렵다는 단점을 가지고 있다.

고속 W-PAN 응용이나 저속 무선측위 응용 모두를 위해 UWB 시스템을 구현시, 정확하고 빠른 UWB 신호의 동기획득 (Signal Acquisition)은 매우 중요한 문제라 할 수 있다.

7.2 안테나 다이버시티를 사용한 UWB 칩 동기화 기법

7.2.1 송신단 신호모델

본 장에서는 M개의 동일한 안테나를 가지고 있는 송신기를 생각한다. 이때 각 안테나 사이의 거리는 서로 영향을 주지 않도록 하기 위해 충분히 떨어져 있다고 가정한다. u번째 사용자의 m번째 송신 안테나로부터 송신되는 신호는 다음과 같이 표현할 수 있다.

$$S_{tr,m}^{u}(t)=\sqrt{\frac{P}{M}}\sum_{j=-\infty}^{\infty}\sum_{k=0}^{N_f}W_{tr}\left[t-(jN_f+k)T_f-\Omega(u,k)\,T_c-\delta D_j-\tau_m^u\right.$$

여기서 P는 송신 전력이다. 전체 송신 전력을 송신 안테나의 개수와 상관없이 동일하도록 하기 위해 각 안테나의 송신전력을 P/M로 나타내었다. N_f와 T_f는 각각 심볼 한 주기에 있는 프레임의 개수와 프레임의 길이이다. $\Omega(u,k)$는 랜덤한 시간도약 부호행렬인데, u번째 행은 u번째 사용자의 시간도약 형식을 나타내고 정수의 랜덤한 조합으로 이루어져 있다. T_c는 칩의 지속시간이고 δ는 펄스위치변조 지표인데 시스템 성능을 최적화 하도록 지정될 수 있다. D_j는 j번째 비트 주기에 있는 데이터를 나타내는데 동일 확률로 발생하는 2진 심볼, $D_j\in\{0,1\}$, 로 구성된 광의의 정적과정 랜덤 프로세스로 모델링 되었다. τ_m^u는 신호 전송 이전에 이미 주어진 m번째 안테나의 시간지연이다. $[\tau_m^u/T_c]$는 정수라고 가정한다.

7.2.2. 채널 모델

전송 채널은 UWB 실내 채널로 모델링 하였다. 이 모델은 UWB 전파 실험에 기초한 경로 이득에 대하여 수학적 분포를 가지고 있다. 모든 전파 경로에 있는 각 펄스의 모양은 동일하다고 가정하면 채널의 충격응답은 tapped-delay-line (TDL) 구조로 모델링 할 수 있다.

U개의 송신기가 있는 경우 u번째 사용자의 m번째 안테나로부터 송신되어 l번째 수신안테나에 수신된 신호의 채널충격응답은 다음과 같이 표현할 수 있다.

$$h_{ml}^{u}(t) = \sum_{g=1}^{G} \alpha_{ml,g}^{u} \delta[t-(g-1)T_s]$$

여기서 G는 분해 가능한 다중경로의 개수를 나타내고, $\alpha_{ml,g}^{u}$는 초과 지연이 $(g-1)T_s$인 g번째 경로에 대한 복소 채널 페이딩 계수를 나타낸다. $\delta(t)$는 Dirac delta 함수이고, T_s는 최소 다중경로 분해 간격인데 이는 송신 신호 단일 파형 $W_{tr}(t)$의 대역폭에 따라서 결정된다. 본서에서 제안된 실내 환경의 UWB 신호 채널 충격응답은 로그노말 분포의 계수를 가지는 TDL 구조이다.

7.2.3 수신단 신호모델

수신된 신호의 결합기법은 non-coherent equal gain combining (EGC)라 가정한다. u번째 송신기의 m번째 안테나로부터 l번째 수신기 안테나에 수신되는 신호의 전파 시간 지연은 $\tau_{m,g}^{u}$인데 이것은 $[0, T_s)$에 균일하게 분포하는 독립 랜덤변수이다. 본서에서 제안한 수신기는 L개의 동일한 수신 안테나를 가지고 있는데, 이 역시 안테나 서로가 영향을 주지 않도록 하기 위해 각 안테나 사이의 거리는 충분히 떨어져 있다고 가정한다. 각 수신 안테나는 송신 신호와 전력밀도 스펙트럼이 $N_0/2$인 백색 가우시안 잡음이 더해진 신호를 수신한다. 다중사용자 다중경로 환경에서 l번째 수신 안테나에 수신된 신호는 다음과 같이 나타낼 수 있다.

$$r_l(t) = \sum_{m=1}^{M}\sum_{u=1}^{U}\sum_{g=1}^{G}\alpha_{m,g}^{u}S(t-\tau_{m,g}^{u}) + n(t).$$

여기서 $\tau_{m,g}^{u}$는 g번째 경로의 총 경로지연이고, $n(t)$는 평균이 μ_n이고 분산이 σ_n^2인 백색 가우시안 잡음이다. 각 송신 안테나와 수신 안테나 사이의 거리는 거의 동일하기 때문에 L개의 수신 안테나에 들어오는 신호는 동시에 수신된다고 가정할 수 있다. 따라서 모든 송·수신 안테니에 대해 PN 부호의 위상 offset 값은 동일하다. 서로 다른 송·수신 안테나 사이의 페이딩 특성은 상호 독립적이라 가정했기 때문에 $\alpha_{m,g}^{u}$는 아래 식과 같은 확률 밀도 함수를 가지고 독립적으로 동일하게 분포하는 로그노말 랜덤 변수이다.

$$f(\alpha_{m,g}^{u}) = \begin{cases} \dfrac{1}{\alpha_{m,g}^{u}\sqrt{2\pi(\sigma_{m,g}^{u})^2}} \cdot \\ \qquad \exp\left(-\dfrac{(ln\alpha_{m,g}^{u}-\mu_{m,g}^{u})^2}{2(\alpha_{m,g}^{u})^2}\right), & \alpha_{m,g}^{u} \geq 0. \\ \qquad 0, & \alpha_{m,g}^{u} < 0. \end{cases}$$

7.2.4 성능 분석

본 장에서 각 송신기는 M개의 안테나를 가지고 있고, 송신 다이버시티를 얻기 위해 UWB 신호는 서로 다른 시간 지연, τ_m^u, 을 가지고 송신된다고 가정한다. 또한 추가적인 다이버시티 이득을 얻기 위해 수신기는 L개의 안

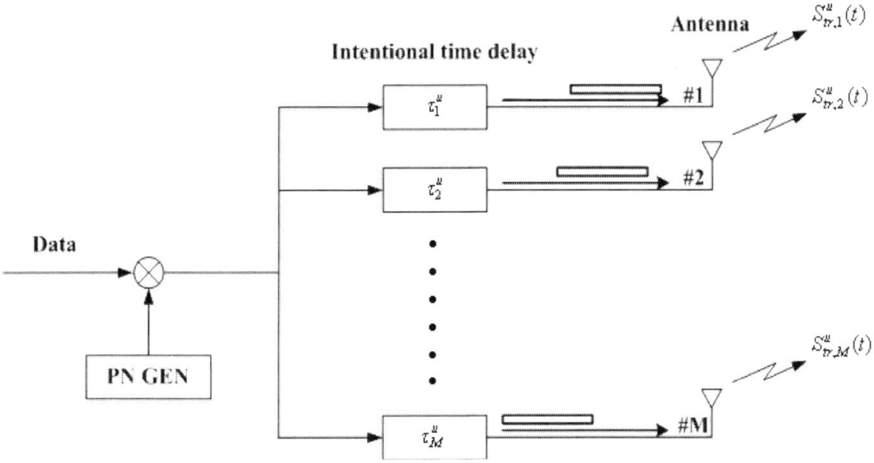

그림 7.1 송신기 모델

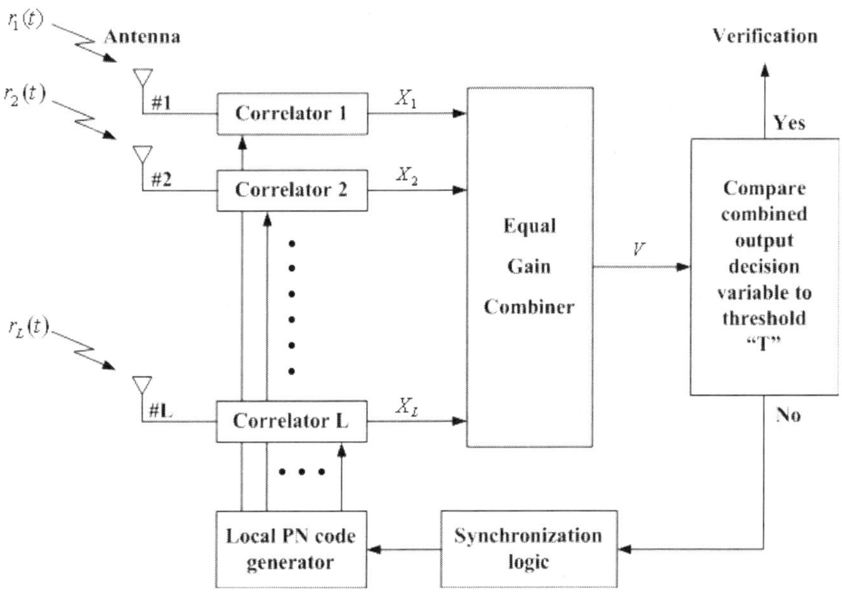

그림 7.2 수신기 모델

테나를 가지고 있다고 가정한다. 그리고 search step size는 $T_c/2$라 가정한다. 임계값은 cell averaging - constant false alarm rate (CA-CFAR) 알고리즘을 이용하여 결정한다.

본 장에서 제안한 송신기와 수신기 구조는 각각 그림 7.1과 그림 7.2와 같다. 수신기의 모든 상관기는 지역 역확산 부호가 동일 위상이고, L개의 상관기 출력은 더해져서 하나의 결정변수, V, 가 된다. 그리고 부호의 동기가 맞았는지 여부를 판단하기 위해 이 결정변수는 임계값, T, 과 비교된다. 이 때 search mode는 serial search strategy 이다. 결정 변수가 입계값보다 크면 시스템은 동기를 획득한 것을 판단하고 검증 단계를 수행하고, 임계값보다 작으면 다른 위상을 선택하여 결정변수를 만들고 위 과정을 되풀이한다. 상관기 출력은 다음과 같이 표현할 수 있다.

$$X_l^u = \int_{\tau_m^u + jT_f}^{\tau_m^u + (j+1)T_f} r_l(t) S_{rec}^u(t) dt.$$

$$S_{rec}^u(t) = \sqrt{\frac{P}{M}} \sum_{m=1}^{M} \sum_{j=-\infty}^{\infty} \sum_{k=0}^{N_f} W_{tr}[t - (jN_f + k)T_f - \Omega(u,k)T_c - \delta D_j - \tau_m^u]$$

여기서 $S_{rec}^u(t)$는 수신기 템플릿 신호이다.

정규화된 l번째 상관기 출력을 $Y_l^u = X_l^u / \sigma_n^2$이라 하면 X_l^u이 Gaussian 분포함수를 가지고 있으므로 Y_l^u역시 Gaussian 분포를 따른다. 만약 H_1 셀이 테스트 된다면 Y_l^u의 확률밀도함수를 다음과 같이 표현할 수 있다.

$$f_Y(y \mid H_1, \gamma_y) = \frac{1}{\sqrt{2\pi M}} \exp\left(- \frac{\left(y - M\sqrt{\frac{\gamma_y}{M}} \right)^2}{2M} \right)$$

또한 H_0 셀이 테스트 된다면 Y_l^n의 확률밀도함수를 다음과 같이 표현할 수 있다.

$$f_Y(y \mid H_0) = \frac{1}{\sqrt{2\pi M}} \exp\left(-\frac{y^2}{2M}\right)$$

송신기의 안테나 M개로부터 송신된 신호가 더해져서 각 수신기 안테나에 수신된다. 그리고 수신기의 L개의 안테나에 수신된 신호는 각각 상관기를 통과한 후 동일한 이득으로 더해진다. 따라서 결정 변수를 유도하기 위해 독립적인 로그노말 변수의 합의 확률밀도함수가 필요하다. Wilkinson의 방법을 사용하여 이를 유도하면, H_1 셀이 테스트 되는 경우 equal gain combiner의 출력, V, 의 확률밀도함수는 아래와 같다.

$$f_V(v \mid H_1, \gamma_v) = \frac{1}{\sqrt{2\pi LM}} \exp\left(-\frac{\left(v - LM\sqrt{\frac{\gamma_v}{M}}\right)^2}{2LM}\right)$$

위 식의 조건 γ_y를 식 아래의 방법으로 제거하면 다음과 같이 표현할 수 있다.

$$f_V(v \mid H_1) = \int_0^\infty f_V(v \mid H_1, \gamma_v) f(\gamma_v) d\gamma_v$$

$$f_V(v \mid H_1) = \frac{1}{\pi\sqrt{2LM}} \int_{-\infty}^{\infty} \exp(-s^2) \cdot \exp\left(-\frac{\left(v - L\sqrt{M}\exp\left(\frac{\sqrt{2}s\sigma_z + \mu_z}{2}\right)\right)^2}{2LM}\right) ds$$

Gauss-Hermite quadrature 공식을 이용하면, H_1과 H_0 샘플이 테스트될 때 V의 확률밀도함수의 closed form을 다음과 같이 유도할 수 있다.

$$f_V(v \mid H_1) \approx \frac{1}{\pi\sqrt{2LM}} \cdot \sum_{n=1}^{N} h_{S_n} exp\left(-\frac{\left(v - L\sqrt{M}\exp\left(\frac{\sqrt{2}S_n\sigma_z + \mu_z}{2}\right)\right)^2}{2LM}\right)$$

$$f_V(v \mid H_0) \approx \frac{1}{\pi\sqrt{2LM}} \sum_{n=1}^{N} \exp\left(-\frac{v^2}{2LM}\right)$$

성능을 분석하기 위한 detection probability, miss detection probability, false alarm rate, mean acquisition time는 각각 다음과 같다.

$$P_D \approx \frac{1}{\pi\sqrt{2LM}} \cdot \sum_{n=1}^{N} \frac{LMh_{S_n}}{T - L\sqrt{M}A(n)} \exp\left(-\frac{(T - L\sqrt{M}A(n))^2}{2LM}\right)$$

$$P_{FA} = \frac{1}{\pi\sqrt{2LM}} \sum_{n=1}^{N} \frac{LMh_{S_n}}{T} \exp\left(-\frac{T^2}{2LM}\right)$$

$$P_M(\lambda) = \prod_{i=1}^{\lambda} (1 - P_D)$$

$$\overline{T}_{acq} = \frac{[1 + P_M(\lambda)][1 + JP_{FA}]}{2[1 - P_M(\lambda)]}(q\tau_D)$$

여기서

$$A(n) = exp\left(\frac{\sqrt{2}s_n\sigma_z + \mu_z}{2}\right)$$

이고, h_{S_n}은 Gauss-Hermite quadrature weight factors 이고, $J\tau_D$는 penalty time을 나타낸다.

7.2.5 시뮬레이션 결과

제안된 시스템의 성능을 분석하기 위해 주파수 선택적인 로그노말 페이딩 채널에서 안테나의 개수에 따라 serial search 방법을 이용하여 detection probability와 mean acquisition time을 테스트 하였다. PN 부호의 길이는 1023으로 하면, search step size가 칩 시간의 절반이라고 했으므로 불확정한 영역의 길이 q는 2046이다. 해석을 간단히 하기 위해 τ_D로 나누어 정규화된 mean acquisition time을 이용하였다. false alarm rate은 0.001로 하였고, penalty time 상수 J는 1000으로 하였다.

그림 7.3은 다양한 송신기 안테나 수에 대하여 제안된 시스템의 칩당 SNR에 따른 detection probability를 나타낸다. 안테나의 개수가 증가함에 따라 detection probability가 증가하는 것을 확인할 수 있는데, 이는 다이버시티 결합 기법에 의해 SNR이 증가하기 때문이다.

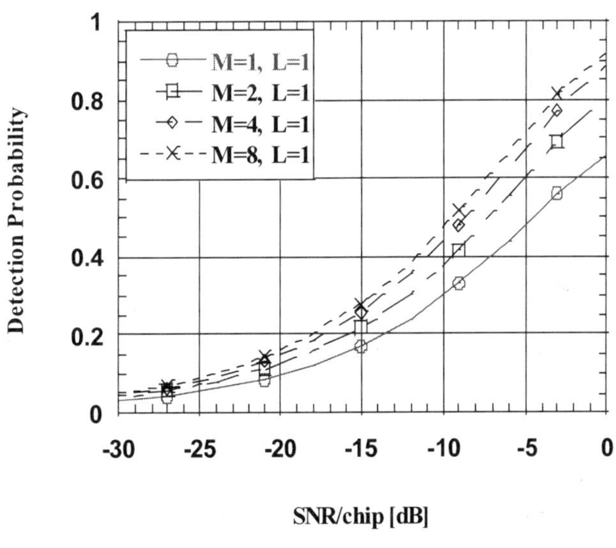

그림 7.3 칩당 SNR에 따른 detection probability.

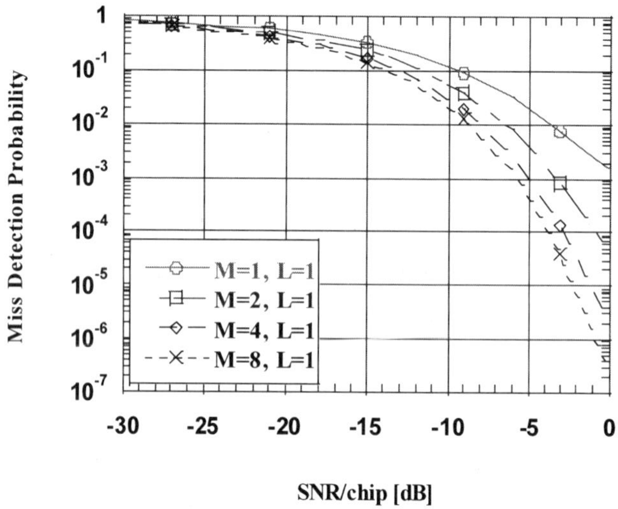

그림 7.4 칩당 SNR에 따른 miss detection probability.

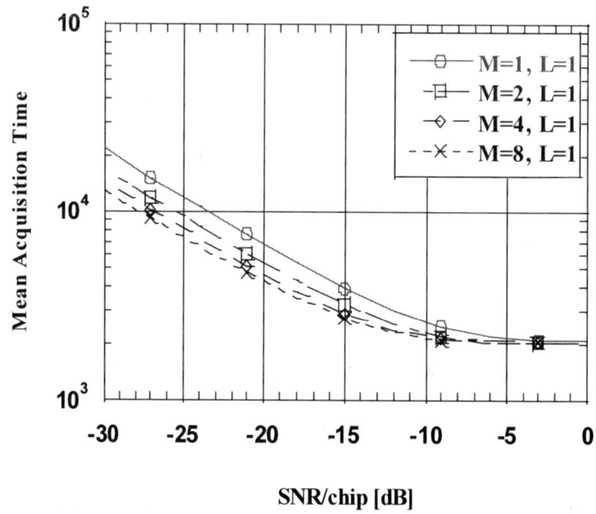

그림 7.5 칩당 SNR에 따른 mean acquisition time.

하지만 성능이 향상되는 폭은 안테나 개수가 증가함에 따라 감소하는 것을 확인할 수 있다. 그림 7.3는 다양한 송신기 안테나 수에 대하여 제안된 시스템의 칩당 SNR에 따른 mean acquisition time을 나타낸다. 시뮬레이션 결과 안테나의 수가 1개에서 2개, 2개에서 4개, 4개에서 8개로 증가함에 따라 mean acquisition time이 점점 감소하는 것을 알 수 있다. 하지만 칩당 SNR이 -6dB보다 크면 mean acquisition time 성능이 안테나 개수와 상관없이 거의 동일한 것을 알 수 있다. 이것은 그림 7.4에 나타난 바와 같이 칩당 SNR이 -6dB보다 큰 경우 miss detection probability가 10^{-1}보다 작기 때문에 mean acquisition time 성능에 거의 영향을 미치지 못하기 때문이다.

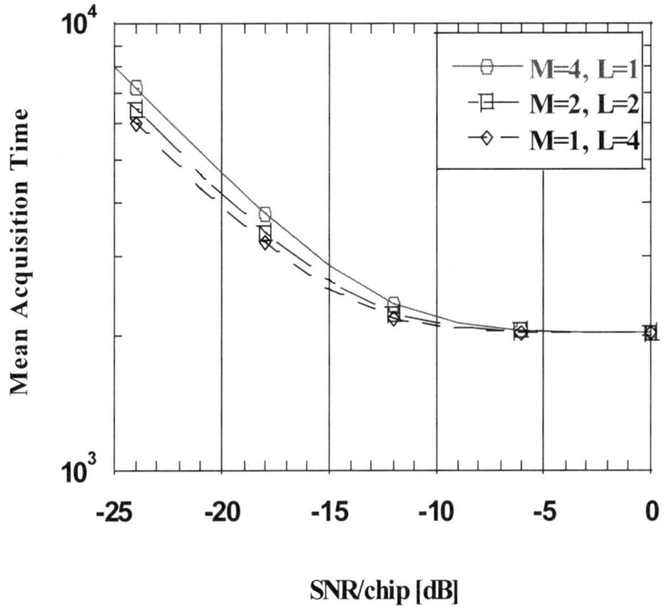

그림 7.6 송·수신 안테나 개수가 틀린 경우 칩당 SNR에 따른 mean acquisition time.

그림 7.6은 송신 안테나 다이버시티와 수신 안테나 다이버시티를 비교하기 위하여 각각의 다른 안테나 개수에 따른 mean acquisition time 성능을 분석한 것이다. 그림에서 볼 수 있는 바와 같이 수신 안테나 다이버시티가 송신 안테나 다이버시티보다 시스템 성능향상에 더 많은 기여를 하는 것을 알 수 있다. 이는 송신 다이버시티보다 수신 다이버시티를 사용함으로써 페이딩의 영향을 대부분 줄일 수 있고, 따라서 송신 다이버시티는 성능 향상에 별 영향을 주지 못하기 때문이다.

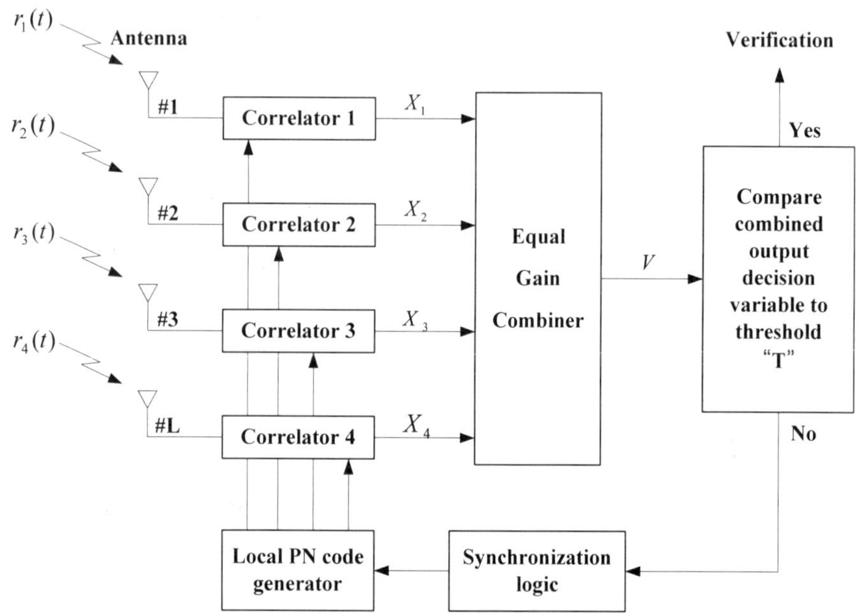

그림 7.7 기존의 L-개의 안테나를 가진 다이버시티 수신기 (L=4)

7.3 지연 다이버시티를 이용한 칩 동기화 기법

7.3.1 시스템 모델

그림 7.7은 기존의 L-개의 안테나를 가진 다이버시티 수신기를 나타낸다. 여기서 L은 4이다. 각 안테나에 수신된 신호들간에 독립을 유지하기 위해, 각 안테나 사이의 거리는 충분히 멀리 떨어져 있다고 가정한다. 모든 상관기는 동일한 위상을 가진 지역 역확산 부호를 가지고 있다. 각 안테나로 수신된 신호는 상관기를 거쳐서 동일한 이득을 가지고 더해진다. 부호의 일치 여부를 판별하기 위하여 동일 이득 결합기의 출력 V를 임계값 T와 비교한다. 이러한 기존의 다이버시티 수신기 구조는 수신기 안테나의 개수를 증가시킴에 따라서 가격과 복잡도가 증가한다.

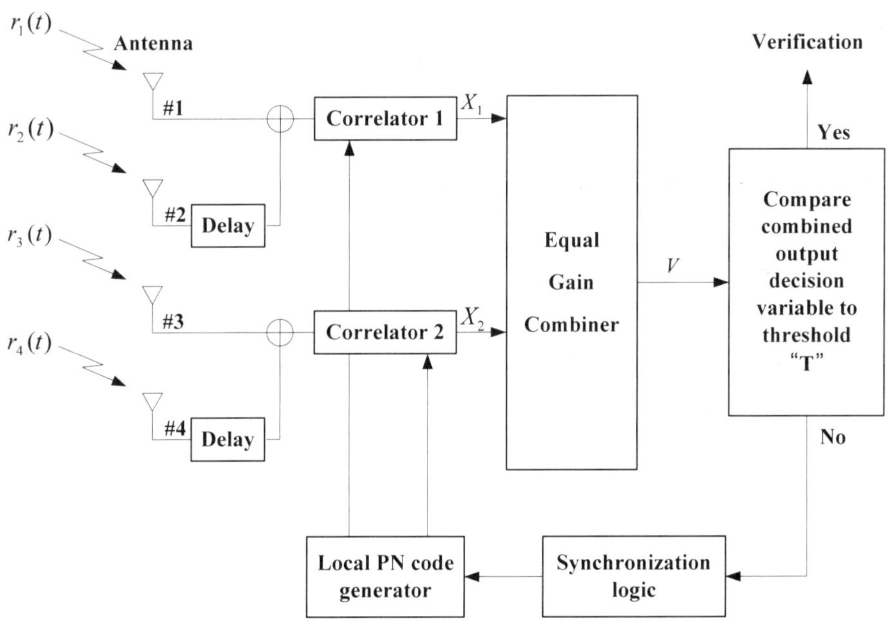

그림 7.8 지연 다이버시티 수신기.

그림 7.8은 본 장에서 제안한 지연 다이버시티 수신기를 나타낸다.

제안한 수신기는 지연 다이버시티 개념을 도입한 것으로, 기존의 다이버시티 수신기보다 낮은 가격과 복잡도를 가지고 다이버시티 차수를 증가시킬 수 있다. 두 개의 안테나에 수신된 신호 중에서 하나의 신호는 Δ값만큼 시간을 지연시킨다. 지연되지 않은 신호와 지연된 신호가 서로 겹치지 않도록 하기 위하여 Δ는 다중경로 신호의 최대 초과 경로 지연값보다 커야 한다. 지연 다이버시티 수신기에서 L개 안테나 중에서 절반은 신호를 지연시키지 않고 나머지 절반은 신호를 지연시킨다. 지연 다이버시티 수신기는 기존의 다이버시티 수신기와 비교하여 추가적인 하드웨어와 공간을 필요로 하지 않으므로 수신기의 단가를 낮출 수 있다.

7.3.2 성능 분석

(1) 기존의 L-안테나 다이버시티 수신기

그림 7.7에서 상관기의 출력은 아래 식과 같다.

$$\begin{aligned} X_l &= \int_{jT_f}^{(j+1)T_f} r_l(t) S_{rec}^u(t)dt \\ &= \sum_{u=1}^{U}\sum_{g=1}^{G} \alpha_g^u \int_{jT_f}^{(j+1)T_f} S_{rec}^u(t-\tau_g) S_{rec}^u(t)dt + \int_{jT_f}^{(j+1)T_f} n_l(t) S_{rec}^u(t)dt \\ &= R_L(\tau_g) + N_{xl} \end{aligned}$$

여기서

$$S_{rec}^U(t) = \sqrt{P}\sum_{j=-\infty}^{\infty} W_{tr}(t - jT_f - c_j^u T_c - \delta D_j^u)$$

이고,

$$N_{xl} = \int_{jT_f}^{(j+1)T_f} n_l(t) S_{rec}^u(t) dt$$

로서 평균은 0이고 분산은 σ_{xl}^2인 백색잡음이다. 또한

$$R_l(\tau_g) = \sum_{u=1}^{U} \sum_{g=1}^{G} \alpha_g^u \int_{jT_f}^{(j+1)T_f} S_{rec}^u(t-\tau_g) S_{rec}^u(t) dt \, R_l(\tau_g) =$$

이다.

동일 이득 결합기의 출력 V의 조건부 확률밀도함수는 아래 식과 같다.

$$f_V(v|H_1, \Psi_V) = \frac{1}{\sqrt{2\pi\sigma_v^2}} e^{-\frac{(v-\Psi_V)^2}{2\sigma_v^2}}$$

여기서

$$\Psi_V = \sum_{l=1}^{L} R_l(\tau_g)$$

이고,

$$\sigma_v^2 = \sum_{l=1}^{L} \sigma_{xl}^2$$

이다.

다른 경로의 페이딩 계수는 서로 독립이므로 Ψ_V는 독립적인 로그노말 변수의 합이다. 본 장에서는 Wilkinson's method를 사용하여 독립적인 로그노말 변수의 합에 대한 확률밀도함수를 유도하였다. Ψ_V의 근사화된 확률밀도 함수는 아래 식과 같다.

$$f(\Psi_V) = \frac{1}{\Psi_V \sqrt{2\pi\sigma_m^2}} e^{-\frac{(\ln(\Psi_V) - \mu m)^2}{2\sigma_m^2}}$$

따라서

$$f_V(v|H_1)=\int_{-\infty}^{\infty} f_V(v|H_1,\Psi_V)f(\Psi_V)d\Psi_V$$

$$=\int_0^{\infty}\frac{1}{\sqrt{2\pi\sigma_v^2}}e^{-\frac{(v-\Psi_V)^2}{2\sigma_v^2}}\frac{1}{\Psi_V\sqrt{2\pi\sigma_m^2}}e^{-\frac{(\ln(\Psi_V)-\mu m)^2}{2\sigma_m^2}}d\Psi_V$$

$$=\frac{1}{2\pi\sigma_v\sigma_m}\int_0^{\infty}\frac{1}{\Psi_V}e^{-\frac{(v-\Psi_V)^2}{2\sigma_v^2}}e^{-\frac{(\ln(\Psi_V)-\mu m)^2}{2\sigma_m^2}}d\Psi_V$$

위 식은 Gauss-Hermite quadrature 다항식을 이용하여 아래 식과 같이 유도할 수 있다.

$$f_V(v|H_1)\approx\sum_{l=1}^{L}\frac{h_{\Phi i}}{\sqrt{2}\,\pi\sigma_v}e^{-\frac{(v-e^{(\sqrt{2}\sigma m\Phi i+\mu m)})^2}{2\sigma_v^2}}$$

여기서 I는 quadrature 차수이고, $\Phi_i=1,2,\ldots,I$ 는 V차 Hermite 다항식의 0의 개수이며, $h_{\Phi i}=1,2,\ldots,I$ 는 Gauss-Hermite quadrature 가중치 요소이다. 샘플의 확률밀도함수는 아래 식과 같다.

$$f_V(v|H_0)=\frac{1}{\sqrt{2\pi\sigma_v^2}}e^{-\frac{v^2}{2\sigma_v^2}}$$

검파 확률은 H_1 셀에 대한 결정 변수가 임계값 T를 초과할 확률로 정의된다. 따라서 검파확률은 다음과 같다.

$$
\begin{aligned}
P_D &= \int_T^{\infty} f_V(v|H_1)dV \\
&= \int_T^{\infty} \sum_{l=1}^{I} \frac{h_{\Phi_i}}{\sqrt{2}\,\pi\sigma_v} e^{-\frac{(v-e^{(\sqrt{2}\sigma m\Phi_i+\mu m)})^2}{2\sigma_v^2}} dV \\
&= \frac{1}{\sqrt{2}\,\pi\sigma_v} \sum_{l=1}^{I} h_{\Phi_i} \int_T^{\infty} e^{-\frac{(v-e^{(\sqrt{2}\sigma m\Phi_i+\mu m)})^2}{2\sigma_v^2}} dV
\end{aligned}
$$

여기서

$$
e^{(\sqrt{2}\sigma m\Phi_i+\mu m)} = A(\Phi_i)
$$

라 하면,

$$
\begin{aligned}
P_D &= \frac{1}{\sqrt{2}\,\pi\sigma_v} \sum_{l=1}^{I} h_{\Phi_i} \int_T^{\infty} e^{-\frac{(v-A(\Phi_i))^2}{2\sigma_v^2}} dV \\
&= \frac{1}{\sqrt{\pi}} \sum_{l=1}^{I} h_{\Phi_i} \frac{1}{\sqrt{2}\,\pi\sigma_v} \int_T^{\infty} e^{-\frac{(v-A(\Phi_i))^2}{2\sigma_v^2}} dV \\
&= \frac{1}{\sqrt{\pi}} \sum_{l=1}^{I} h_{\Phi_i} Q(\frac{T-A(\Phi_i)}{\sigma_v})
\end{aligned}
$$

미검파 확률과 의사 경고율은 아래 식과 같다.

$$
P_M(\lambda) = \prod_{i=1}^{\lambda} (1-P_D)^i
$$

$$
\begin{aligned}
P_{FA} &= \int_{T}^{\infty} f_V(v|H_0)dV \\
&= \int_{T}^{\infty} \frac{1}{\sqrt{2\pi\sigma_v^2}} e^{\frac{v^2}{2\sigma_v^2}} dV \\
&= Q(\frac{T}{\sigma_v})
\end{aligned}
$$

여기서 λ는 H_1셀의 개수이다.

여러 개의 H_1셀 가정하에서 평균 포착 시간에 대한 일반적인 표현은 아래 식과 같다.

$$
\overline{T_{acq}} = \frac{[1+P_M(\lambda)][1+JP_{FA}]}{2[1-P_M(\lambda)]}(q\tau_D)
$$

여기서 q는 PN 부호의 불확실한 영역에서 전체 상태의 개수이다. 근사화를 위해 q>>1 라고 가정하였다. 그리고 $j\tau_D$는 페널티 시간이다.

(2) 제안된 지연 다이버시티 수신기

각 상관기는 두 가지 종류의 신호를 처리한다. 하나는 지연된 신호이고 다른 하나는 지연되지 않은 신호이다. 따라서 $[l/2]^{th}$ 번째 상관기의 출력은 아래 식과 같다.

$$
\begin{aligned}
X_{[\frac{l}{2}]} &= \int_{jT_f}^{(j+1)T_f} r_l^{normal}(t) + r_{l+1}^{\nabla ay}(t+\triangle)S_{rec}^u(t)dt \\
&= \int_{jT_f}^{(j+1)T_f} r_l^{normal}(t)S_{rec}^u(t)dt + \int_{jT_f}^{(j+1)T_f} r_l^{\nabla ay}(t+\triangle)S_{rec}^u(t)dt \\
&= \sum_{u=1}^{U}\sum_{g=1}^{G}\alpha_g^{u,N}\int_{jT_f}^{(j+1)T_f} S_{rec}^u(t-\tau_g)S_{rec}^u(t)dt + \int_{jT_f}^{(j+1)T_f} n_l^N(t)S_{rec}^u(t)dt \\
&\quad + \sum_{u=1}^{U}\sum_{g=1}^{G}\alpha_g^{u,D}\int_{jT_f}^{(j+1)T_f} S_{rec}^u(t-\tau_g+\triangle)S_{rec}^u(t)dt + \int_{jT_f}^{(j+1)T_f} n_{l+1}^D(t+\triangle)S_{rec}^u(t)dt
\end{aligned}
$$

$$= R_l^N(\tau_g) + N_{x,l}^N + R_{l+1}^D(\tau_g - \triangle) + N_{x,l+1}^D$$
$$= X_{[\frac{l}{2}]}^{normal} + X_{[\frac{l}{2}]}^{\nabla ay}$$

여기서 l은 홀수이고, $\lceil A \rceil$ 는 A보다 크거나 같은 정수이다. $r_l^{normal}(t)$ 와 $r_{l+1}^{\nabla ay}(t+\triangle)$는 지연되지 않은 수신신호와 지연된 수신신호이다. $\alpha_g^{u,N}$와$\alpha_g^{u,D}$는 정상안테나와 지연된 안테나의 i.i.d. 로그노말 변수이고, 는 각각 평균이 0이고 분산이 $\sigma_N^2, \sigma_D^2, \sigma_{x,l,N}^2, \sigma_{x,l+1,D}^2$ 인 백색잡음이다.

$X_{[\frac{l}{2}]}$ 의 확률밀도함수는 아래 식과 같이 표현할 수 있다.

$$f_{X_{[\frac{l}{2}]}}(x|H_1, R_{[\frac{l}{2}]}(\tau_g)) = \frac{1}{\sqrt{2\pi\sigma_{[\frac{l}{2}]}^2}} e^{-\frac{(x - R_{[\frac{l}{2}]}(\tau_g))^2}{2\sigma_{[\frac{l}{2}]}^2}}$$

$$f_{X_{[\frac{l}{2}]}}(x|H_0) = \frac{1}{\sqrt{2\pi\sigma_{[\frac{l}{2}]}^2}} e^{-\frac{x^2}{2\sigma_{[\frac{l}{2}]}^2}}$$

여기서

$$R_{[\frac{l}{2}]} = R_l^N(\tau_g) + R_{l+1}^N(\tau_g - \triangle)$$

이고

$$\sigma_{[\frac{l}{2}]}^2 = \sigma_{x,l,N}^2 + \sigma_{x,l+1,D}^2$$

이다.

동일 이득 결합기의 출력 V는 아래 식과 같다.

$$V = \sum_{q=1}^{L/2} X_q$$

여기서 $q = [\frac{l}{2}]$ 이다. 따라서 H_1과 H_0셀이 테스트될 때 조건부 확률밀도 함수는 아래와 같이 표현할 수 있다.

$$f_V(v|H_1, \Phi_V) = \frac{1}{\sqrt{2\pi\sigma_v^2}} e^{-\frac{(v-\Phi_V)^2}{2\sigma_v^2}}$$

$$f_V(v|H_0) = \frac{1}{\sqrt{2\pi\sigma_v^2}} e^{-\frac{v^2}{2\sigma_v^2}}$$

위 식에서 결정 변수 V의 확률밀도함수는 평균과 분산의 형태를 제외하고는 기존의 다이버시티 수신기의 확률밀도함수와 유사하다. 따라서 시스템 성능은 기존의 식을 이용하여 표현할 수 있다.

7.3.3 시뮬레이션 결과

제안된 시스템의 PN부호 포착 성능을 기존의 시스템과 비교하여 분석하였다. 제안된 시스템의 성능을 입증하기 위하여 다양한 시스템 파라미터를 이용하여 검파 확률, 미검파 확률, 평균 포착 시간을 테스트하였다. PN 부호의 길이는 1023이고, 탐색 단위는 부호 구간의 절반이라고 가정하였다. 분석을 위해 의사 경고율은 0.001로 하였고, 페널티 시간 상수 J는 1000으로 하였다.

그림 7.9는 안테나의 개수에 따라서 칩당 신호대 잡음비에 대한 검파확률을 나타낸다. 안테나의 개수가 동일한 경우, 기존의 수신기와 제안된 수신기 사이의 성능 차이는 거의 무시할만 하다. 그러나 검파 확률이 0.8 이상인 경우, 제안된 4-안테나 수신기는 기존의 2-안테나 수신기보다 거의 2 dB의 이득을 가진다. 기존의 4-안테나 수신기의 경우가 가장 좋은 성능을 나타내지만, 이 수신기의 경우 단가와 복잡도가 높다. 하지만 제안된 4-안테나 수신기는 낮은 가격과 복잡도를 가지면서 기존의 2-안테나 수신기에 비해 높은 검파 확률을 가진다. 성능 이득은 신호대 잡음비가 커질수록 더욱 더 증가한다. 이 이득은 단말기의 성능이나 커버리지를 증가시키는데 곧바로 적용될 수 있다.

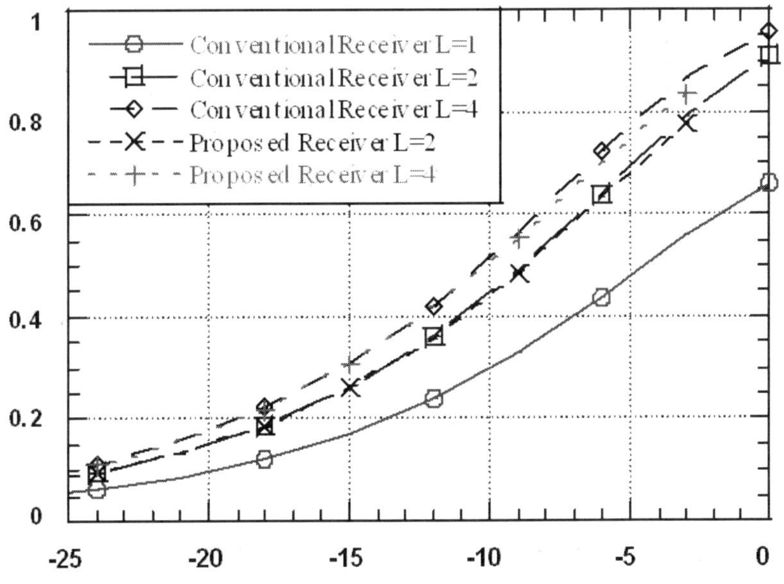

그림 7.9 칩당 신호대 잡음비에 대한 검파 확률

그림 7.10은 칩당 신호대 잡음비에 따른 평균 포착 시간을 나타낸다. 평균 포착 시간이 인 경우 제안된 4-안테나 수신기와 기존의 2-안테나 수신기 사이의 요구되는 신호대 잡음비의 차이가 약 2 dB이다. 이것은 의 동일한 평균 포착 시간을 획득하기 위해서 기존 다이버시티 수신기의 수신된 전력 레벨이 제안된 다이버시티 수신기의 전력 레벨보다 2 dB 커야 한다는 것을 의미한다. 따라서 제안된 수신기를 적용한 단말기의 송신전력은 기존의 수신기를 적용한 단말기에서의 송신전력보다 2 dB 작아도 동일한 성능을 보인다. 이 남은 전력은 단말기 배터리의 수명을 연장시키는데 사용될 수 있고 송신 전력을 적게 함으로 해서 다른 사용자들 간에 간섭 전력을 줄일 수 있다.

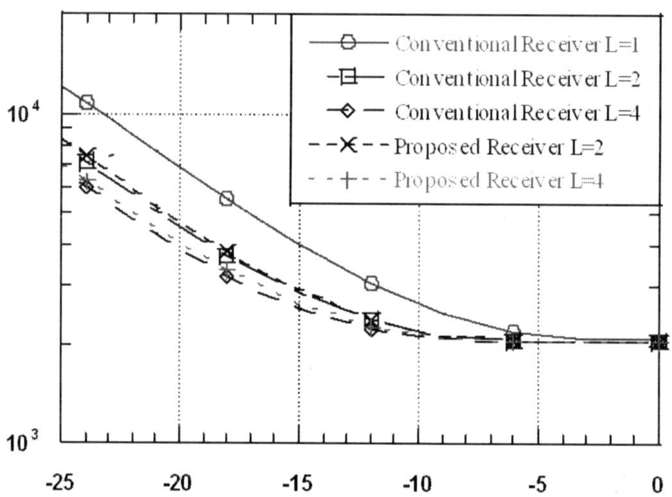

그림 7.10 칩당 신호대 잡음비에 따른 평균 포착 시간

7.4 고속 고신뢰의 UWB 동기획득

고속의 전송률에 대한 UWB 국제 표준안은 IEEE 802.15.3a 이므로 UWB 신호 동기 획득 알고리즘에서의 모의실험 성능평가 는IEEE 802.15.3 a UWB 무선 다중경로 채널을 고려하였다. 이 모델은 IEEE 802.15.4a 채널 모델과 마찬가지로 기본적으로 Saleh-Valenzuela 모델을 기초로 구성되어 있고, 따라서 다중경로성분은 Cluster와 Ray의 형태로 도착하게 되고 이들의 진폭은 일반적인 Rayleigh 분포 대신 Log-Normal 분포에 의해 산출된다. 그리고 채널을 통과한 신호의 위상은 0°에서 180°까지 중에서 랜덤하게 결정된다고 모델링된다. 게다가 다중경로 페이딩은 Cluster 내에서 독립적으로 존재한다고 가정하고 있기 때문에, 다중경로 모델은 다음과 같은 채널 임펄스 응답으로 표현될 수 있다.

$$h(t) = X\sum_{l=0}^{L}\sum_{k=0}^{K}\alpha_{k,l}\delta(t - T_l - \tau_{k,l})$$
$$20\log_{10}(X) \propto Normal(0, \sigma_x^2)$$

위 식에서 Normal(a, b)는 평균 a, 분산 b 인 Gaussian 분포를 나타낸다. 한편 X는 Log-Normal 분포의 섀도잉 성분, $\alpha_{k,l}$은 다중경로 페이딩 계수, T_l은 l번째 Cluster의 지연, $\tau_{k,l}$는 l번째 Cluster 내에서 k번째 Ray의 지연을 나타낸다. 또한 Λ는 Cluster의 도착률, λ는 각 Cluster 내에서 Ray의 도착 확률을 나타낸다. 여기서 다중경로 페이딩 채널 계수들은 다음과 같이 정의된다.

$$\alpha_{k,l} = p_{k,l}\xi_l\beta_{k,l}$$
$$20\log_{10}(\xi_l\beta_{k,l}) \propto Normal(\mu_{k,l}\sigma_1^2 + \sigma_2^2), \text{or} |\xi_1\beta_{k,1}| = 10^{(\mu_{k,l} + n_1 + n_2)/20}$$
$$E[|\xi_l\beta_{k,l}|^2] = \Omega_0 e^{-T_l/T} e^{-\tau_{k,l}/\tau}$$

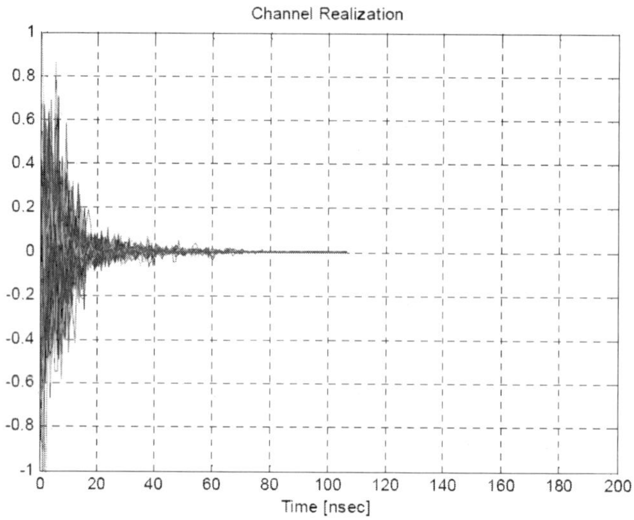
Channel Realization
1
0.8
0.6
0.4
0.2
0
-0.2
-0.4
-0.6
-0.8
-1
0
20
40
60
80
100
120
140
160
180
200
Time [nsec]

(a) CM1

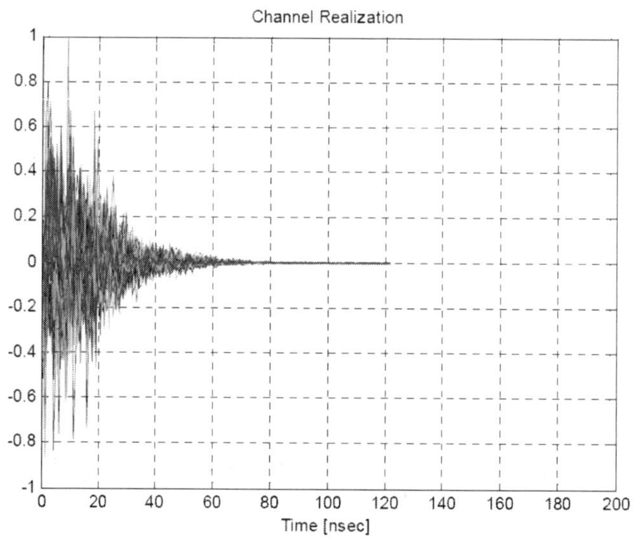
Channel Realization
1
0.8
0.6
0.4
0.2
0
-0.2
-0.4
-0.6
-0.8
-1
0
20
40
60
80
100
120
140
160
180
200
Time [nsec]

(b) CM2

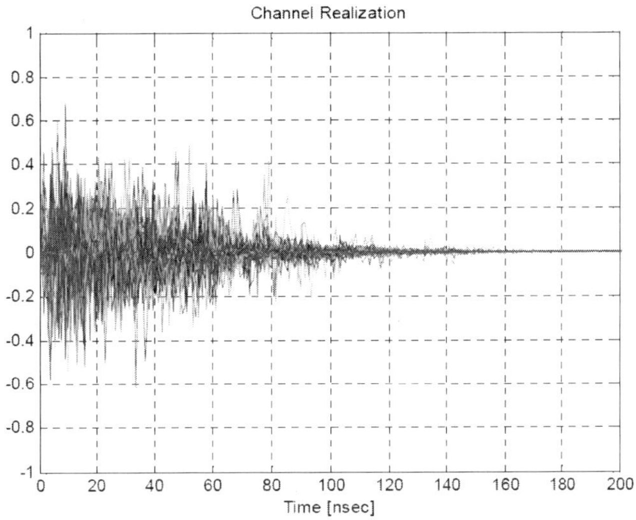

(c) CM3

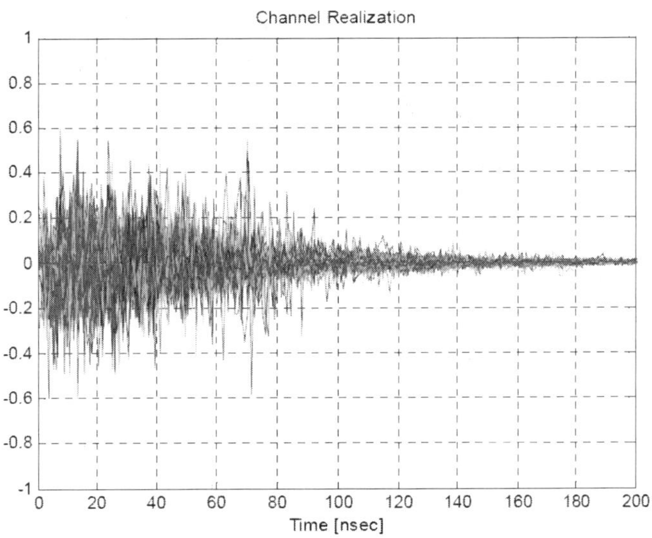

(d) CM4

그림 7.11 IEEE 802.15.3a UWB 무선 다중경로 채널 모델의 임펄스 응답에 대한 예

위 식에서 ξ_l은 l번째 Cluster와 관련된 페이딩 성분이고 $\beta_{k,l}$은 l번째 Cluster의 k번째 Ray의 페이딩 성분을 나타낸다. 또한 $n_1 \propto \text{Normal}(0, \sigma_1^2)$과 $n_2 \propto \text{Normal}(0, \sigma_2^2)$ 는 각각 독립으로 Cluster와 Ray의 페이딩에 해당된다. 그리고 Ω_0는 첫 번째 Cluster에서 첫 번째 경로의 평균에너지이며, Γ와 γ는 각각 Cluster와 Ray의 감쇠성분을 나타낸다. 또한 $\mu_{k,l}$은 다음과 같이 정의된다.

$$\mu_{k,l} = \frac{10\ln(\Omega_0) - 10T_{k,l}/T - 10\tau_{k,l}/\tau}{\ln(10)} - \frac{\sigma_1^2 + \sigma_2^2 \ln(10)}{20}$$

여기서 σ_1과 σ_2는 Cluster 및 Ray의 Log-Normal 페이딩 표준 편차이다.

이와 같은 UWB 채널 모델은 환경과 조건의 특성에 따라 다음과 같이 4가지 서로 다른 채널들로 분류되며, 표 7.1에서는 IEEE 802.15.3a에서 분류된 4가지 UWB 채널 모델을 위한 파라미터들을 나타내고 있다.

- 채널모델1 (CM1) : LoS 채널 (송수신단 거리0~4 m)
- 채널모델2 (CM2) : NLoS 채널 (송수신단 거리0~4 m)
- 채널모델3 (CM3) : NLoS 채널 (송수신단 거리4~10 m)
- 채널모델4 (CM4) : 25 nsec 실효 지연 확산을 갖는 극단의 NLoS 채널

표 7.1 IEEE 802.15.3a에서 분류된 4가지 UWB 채널 모델을 위한 파라미터

Parameters	CM1	CM2	CM3	CM4
$\Lambda[1/nsec]$	0.0233	0.4	0.0667	0.0667
$\lambda[1/nsec]$	2.5	0.5	2.1	2.1
Γ	7.1	5.5	14.00	24.00
γ	4.3	6.7	7.9	12
$\sigma_1[dB]$	3.3941	3.3941	3.3941	3.3941
$\sigma_2[dB]$	3.3941	3.3941	3.3941	3.3941
$\sigma_x[dB]$	3	3	3	3

임펄스 응답의 기본 시간 지연을 다중 경로 성분을 분해할 수 있는 최소의 시간인 T_m이라고 하였을 때, 신호 사이의 부분적인 상관(Partial Correl ation)을 피하기위해 UWB 펄스의 지속 시간 T_c를 $T_c = T_m$이라고 가정하였다. 따라서 채널 모델의 임펄스 응답도 T_m단위로 샘플링되어, 임펄스 응답은 다음과 같이 간략화된 식으로 나타낼 수 있다.

$$h(t) = \sum_{i=0}^{L-1} \alpha_i \delta(t - \tau_i)$$

여기서 α_i는 i번째 경로의 신호 진폭 감쇠를 나타내며, $\tau_i \equiv \tau_0 + iT_m$은 i번째 경로의 시간 지연을 나타낸다. 또한 τ_0는 송수신기간 거리로 인한 전송 시간 지연이며, 전체 프레임 구간 T_f내에서 균일하게 분포한다고 가정했다. 한편, 다중경로의 수 L은 의미있는 크기의 경로 성분들만을 고려할 때 CM1은 140개, CM2는 160개, CM3는 280개, CM4는 450개가 된다. 위와 같이 정의된 IEEE 802.15.3a UWB 무선 다중 경로 채널은 각 채널 모델에 따라 그림 7.11에서와 같이 도시할 수 있다.

7.4.1 Markov 모델 분석

UWB 신호 동기 획득은 임의의 전송지연 τ_0에 대한 추정을 통하여 UWB 신호 프레임의 경계를 정확히 맞추는데 목적이 있다. 본 장에서는 Single-Dwell 연속 동기 획득을 위해 Markov 분석을 기반으로 하여, 현재 탐색구간에서 Coherent UWB 시스템일 경우에 상관기(Correlator) 출력값, $z_j^{(n)}$의 크기가 임계값을 넘을 때 동기를 획득했다고 보고 탐색을 종료하며 임계값을 넘지 않을때는 다음 구간으로 탐색을 전환하는 방법을 고려하였다. 여기서 현재 탐색구간에서 다음 탐색구간으로 전환될 확률을 p_n이라 하면, 현재 구간에서 탐색을 종료되는 확률은 $1 - p_n$이 된다.

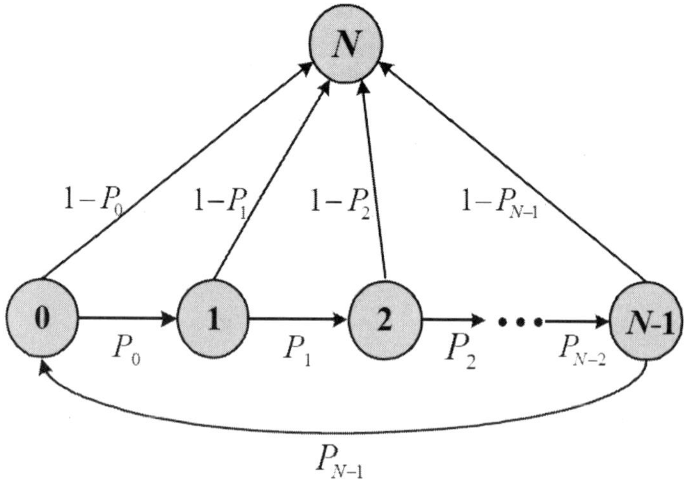

그림 7.12 Single-Dwell 연속 동기획득을 위한 Markov Chain 모델

확률 p_n은 Coherent UWB 수신기의 출력값 ($z_j^{(n)}$)을 고려할 때 $\epsilon^{(n)}$의 함수로서 (즉, $p_n \equiv p_n(\epsilon^{(n)})$) 다음과 같이 구해진다.

$$p_n = P_r(|z_j^{(n)} \le \Gamma|), j = ..., -1, 0, 1, ...$$

여기서, n=j mod N이며, Γ는 탐색이 종료되기 위한 임계값이다. 일반적으로 임계값 Γ가 커질수록 정확한 동기획득이 가능하나 탐색 종료 확률이 작아지므로 결국 탐색 종료까지의 동기획득 시간이 길어지게 된다.

그림 7.12 에서는 연속 동기획득을 위한 Markov Chain 모델을 도시하고 있으며, 여기서 0, 1, ⋯, N-1은 탐색할 Bin의 위치를 나타내고 N은 탐색이 종료된 상태를 나타낸다. 만약 모든 다중경로 성분을 알고 있다고 가정한다면, 각각의 Bin을 거치며 탐색이 종료되기까지 소요되는 시간의 기대값, 즉 평균 동기획득 시간 (Mean Acquisition Time)은 아래와 같이 구할 수 있다.

$$E(T)=\frac{1+\sum_{m=0}^{N-2}\prod_{n=0}^{m}P_n}{1-\prod_{n=0}^{N-1}P_n}$$

여기서 E{ · }은 기댓값 연산이다. 하지만 실제적으로 채널 파라미터들인 α_i, τ_i에 대한 정확한 값들을 알지 못하기 때문에 통계적 모델 및 이를 이용한 평균의 계산이 필요하다. 특히 τ_0가 탐색 단위 구간 간격인 T_f/N 단위의 값을 가지며 변화한다고 가정할때, $E(T)$는 다음과 같이 다시 구할 수 있다.

$$E(T)=\frac{1}{N}\sum_{\tau_0=0}^{(N-1)T_f/N}\frac{1+\sum_{m=0}^{N-2}\prod_{n=0}^{m}P_n(\tau_0)}{1-\prod_{n=0}^{N-1}P_n(\tau_0)}$$

한편 구간을 변화해가며 동기획득을 하는동안 탐색이 종료되는 Bin들을 랜덤 변수 $X_0, X_1, \ldots, X_{J-1}$로 정의할 수 있다. 여기서 J는 신호의 동기 획득을 위한 임계값을 넘어 탐색을 종료하게 될 구간을 나타내고, $J\in\{0,1,\ldots,N-1\}$의 Bin들로 구성될 수 있다. 다시 말해 J는 Markov Chain에서 p_n이 0인 구간이라고 할 수 있으며, 그림 7.13에서 도식적으로 설명하고 있다.

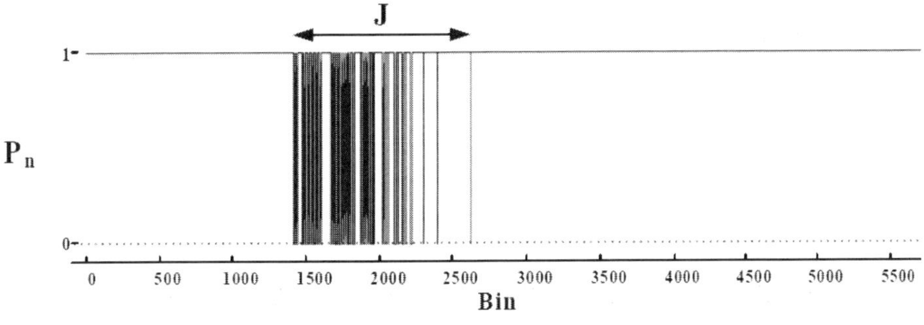

그림 7.13 탐색 전환 확률 및 J 구간에 대한 예

7.4.2 일반적인 동기 획득 기법 분석

(1) Single-Dwell 기반의 Linear 및 Bit Reversal 동기 획득 알고리즘

본 연구에서는 동기획득을 위해 기본적으로 일반적인 Linear 탐색과 Bit Reversal 탐색 알고리즘을 고려하였다. 이 두 가지 탐색 알고리즘은 동기획득을 위한 참조 신호의 탐색 위치 순서를 어떻게 결정하느냐에 따라 구분된다. 먼저 Linear 탐색 알고리즘은 $N \equiv 2^m$ 개의 전체 탐색 영역 Bin들에 대한 탐색 순서를 {0,1,..., N-1}의 순서에 따라 순차적으로 정한 것으로, 이 경우 이상적인 평균 동기획득 시간은 다음과 같이 표현될 수 있다.

$$E(T) = \frac{(N-J)^2 + (3N-J)}{2N}$$

한편, 일반적인 m 비트로 구성된 이진수 b를

$$b = b_{m-1} b_{m-2} \cdots b_1 b_0 \ (b_i \in 0, 1, i = 0, ..., m-1)$$

로 표현할 때, Bit Reversing은 이들 비트들의 위치를 뒤바꾸는 방법이다. 따라서 br(b)을 이진수 b 에 대한 Bit Reversing 연산이라 하면,

$$b_r(b) = b_0 b_1 \cdots b_{m-2} b_{m-1}$$

이 된다. 결국 dec(b)를 이진수 b에 대한 십진화 연산이라 하면,

$$dec(b) = \sum_{i=0}^{m-1} b_i 2^i, \ dec(br(b)) = \sum_{i=0}^{m-1} b_i 2^{m-1-i}$$

가 된다.

Bit Reversal 탐색 알고리즘은 N개 Bin의 전체 탐색 영역을 이진수로 나타내고 이들을 Bit Reversing 연산을 시킨후 다시 십진화하여 탐색 순서

를 재설정하게 된다. 예를들어, m=3 비트일 때 이를 일반적인 이진수로 나타내면 아래와 같이Linear 탐색 알고리즘에서의 탐색 순서 {0, 1, 2, 3, 4, 5, 6, 7}를 얻을 수 있다.

$$\begin{array}{l} Binary\ \ : 000, 001, 010, 011, 100, 101, 110, 111 \\ Decimal: \ (0)\ (1)\ (2)\ (3)\ (4)\ (5)\ (6)\ (7) \end{array}$$

반면, 이에 Bit Reversing 연산을 적용하게 되면 다음과 같이 새로운 탐색 순서 {0, 4, 2, 6, 1, 5, 3, 7}을 얻을 수 있게 된다.

$$\begin{array}{l} Binary\ \ : 000, 100, 010, 110, 001, 101, 011, 111 \\ Decimal: \ (0)\ (4)\ (2)\ (6)\ (1)\ (5)\ (3)\ (7) \end{array}$$

이렇게 총 2^m개의 m 비트 이진수에 대한 증가 패턴을 Bit Reversing을 적용한 후 십진화하면 순차적으로 탐색하게 될 Bin들 간의 거리를 최대화 할 수 있다. 이 러한 Bit Reversal 탐색 알고리즘의 이상적인 평균 동기 획득 시간은 다음과 같이 구해질 수 있다.

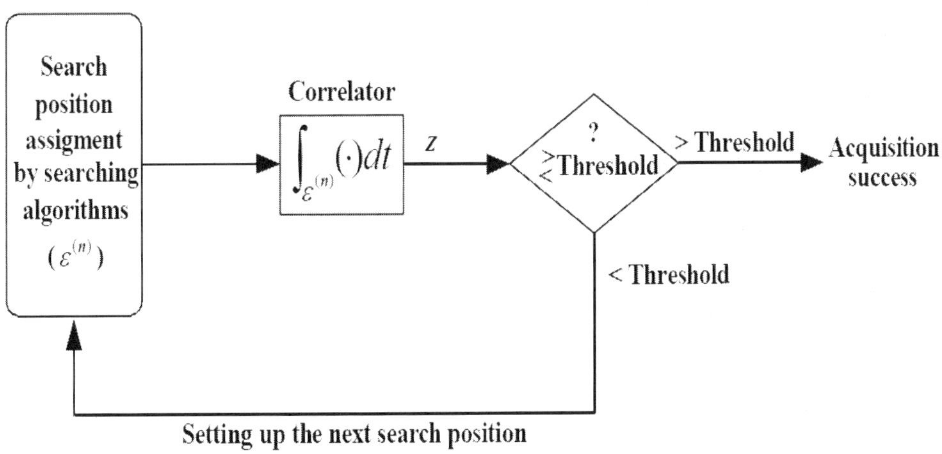

그림 7.14 상관기 기반의 일반적인 Single-Dwell 방식의 탐색을 위한 구조

$$E(T) = \frac{1}{2}(\frac{N}{J}+1)$$

참고로 그림 7.14는 이러한 Linear 및 Bit Reversal 탐색 알고리즘 기반의 일반적인 Single-Dwell 방식의 기본적인 탐색과정 구조를 도시하고 있다.

(2) Double-Dwell 방식 기반의 Bit Reversal 동기 획득 알고리즘

UWB 신호의 동기 획득 성능 향상을 위해, Bit Reversal 탐색 알고리즘을 적용한Double-Dwell 탐색 방법을 고려할 수 있다. 여기서 Double-Dwell 탐색 방법은 신호의 동기 획득을 위하여 두 개의 상관기를 동시에 사용하며, 각각의 상관기는 전체 탐색 영역을 절반으로 나누어 독립적으로 Bit Reversal 알고리즘을 적용하여 탐색을 수행하게 된다. 이러한 두 개의 상관기 출력값 중 어느 하나라도 주어진 임계값보다 크면 탐색을 종료하게 된다. 그림 7.15에서는 이러한 일반적인 Double-Dwell 방식의 기본적인 탐색과정 구조를 도시하고 있다.

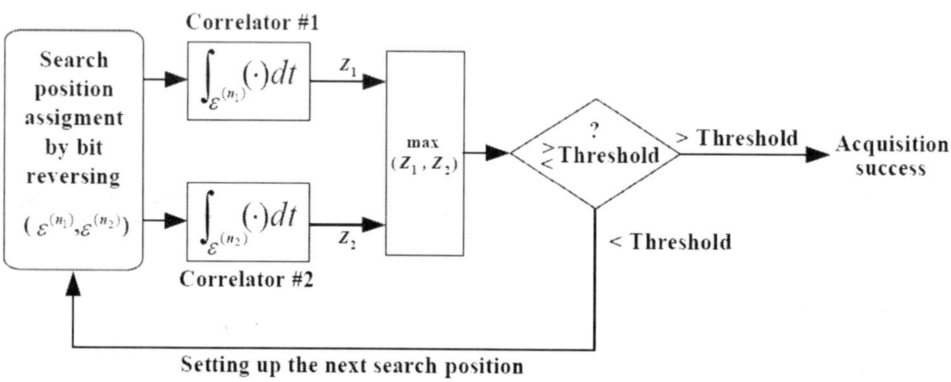

그림 7.15 Bit Reversal 알고리즘 기반의 Double-Dwell 방식의 탐색을 위한 구조

7.4.3 두 단계 기반의 UWB 신호 동기획득 알고리즘

(1) 고속 동기획득을 위한 TSS-BS 탐색기법

TSS-BS (Two-Step Search scheme with the Bit reversal search based Second step) 기법은 기본적으로 두 단계로 구성되어 있고, 각각의 단계에서는 서로 다른 크기의 임계값과 탐색창을 가지고 있다. 또한 TSS-BS에서는 첫 번째와 두 번째 단계 모두에서 Bit Reversal 탐색 알고리즘을 사용하며, 단일 상관기를 사용하는 Single-Dwell 방식을 적용하게 된다. 이러한 TSS-BS 탐색 기법에서 첫 번째와 두 번째 단계의 목표는 각각 다중 경로 채널에서 실효 지연 확산의 범위에 속하는 임의의 Bin 위치에 대한 탐색 및 최종 데이터 복조를 위한 실제 신호 동기 획득에 있다. 그러므로 이 기법을 사용하게 되면 첫 번째 단계에 의해 신호 성분이 없는 Bin에서 불필요한 탐색을 우회할 수 있고, 두 번째 단계에 의해 최종적인 높은 임계값으로 신호의 동기 획득을 할 수 있으므로 동기획득 시간을 효과적으로 줄일 수 있게 된다.

TSS-BS에 대해 좀 더 세부적으로 살펴보면, 먼저 첫 번째 단계에서 Γ_1의 임계값을 이용하여 Bit Reversal 탐색 알고리즘을 적용한 Single-Dwell 연속 탐색 기법에 의해 한 프레임이 T_f nsec인 전체 탐색구간 N에서 탐색 위치 $\epsilon^{(n)}$에 따라 "대략적으로(Roughly)" 추정한다. 이와 동시에 Γ_1을 가지고 전체 탐색구간 내의 다중 경로 채널의 최대 지연 확산 (Excess Delay Spread) θ를 추정한다. 다음 과정으로 Γ_1에 의해 결정된 탐색 위치 $\epsilon^{(n)}$에서 새로운 탐색 창 T_f' nsec를 $\epsilon^{(n)}-\theta+1,\ldots,\epsilon^{(n)}+\theta$ 범위의 크기 2θ인 탐색창을 설정하고, 이 새롭게 설정된 탐색구간에서 Γ_2의 임계값을 가지고 동기획득을 위해 Bit Reversal 탐색 알고리즘을 적용하여 "세밀히(Fine)" 탐색하게 된다. 이때, 첫 번째 단계에서 실효 다중경로 성분이 존재하는 J구간은 두 번째 단계에 대한 탐색창의 절반으로 구성된 최대지연 확산 θ 보다 작아야 한다.

이러한 두 단계 탐색 기법에서 동기획득 속도와 BER 성능은 각각 첫 번째와 두번째 단계에 의해 크게 좌우된다. TSS-BS는 첫 번째 단계뿐만 아니라 두 번째 단계에서도 Bit Reversal 알고리즘을 사용하게 되는데, 이는 연속적으로 탐색되는 두 개의 Bin 간 거리를 최대화하는 랜덤한 특성을 가지고 있다. 따라서, TSS-BS에서는 두 번째 단계에도 이러한 Bit Reversal 알고리즘을 통하여 채널의 실효 다중 경로 지연 확산의 범위에서 랜덤한 위치를 동기획득 위치로 잡게 되므로 매우 빠른 동기획득 성능을 갖게 되는 반면, 실효 다중경로 지연 확산의 맨 처음 위치를 잡지 못하게 될 가능성이 존재하게 된다. 결국 TSS-BS 기법에 의해 결정된 동기획득 위치에서부터 다중경로 성분을 결합하기 위해 Rake 형태의 수신기를 사용한다면, 심각한 BER 성능 열화를 피할 수 없게 됨을 의미한다.

(2) 고속 고신뢰의 동기 획득을 위한 TSS-LS 탐색기법

앞서 살펴본 바와 같이 TSS-BS 기법은 고속의 신호 동기 획득을 보장하는 반면, 신호 동기획득의 신뢰성은 보장하지 못하게 된다. 이에 본 장에서는 다중경로 채널 환경에서 UWB 시스템을 위한 고속의 동기 획득 속도를 유지하면서 동시에 안정적인 BER 성능을 보장할 수 있는 TSS-LS

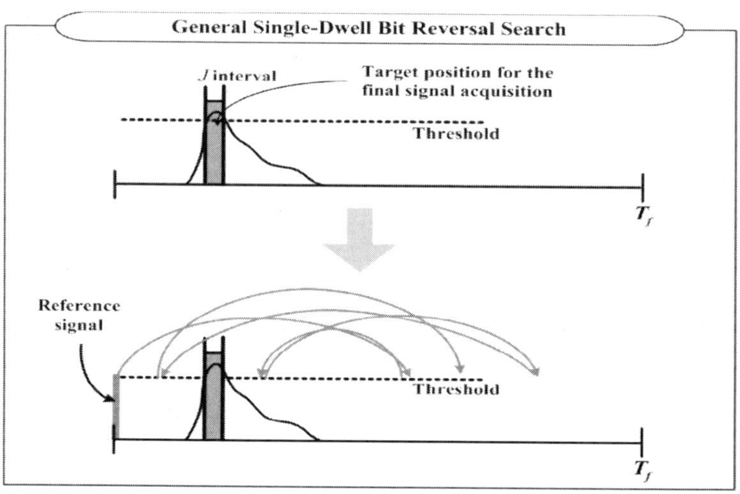

그림 7.16 Single-Dwell Bit Reversal 탐색 기법의 동기 획득에 대한 설명

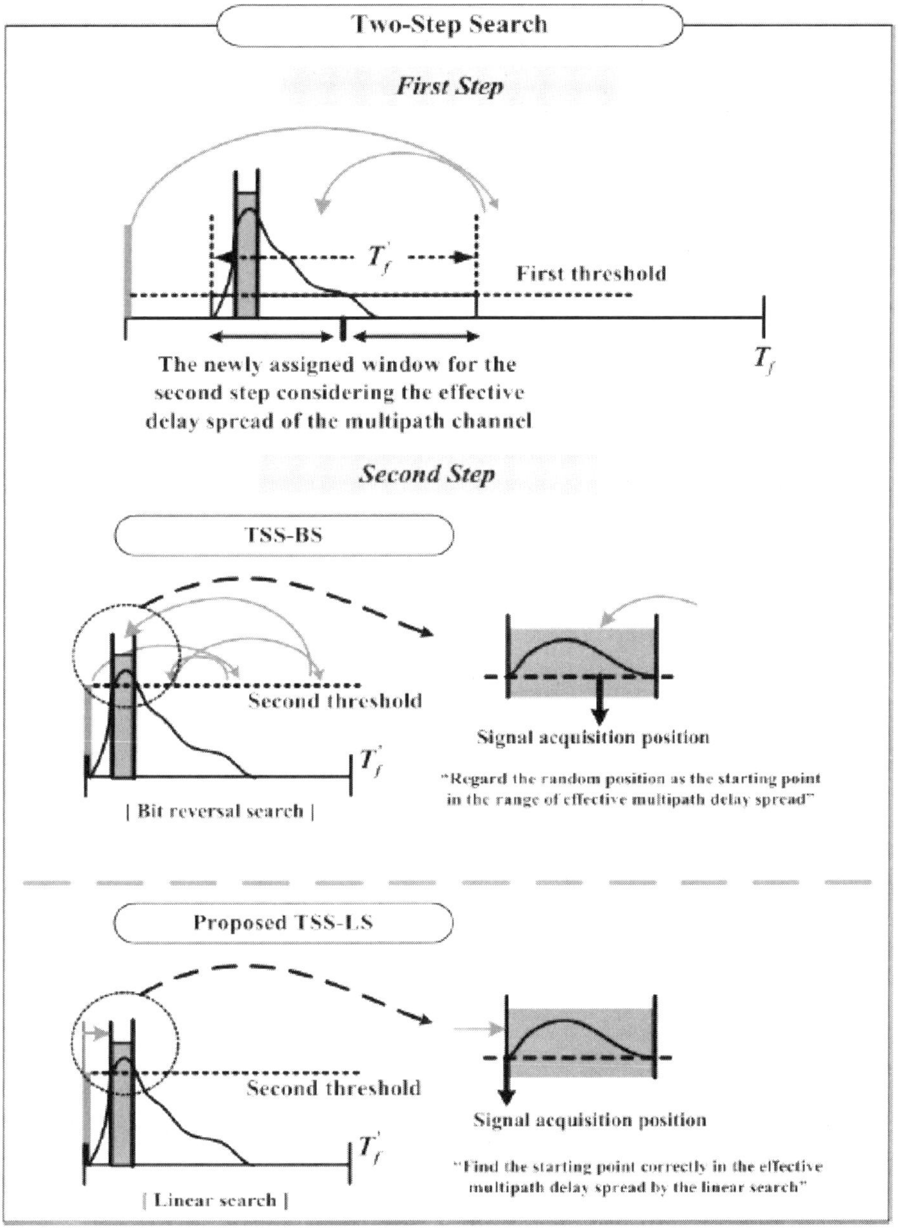

그림 7.17 두 단계로 구성되는 TSS-BS와 TSS-LS 기법의 동기획득에 대한 비교 설명

표 7.2 TSS-BS 기법과 TSS-LS 기법의 신호 동기 획득 알고리즘 순서 설명

STEP 1 : Rough search
1. Search "roughly" all bins in a frame T_f by bit reversal algorithm using the first threshold Γ_1. 2. Estimate a signal bin $\epsilon_1^{(n)}$ which is any position in the range of effective delay spread (θ bins) of the multipath channel within the given frame.
STEP 1 : Fine search
3. Assign new search windows, T_f' of size 2θ bins around $\epsilon_1^{(n)}$ as $\epsilon^{(n)}-\theta+1, \ldots, \epsilon^{(n)}+\theta$. 4. Search "finely" the selected 2θ bins in the newly allocated window by "bit reversal algorithm" (TSS-BS) or "linear algorithm" (TSS-LS) using the second threshold $\Gamma_2(<\Gamma_1)$.

(Two-Step Search scheme with the Linear search based Second step) 탐색 기법를 제안한다. 제안된 TSS-LS에서는 TSS-BS에서와 유사하게 고속의 동기 획득을 위해 각각의 두 단계에서 두 개의 다른 임계값과 탐색창을 사용하게 된다.

그러나 TSS-BS와는 다르게 TSS-LS에서는 다중경로 채널의 실효 지연의 범위에서 맨 처음 시작하는 지점을 정확히 찾기 위해 두 번째 단계에서 Linear 탐색 알고리즘을 적용하게 된다. 그러므로 TSS-BS 에서와 같이 첫 번째 단계에서는 신호 성분이 없는 Bin에서의 불필요한 탐색을 효과적으로 우회하게 되므로 고속의 동기획득 성능을 유지할 수 있고, TSS-BS에서와 다르게 최종의 동기획득을 결정하는 두 번째 단계에서 Linear 탐색을 사용함에 따라 TSS-LS는 채널의 실효 지연(Effective Delay Spread)의 처음

부분에 해당하는 위치에서 동기를 획득하게 되어 다중경로 성분을 효과적으로 결합할 수 있게 되므로BER 성능을 개선시킬 수 있을 것으로 기대된다. 그림 7.16과 7.17에서는 일반적인 Single-Dwell Bit Reversal 탐색 알고리즘과 두 단계로 구성된 TSS-BS와 제안된 TSS-LS의 동기 획득에 대하여 예를들어 비교 설명하고 있으며, 표 7.2에는 TSS-BS 기법과 제안된 TSS-LS 기법의 신호 동기 획득 알고리즘을 정리하고 있다.

(3) 다단계 탐색 기법의 이상적인 평균 동기 획득 시간

앞서 살펴본 두 단계 탐색 기반의 TSS-BS와 TSS-LS 기법에 대한 이상적인 평균 동기 획득 시간은 다음과 같이 계산 될 수 있다.

$$TSS-BS: E(T) = \frac{1}{2}(\frac{N}{J}+1) + \frac{(N^{'}-J)^2 + (3N^{'}-J)}{2N^{'}}$$

$$TSS-LS: E(T) = \frac{1}{2}(\frac{N}{J}+1) + \frac{1}{2}(\frac{N}{J}+1)$$

여기서 J≡J*F는 첫 번째 단계에서의 탐색을 종료하게 될 Bin의 개수를 나타내며, N≡J+P는 두 번째 단계에서의 전체 Bin의 개수를 의미한다. 전자는 첫 번째 단계에서 수행하는 “대략적인” 추정을 위한 다중경로 채널의 유효 지연 확산을 나타내며, F는 첫 번째 단계에서의 탐색창의 크기와 최종 탐색을 하게 될 두 번째 단계에서의 탐색 창의 크기에 대한 비율을 의미한다. 후자는 두 번째 단계에서의 “정밀한” 탐색을 위한 새로운 탐색 창의 크기를 의미하며, P는 두 번째 단계에서 최종 탐색을 위해 새롭게 설정하게 되는 탐색창의 크기가 실제 신호가 존재하는 탐색 종료 구간보다 크게 설정된 크기를 나타낸다. 그림 7.18에서는 P=64이고 F=2, 8인 경우와 P=64, 128이고 F=8인 경우에서 일반적인 Bit Reversal 탐색 알고리즘과TSS-BS 및 TSS-LS에 대한 J/N에 따른 정규화된 이상적인 평균 동기 획득 시간 E(T)/N를 나타내고 있다.

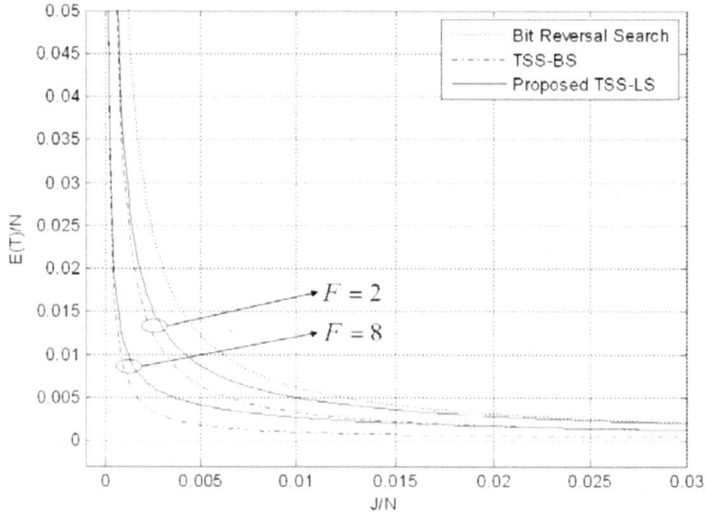

(a) P=64 and F=2, 8

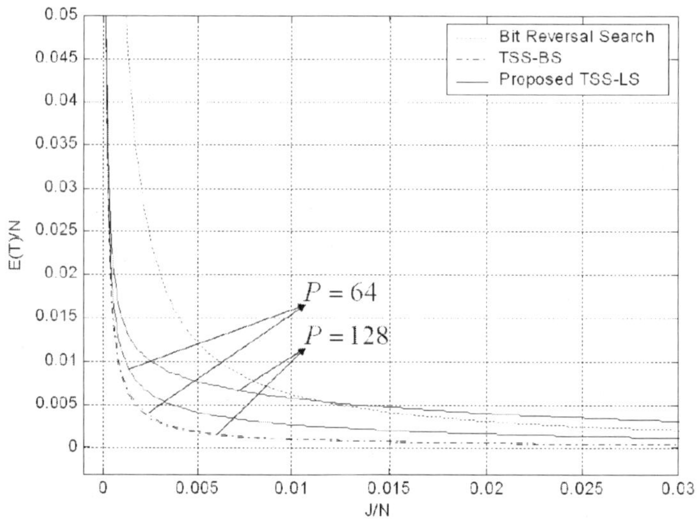

(b) P=64, 128 and F=8

그림 7.18 다양한 J/N값에 따른 정규화된 이상적인 평균 동기획득 시간 E(T)/N에 대한 비교

7.4.4 Coherent UWB 동기획득 방법과 복조 연동

다중경로 채널 환경에서 이상적인 신호 동기 획득 기법은 다중 경로 성분의 첫 번째 도착 시각 τ_0를 정확히 추정하게 된다. 그러나 다중 경로 채널 환경에서 UWB 신호가 수신기에 다양한 경로를 통해 수신되는데, 수신단의 신호 동기 획득 단계에서는 τ_0에서 $\tau_0 + \tau_{\max}$까지의 다중 경로 성분중 하나를 추정하게 되고 이를 다중경로 성분의 첫 번째 도착으로 간주하게 된다. 여기서 $\tau_{\max} \equiv LT_m$은 주어진 채널의 최대 지연 확산을 의미한다.

Coherent UWB 수신기의 신호 동기 획득 단계에 의해 획득하게 되는 동기 시각 정보는 Rake-type UWB 수신기와 같은 복조 단계(Demodulation Stage)에 제공되며, 이런 동기와 복조의 연동 구조는 그림 7.19에서 나타내고 있다.

한편, 다중경로 채널을 통과한 수신단의 수신 신호는 다음과 같이 표현될 수 있다.

$$r(t) = \sum_{j=\infty}^{\infty} \sum_{i=0}^{L-1} \alpha_i w(t - jT_f - \tau_i) + n(t)$$

위 식에서 n(t)는 부가성 백색 가우시안 잡음(Additive White Gaussian Noise; AWGN)을 나타낸다. 또한, w(t)는 전형적인 UWB 시스템의 송신단에서 전송하는 Gaussian 모노사이클 펄스가 송수신단 미분 특성에 의해 미분된 형태로 Coherent UWB 시스템 수신단의 상관기에 입력되는 펄스로서 다음 식과 같이 표현될 수 있다.

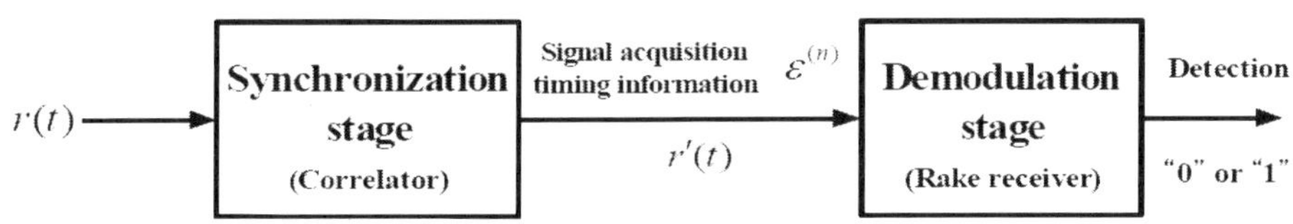

그림 7.19 동기 단계외 복조 단계가 연동된 구조의 Concoherent UWB 수신기

$$w(t) = A'(1 - \frac{4\pi t^2}{\tau_p^2})e^{-2\pi(t/\tau_p)^2}$$

여기서 A'은 이 펄스의 크기, τ_p는 펄스 폭과 관계된 파라미터이다. Coherent UWB 시스템을 기반으로 한 Rake-Type UWB 복조 단계에서는 동기 단계에서 제공되는 시각부터 에너지 윈도우 뱅크의 출력을 결합하게 되므로, 부정확한 시각정보는 시스템의 BER 성능에 심각한 열화를 초래하게 될 것이다. 한편, 동기단계에서 다중경로 성분을 분해할 수 있는 최소의 시간 T_m의 비율로 정규화된 추정된 동기획득 시각은 다음과 같다.

$$\sigma^{(n)} = \left[\epsilon^{(n)} / T_m\right]$$

이때, Coherent UWB 수신기의 복조 단계에서는 동기 단계에서 추정된 동기 시각 정보 $\sigma^{(n)}$를 적용하게 되어 수신되는 신호를 다음과 같이 인식하게 된다.

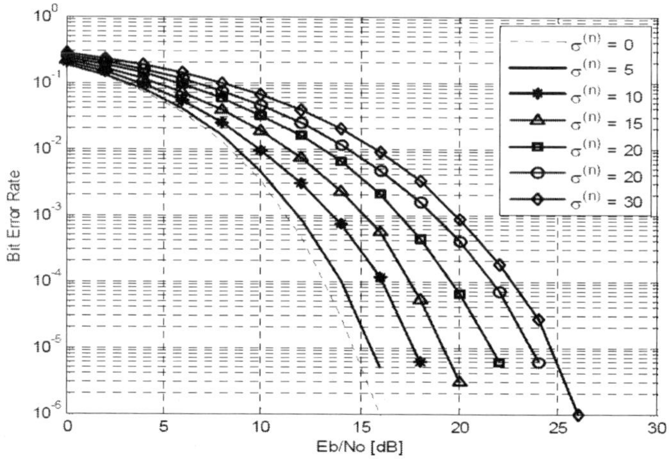

그림 7.20 IEEE 802.15.3a UWB 무선 다중경로 채널의 CM3에서 다양한 $\sigma^{(n)}$값에 따른 BER 성능 비교

$$r'(t)=\sum_{j=\infty}^{\infty}\sum_{l=\sigma^{(n)}}^{L-1}\alpha_j w(t-jT_f-\tau_l)+n(t)$$

따라서 Coherent UWB 수신기의 Rake-type 복조기는 $\sigma^{(n)}$의 시각에서부터 다중 경로 성분을 결합하게 되므로, 시스템의 BER 성능 혹은 신뢰성은 추정되는 시각의 위치가 얼마나 τ_0에 근접할 것인가에 달려있게 된다. 이는 시스템의 신뢰성인 측면에서 분석하기 위해, 동기 단계에 의해 추정된 탐색 시각 위치 $\sigma^{(n)}$가 복조 단계의 BER 성능에 미치는 영향을 분석해 볼 필요가 있다. 이와 같은 영향을 분석하기 위한 모의 실험을 위해, 본 장에서는 IEEE 802.15.3a UWB 무선 다중 경로 채널 모델 환경에서 Finger 수가 10인 Coherent SRake (Selective Rake) 수신기를 고려하였으며, 데이터 변복조는 BPSK를 적용하였다. 그림 7.20에서는 추정된 탐색시각 $\sigma^{(n)}$의 다양한 값에 따른 BER 성능을 비교적으로 나타내고 있으며, 결과를 통해 알 수 있듯이 BER 성능은 동기 단계에서 추정된 탐색 시각 정보의 정확성에 의해 크게 영향을 받고 있음을 확인할 수 있다. 따라서, 앞서 살펴본 본 장에서 제안한 TSS-LS 기법은 Coherent UWB 시스템에서 신뢰성 있는 BER 성능을 보장할 것으로 기대할 수 있다.

7.4.5 모의실험 결과 및 분석

본 장에서는 모의 실험을 위해 펄스폭이 약 $2\tau_p$인 UWB 펄스 w(t)를 가정하였을 때, 이 펄스폭 파라미터 τ_p를 0.3813 nsec로 설정하였다. 한편 실내 무선 다중 경로 채널 모델로서 앞서와 마찬가지로 IEEE 802.15.3a UWB 채널모델 CM1~CM4를 고려하였다. 이 채널모델은 앞서 언급한 것처럼 UWB 신호의 펄스 지속 시간을 $T_c=T_m\approx 2\tau_p$로 가정하였으므로 각 채널 임펄스 응답을 0.7626 nsec 단위로 샘플링하게 되고, 펄스당 샘플의 수는 127개로 하였다.

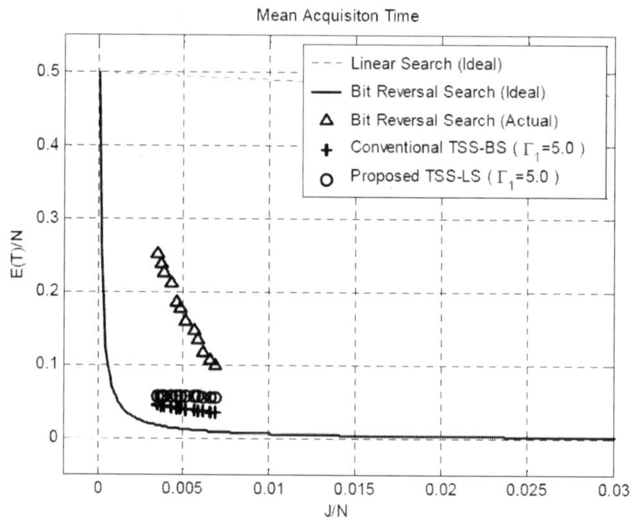
Mean Acquisiton Time
Linear Search (Ideal)
Bit Reversal Search (Ideal)
Bit Reversal Search (Actual)
Conventional TSS-BS (Γ1=5.0)
Proposed TSS-LS (Γ1=5.0)
E(T)/N
J/N
0.5
0.4
0.3
0.2
0.1
0
0.005
0.01
0.015
0.02
0.025
0.03

(a) CM1

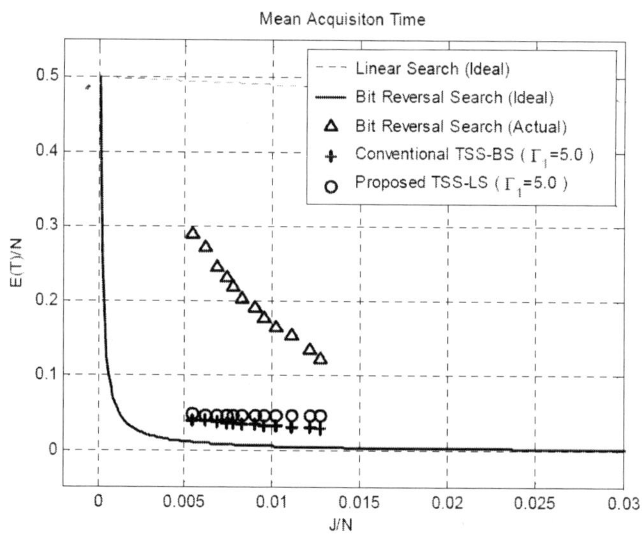
Mean Acquisiton Time
Linear Search (Ideal)
Bit Reversal Search (Ideal)
Bit Reversal Search (Actual)
Conventional TSS-BS (Γ1=5.0)
Proposed TSS-LS (Γ1=5.0)
E(T)/N
J/N
0.5
0.4
0.3
0.2
0.1
0
0.005
0.01
0.015
0.02
0.025
0.03

(b) CM2

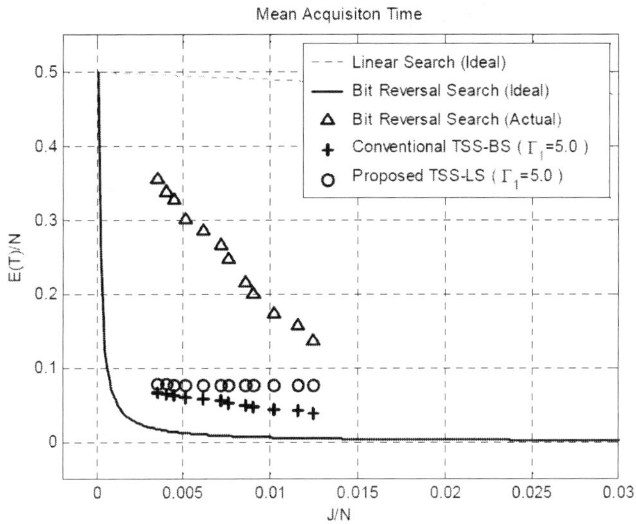

(c) CM3

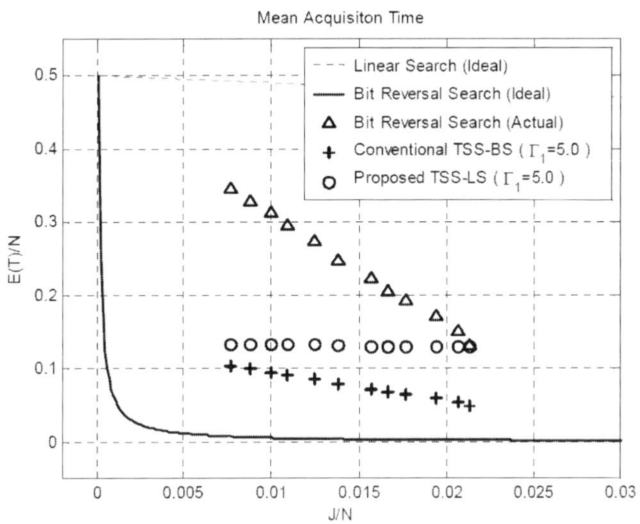

(d) CM4

그림 7.21 일반적인 Single-Dwell Bit Reversal 탐색 기법과 TSS-BS 및 TSS-LS 의 정규화된 평균 동기획득 시간

(1) UWB 신호 동기획득 성능 평가

평균 동기획득 소요시간을 평가하기위해 신호대 잡음비(Signal-to-Noise Ratio; SNR)가 매우 큰, 즉 잡음이 없는 다중경로 채널환경을 가정하였다. 전체 프레임구간 T_f는 다중 경로에 의한 펄스간 간섭을 피하기 위해 1000 nsec로 충분히 큰 경우를 고려했으며, 탐색 구간을 나누기 위한 Bin의 수 N은 8192를 고려하였다. 또한 두 단계 탐색을 하는 TSS-BS와 TSS-LS를 위한 첫 번째 단계에서의 임계값 Γ_1과 두 번째 단계에서의 첫 번째 새로운 탐색창의 크기 2θ는 표 7.3에서와 같이 정한 값들을 이용하였다. 여기서 두 번째 단계에서의 탐색창 2θ의 크기는 첫 번째 단계에서의 임계값 Γ_1에 따른 실효 다중경로 성분이 존재하는 J 구간을 충분히 포함할 수 있는 최소의 최대 지연 확산 θ로 결정되었다.

그림 7.21에서는 채널 모델(CM1~CM4)과 다양한 임계값 Γ (이 값은 TSS-BS와 TSS-LS에서 Γ_2와 동일한 값임)에 대하여 일반적인 Single-Dwell Bit Reversal 탐색 기법과 TSS-BS 및 TSS-LS의 J/N 에 따른 정규화된 평균 동기 획득 시간 E(T)/N의 관점에서 동기 획득 성능을 비교하여 나타낸다. 이 그림에서는 Single-Dwell Linear 및 Bit Reversal 탐색 기법의 이상적인 곡선을 각각 점선과 실선으로 나타낸다. 이 그림으로부터 TSS-BS가 일반적인 Single-Dwell Bit Reversal 탐색 기법보다 매우 빠른 동기 획득 성능을 보임을 알 수 있다.

표 7.3 두 단계 탐색을 위한 첫 번째 임계값 및 탐색창의 설정값

채널 모델	첫 번째 임계값 (Γ_1)	탐색 창 (2θ)
CM1	5.0	512
CM2	5.0	512
CM3	5.0	1024
CM4	5.0	2048

게다가, TSS-LS가 TSS-BS와 거의 유사한 우수한 동기 획득 성능을 보임을 확인할 수 있다. 특히 임계값 Γ이 점점 커질수록 (즉, J/N이 점점 작아질수록) UWB 시스템에서 고품질의 신호 동기 획득을 할 수 있기 때문에 보다 신뢰성 있는 복조가 가능해 지므로, 이러한 점에서 볼 때 TSS-LS는 TSS-BS에 필적하는 매우 빠른 동기 획득 성능을 가짐을 알 수 있다.

(2) 신호 동기 획득 기반의 UWB 복조 성능 평가

각각의 기법에 따른 신호 동기 획득의 신뢰성을 검증할 수 있는 BER 성능평가를 위해, 다음 실험에서는 AWGN 잡음이 있는 다중경로 채널환경을 고려하였다. 모든 실험에 대하여 신호의 동기 획득을 위한 임계값 $\Gamma=\Gamma_2$는 10.0으로 고정되었고, 데이터 변조방식으로는 BPSK를 적용하였다. 게다가, 다중경로 채널환경에 대하여 분해 가능한 모든 경로들에서 가장 강한 몇 개의 성분만을 결합함으로써 신호를 복조할 수 있는 SRake와 상대적으로 복잡도가 적은 PRake 수신기를 모두 고려하였다. 여기서 SRake 및 PRake 수신기의 Finger 개수는 10으로 설정하였고, 채널 추정은 완벽하다고 가정하였다. UWB 시스템의 BER 성능을 평가하기 위해 수신기에서 최종의 데이터 복조는 잡음환경에서 각각의 탐색기법으로부터 찾게된 신호 동기 획득 위치를 반영하여 평가하였다. 신호 동기 획득을 위해 첫 번째 임계값 Γ_1은 5.0, 최종의 임계값 $\Gamma(=\Gamma_2)$는 10.0으로 적용되었으며, 또한 잡음이 존재하는 IEEE 802.15.3a UWB 다중경로 채널 환경에서 각각의 동기 획득 기법에 의해 획득하게 되는 동기 위치 시점에서부터 SRake 및 PRake 수신기를 이용하여 다중경로 성분들을 결합한 후 데이터를 복조하게 된다.

그림 7.22에서는 UWB 시스템 수신단에서 동기 획득 기법이 연동된 경우 SRake를 사용했을 때의 BER 성능을 E_b/N_0에 따라 도시하고 있다. 그림에서 실선은 이상적으로 완벽한 타이밍을 가정하였을 때의 BER 성능을 나타낸다. 그림에서 알 수있듯이, E_b/N_0가 클 때의 BER 성능은 TSS-LS가 TSS-BS와 일반적인 Single-Dwell Bit Reversal 탐색 기법보다 대략적으

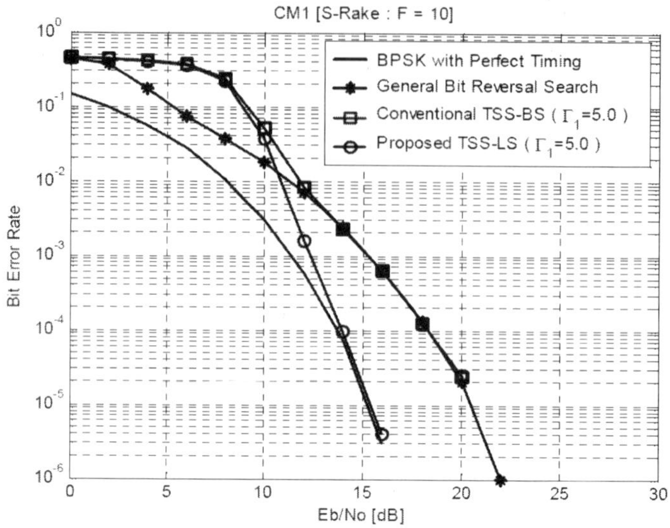
CM1 [S-Rake : F = 10]
BPSK with Perfect Timing
General Bit Reversal Search
Conventional TSS-BS (Γ1=5.0)
Proposed TSS-LS (Γ1=5.0)
Bit Error Rate
Eb/No [dB]

(a) CM1

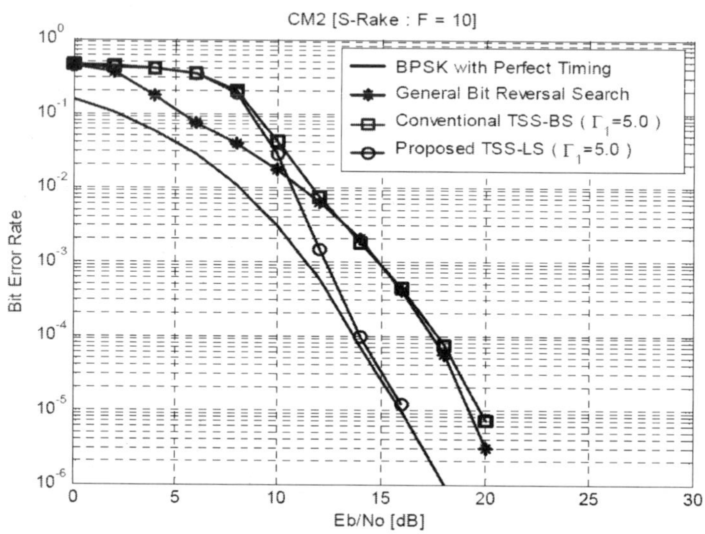
CM2 [S-Rake : F = 10]
BPSK with Perfect Timing
General Bit Reversal Search
Conventional TSS-BS (Γ1=5.0)
Proposed TSS-LS (Γ1=5.0)
Bit Error Rate
Eb/No [dB]

(b) CM2

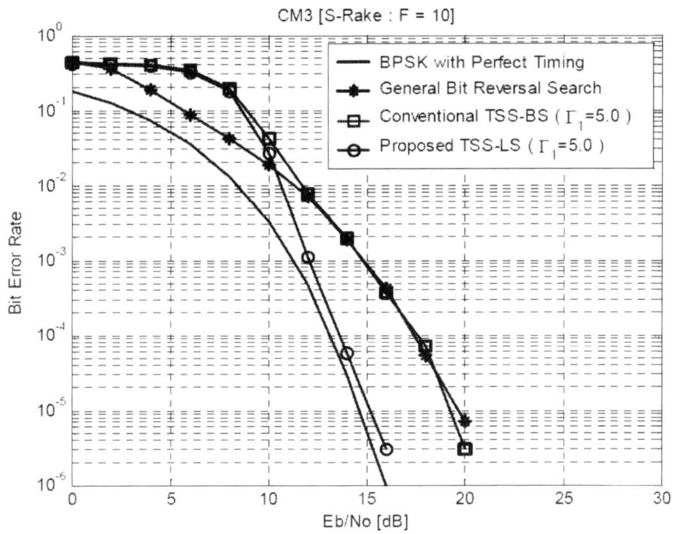

(c) CM3

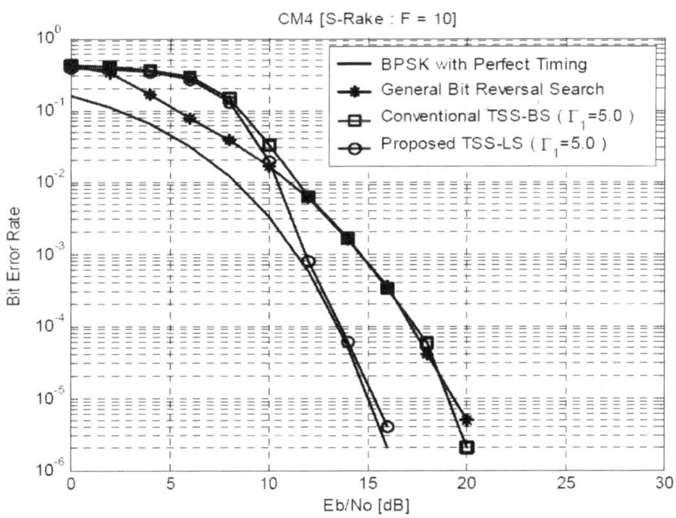

(d) CM4

그림 7.22 SRake 수신기에서 일반적인 Single-Dwell Bit Reversal 탐색 기법과 TSS-BS 및 TSS-LS에 따른 BER 성능

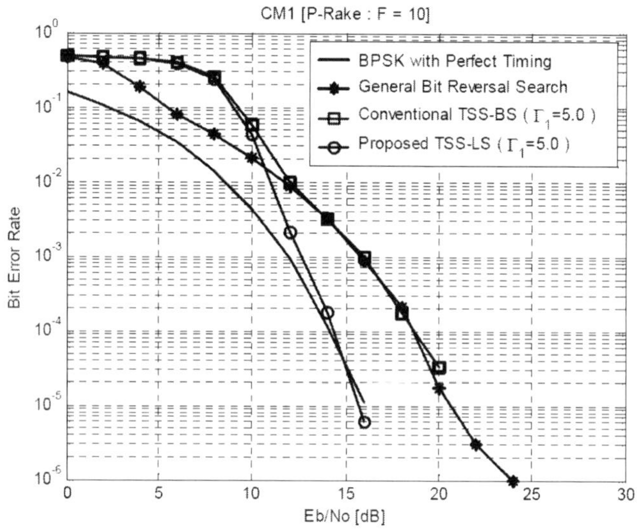
CM1 [P-Rake : F = 10]
BPSK with Perfect Timing
General Bit Reversal Search
Conventional TSS-BS (Γ1=5.0)
Proposed TSS-LS (Γ1=5.0)
Bit Error Rate
Eb/No [dB]

(a) CM1

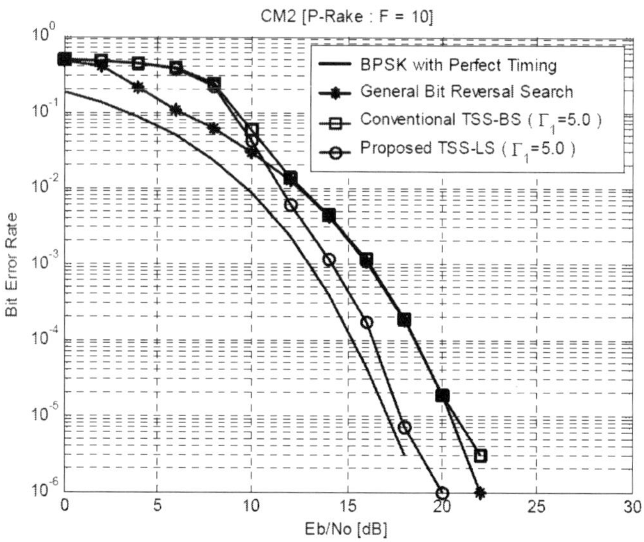
CM2 [P-Rake : F = 10]
BPSK with Perfect Timing
General Bit Reversal Search
Conventional TSS-BS (Γ1=5.0)
Proposed TSS-LS (Γ1=5.0)
Bit Error Rate
Eb/No [dB]

(b) CM2

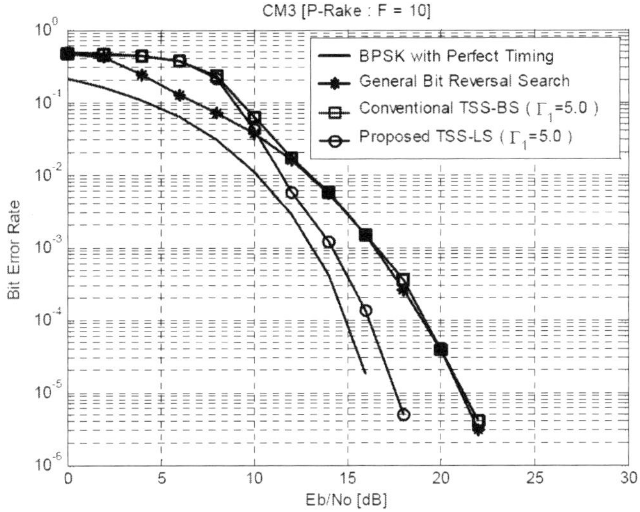

(c) CM3

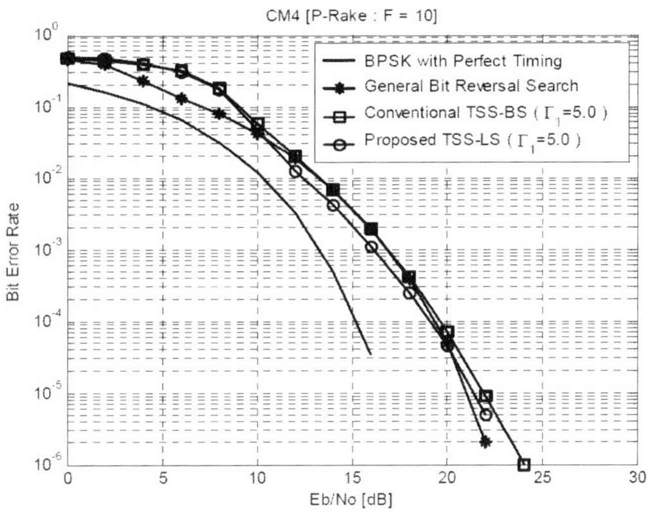

(d) CM4

그림 7.23 PR만 수신기에서 일반적인 Single-Dwell Bit Reversal 탐색 기법과 TSS-BS 및 TSS-LS에 따른 BER 성능

로 4~5 dB 정도 우수함을 확인할 수 있고, 이상적으로 완벽한 타이밍을 가정한 경우와 거의 비슷한 성능의 결과를 나타냄을 알 수 있다. 결과적으로 TSS-LS는 TSS-BS와 거의 동일한 매우 우수한 동기 획득 성능을 보임과 동시에, 이상적으로 완벽한 타이밍을 가정한 경우와 거의 동일한 우수한 성능을 보임을 알 수 있다.

한편 그림7.23에서는 UWB 시스템 수신단에서 동기 획득 기법이 연동된 경우 PRake (Partial Rake)를 사용했을 때의 BER 성능을 E_b/N_0에 따라 도시하고 있다. 그림에서 알 수 있듯이, CM1~CM3에서는 SRake와 마찬가지로 TSS-LS가 일반적인 탐색기법과 TSS-BS보다 성능이 우수한 것을 확인할 수 있다. 그러나 CM4의 경우에서는 TSS-LS가 일반적인 탐색기법 및 TSS-BS와 거의 동일한 성능을 보임을 알 수있다. 이는 CM4의 채널의 상태가 극단적인 NLoS 상황이며 다중 경로의 성분이 넓은 시간에 걸쳐 확산된 형태로 들어오기 때문에, PRake 수신기를 사용하게 된다면 고속 고신뢰의 동기 획득 기법인 TSS-LS에 의해 맨 처음 들어오는 다중 경로 성분을 찾는다고 할지라도 탐색기법의 우수성을 보장할 수 없게 되기 때문이다. PRake 수신기를 사용할 경우 이를 해결하기 위해서는, 채널의 상황에 적합한 최적의 Rake Finger를 찾아 적용한다면 가능하지만 상관기 기반의 Rake 수신기에서 Finger를 늘리게 된다면 수신단의 복잡도가 급격히 증가하기 때문에 근본적인 해결책이 될 수 없다.

(3) UWB 신호 동기획득 기법에 대한 False Alarm 확률

앞서의 모의실험 결과인 그림 7.22와 7.23에서 알 수 있듯이, 이상적으로 완벽한 타이밍을 가정한 경우에서의 BER 성능에 비해 실제 UWB 신호 동기 획득 결과가 반영된 변복조 성능은 E_b/N_0가 0~10 dB인 경우 상당히 열화되었다가 대략 10~14 dB 인 경우 급격히 향상됨을 확인할 수 있다. 이에 대한 정량적 분석은 Rake 수신기의 형태에 관계없이 False Alarm 확률을 측정함에 따라 설명할 수 있다. 이 False Alarm 확률은 실험적으로 잡음이 인가된 상태에서 동기 획득을 수행했을 때 실제 신호가 존재하지 않는 부분의 위치를 실제 신호가 있는 것으로 잘못 추정하게 될 경우의 확률을 나타낸다. 그림 7.24는 앞서 그림 7.22와 7.23의 동기 획득 및 변복조 연동 실험에서 적용한 실험적 환경에서 False Alarm 확률을 측정한 결과를 나타낸다.

먼저 그림 7.24는 IEEE 802.15.3a CM1~CM4 UWB 무선 다중경로 채널모델에서 각각의 탐색 기법에 대한 False Alarm 확률을 나타내고 있다. 이 결과에서 알 수 있듯이, 잡음이 인가된 각각의 채널 환경에서 동기 획득을 수행할 경우 대략 10~14 dB인 E_b/N_0에서 상대적으로 큰 잡음에 의해 신호가 존재하지 않는 부분을 동기 획득하게 됨에 따라 False Alarm이 발생하는 것을 알 수 있다. 이 False Alarm에 의해 그림 7.22와 7.23의 결과에서와 같이 BER 성능은 E_b/N_0가 대략 10~14 dB 이하인 구간에서 이상적으로 완벽한 타이밍을 가정한 경우에 비해 상대적으로 열화되게 되는 결과를 초래하게 된다.

또한 두 단계 탐색 기법인 TSS-BS와 TSS-LS 기법이 일반적인 Bit Reversal 탐색기법에 비해 False Alarm 확률이높은 이유는, 두 단계 탐색 기법에서 신호가 없는 불필요한 구간을 효과적으로 우회하기 위한 첫 번째 단계의 임계값이 상대적으로 낮아서 낮은 E_b/N_0에서는 실제 신호가 존재하는 부분의 위치를 추정할 수 없기 때문이다. 그러나 그림 7.22와 7.23의 결과를 통해 알 수 있듯이, 대략 14 dB 이상의 E_b/N_0에서 False Alarm이거의 발생하지 않게 됨에 따라 정확한 신호 위치 정보를 수신기의 복조단에 제공하게 되어 그림 7.24에서와 같이 정상적인 BER 성능을 나타냄을 볼 수 있다.

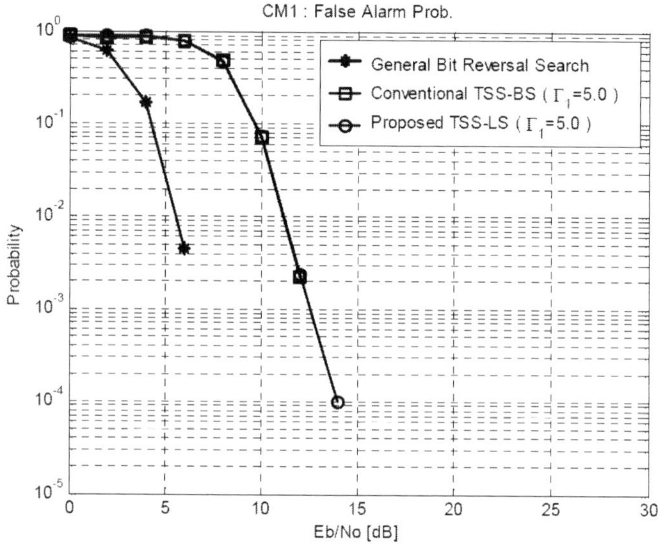
CM1 : False Alarm Prob.
General Bit Reversal Search
Conventional TSS-BS (Γ1=5.0)
Proposed TSS-LS (Γ1=5.0)
Probability
Eb/No [dB]
10^0
10^-1
10^-2
10^-3
10^-4
10^-5
0
5
10
15
20
25
30

(a) CM1

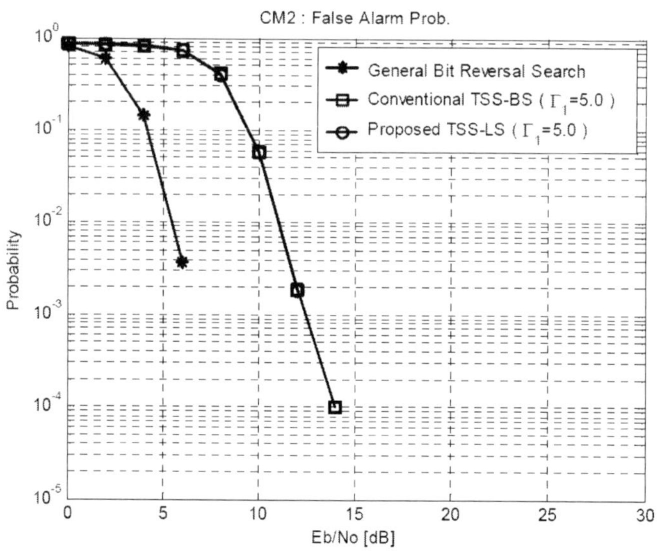
CM2 : False Alarm Prob.
General Bit Reversal Search
Conventional TSS-BS (Γ1=5.0)
Proposed TSS-LS (Γ1=5.0)
Probability
Eb/No [dB]
10^0
10^-1
10^-2
10^-3
10^-4
10^-5
0
5
10
15
20
25
30

(b) CM2

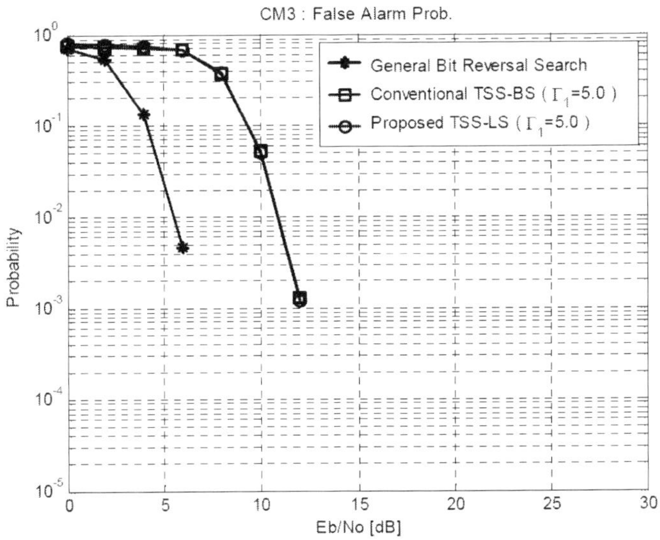

(c) CM3

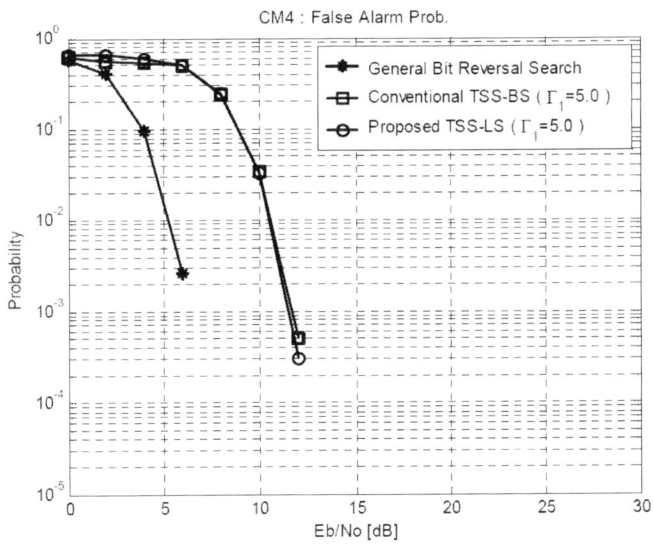

(d) CM4

그림 7.24 동기획득 및 복조 연동 실험에 대한 False Alarm 확률

8 장
초광대역 무선통신 수신기 구현

8.1 UWB CMOS 공정 기술

근거리통신 또는 휴대용 단말기 응용을 위한 무선 통신에서 저가격, 고집적 그리고 고성능의 요구는 증가하고 있다. GaAs, SiGe 그리고 BiCMOS 공정 기술은 높은 전자 이동도와 포화 속도 (saturation mobility), 높은 저항의 기판 (substrate), 높은 동작 주파수와 저노이즈 성능이 우수하여 무선시스템에서 이용되어 왔다. 반면, 실리콘 공정 기술은 NF (noise factor)와 속도의 제한, 그리고 트랜지스터의 비선형성으로 인한 대역내의 신호에 대한 감도 저하 등 한계를 가지고 있으나 디지털 회로와 통합 등 완전한 무선 단일 트랜시버 (tranceiver)를 구성할 수 있으므로 저가격 이동용 무선 제품의 응용을 위한 강력한 공정으로 고려되고 있다. 이러한 기술적인 제한은 CMOS 트랜지스터의 크기가 줄어들면서 극복될 것으로 예상되며, UWB 시스템에 이용될 가능서은 커지고 있다.

MOSFET 구조에서 동작 주파수 f_T는 식(1)과 같이 나타내지며, 채널 길이의 제곱에 역비례 한다.

$$f_T = \frac{\mu(V_{gs} - V_{th})}{4\pi L^2}$$

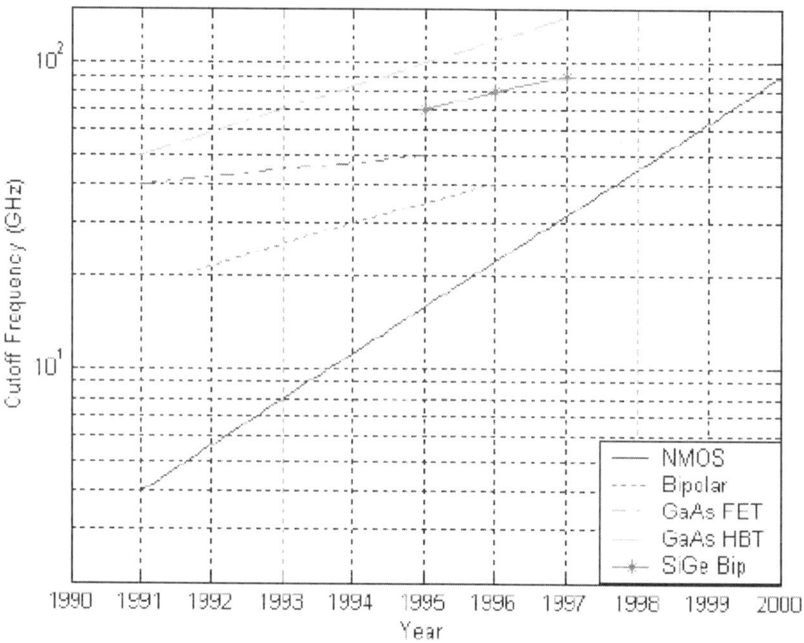

그림 8.1 반도체 공정의 f_T비교

V_{gs} : 게이트와 소스 사이 전압

V_{th}: Threshold 전압

μ : 전자 이동도

L : 채널 길이

8.2 CMOS 공정 노이즈

UWB 통신은 주파수 범위가 넓고 낮은 신호레벨을 사용하므로 동작영역(dynamic range)과 선택도는 반도체 노이즈와 트랜지스터의 선형성에 많이 의존한다. 특히, 위상 노이즈는 선택도에 많은 영향을 미치며, UWB 신호가 광범위한 주파수영역으로 확산되므로 서멀 노이즈(themal noise)는 도미넌트한 노이즈 항목이다.

8.2.1 서멀 노이즈(Themal Noise)

서멀 노이즈는 도체에서 여기된 전하 캐리어가 전류를 랜덤하게 변화하여 전류가 변화하는 것으로 그 크기는 온도, 저항, 그리고 주파수 대역에 비례한다. 전류가 흐를 때 노이즈 전력은 아래 식과 같이 나타내진다.

$$i_{nd}^2 = 4kT\gamma g_{d0}$$

k : 볼쯔만 상수 $(1.38 \times 10^{-23} J/T)$

γ : large factor

T : 절대온도

g_{d0} : 드레인 소스 컨덕턴스, $V_{DS} = 0$

MOSFET은 드레인에서 소스 사이에 전류가 흐를 때 저항을 줄이고 게이트와 채널사이의 커패시턴스에 의한 전류 흔들림을 줄임으로서 노이즈가 감소하게 되므로 게이트 면적을 줄이면 감소한다.

8.2.2 플릭커 노이즈(Flicker Noise)

$1/f$ 노이즈 감소는 RF(radio frequency)신호의 안정도를 높인다. 특히 직접확산의 경우, 매우 낮은 $1/f$노이즈를 요구한다. 아래 식에 나타내듯이 FET 구조에서 게이트 면적을 줄임으로써 감소시킬 수 있다.

$$i_n^2 = \frac{K}{f}\frac{g_m^2}{WLC_{OX}^2} \times \Delta f = \frac{K}{f}\omega_T^2 A \Delta f$$

K : 디바이스 상수

g_m: 트랜스 컨덕턴스

C_{OX} : 게이트 커패시턴스

A : 게이트 면적

ω_T : 단위 동작 주파수

8.2.3 샷 노이즈 (Shot Noise)

전하 장벽과 누설(leakage)에 의해 발생하는 노이즈로 FET구조에서는 게이트 면적을 줄임으로써 줄어든다. MOSFET은 아래 식으로 표현된다.

$$i_n^2 = 2qI_{DC}\Delta f$$

q : 전하량, $1.6 \times 10^{-19}C$

I_{DC} : DC 전류

I_b : 베이스 저항에 흐르는 베이스 전류

8.3 UWB 수신부 회로

수신단에 전송된 신호는 대역필터와 LNA를 통과한 후 디렉터 회로에 입력된다. 디렉터에서 신호의 SNR이 계산되어 출력되며 이 전력을 이용하여

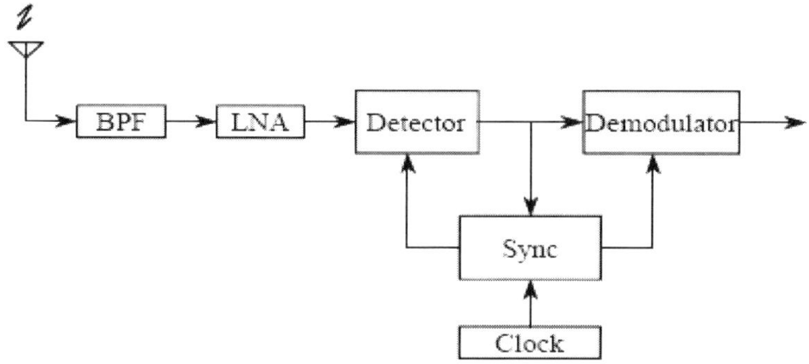

그림 8.2 UWB 수신기 회로

코드동기를 확보하고 복조한다. 그림 8.2는 UWB 수신기의 구조를 보여주고 있다.

8.3.1 RF(Radio Frequency) 회로

시간 도약으로 변조된 펄스 파형은 넓은 주파수 대역을 점유하므로 임펄스 신호를 보존하기 위하여 증폭기는 DC에서 수 GHz 범위까지 동작하여야 하며, 선형성 그리고 출력 구동능력을 필요로 한다. 광대역 주파수 특성을 위해 트랜지스터의 입력단에 공진회로를 추가하여 동작주파수 범위를 확장, 초광대역 신호의 성분을 보호한다. 비선형으로 인한 THD(total harmonic distortio)는 인터모듈레이션(intermdulatio)을 발생하여 새로운 노이즈원으로 작용하며, 수신단의 복구능력을 열화시키고, 다중 이용자 환경에서 인접한 채널에 간섭을 일으키게 되므로 노이즈 레벨 아래에 공존할 수 있도록 해야한다. 이득과 주파수의 비선형은 파형의 왜곡을 유도하여 복원시 상관기 S/N비를 낮게하고 전송 속도를 감소시킨다. 수신된 신호를 증폭하여 상관기에 입력하는 LNA는 속도, 노이즈 특성 및 광대역에서 선형성이 높은 SN비를 위한 중요한 항목이며, 파형 왜곡이 발생하지 않아야 한다.

(1) LNA

LNA 종류는 공통 게이트, 공통 소스, 공통 드레인, 그리고 공통 소스 역되먹임 회로 구조가 있다. 설계시 노이즈 레벨보다 높은 신호를 증폭하기 위한 이득 A_V, 입력 임피던스 Z_E, 입력 신호의 반사를 방지하기 위한 임피던스 매칭, 주파수 안정도, 동작 주파수 그리고 전압 등에 대한 소자의 동작 특성을 고려한다. NF는 LNA의 감도와 출력신호의 SNR를 보여주는 중요한 파라미터이다. 스미스 차트(smith chart)는 능동소자의 최소 노이즈와 최대 이득을 찾는데 편리하게 이용할 수 있으며, 무왜 조건을 충족하기 위해 입력단의 임피던스와 소스 사이에 수동소자인 인덕터 회로를 구성하여 매치되게 한다. 또한 NF를 최소화하기 위한 노이즈 매치회로는 무손실 수동소자를 이용하여야 가능하다. 그러나 임피던스가 주파수에 대하여 비선형이므로 광대역 회로에서 최대전력 전송을 위하여 능동 소자의 입력단에서 노이즈와 전력 신호의 임피던스 매칭을 위한 최적의 임피던스를 찾는 것은 쉽지 않다.

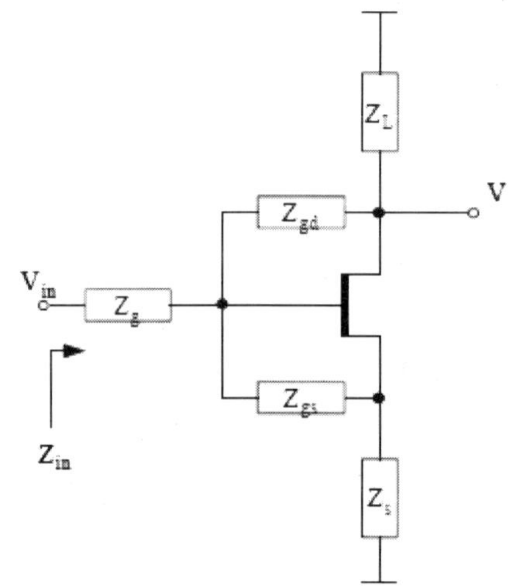

그림 8.3 공통 소스 광대역 LNA

그림 8.3 은 1VCCS(voltage controlled current source) 공통 소스 광대역 LNA 회로이다. CMOS 트랜지스터 입력 증폭기를 이용할 경우 동작 주파수 대역은 아래 식으로 나타내진다. 따라서 트랜지스터에서 g_m값을 크게 하거나 채널 길이를 작게 하면 대역은 넓어진다.

$$\omega_T = \frac{g_m}{C_{gs}} - \frac{3}{4}\frac{v_{sat}}{L}$$

v_{sat} : saturation velocity

L : 트랜지스터 채널 길이

g_m : 능동소자의 트랜스콘덕턴스

C_{gs} : 게이트와 소스 사이의 커패시턴스

소스의 수동소자의 임피던스는 아래 식에서 나타내듯이 동작주파수 ω_T에 의존한다. 아주 짧은 채널(Short channel)의 CMOS에서는 v_{sat}가 일정하므로 소스 임피던스 L_s를 고정할 수 있다.

$$L_s = \frac{R_E C_{gs}}{g_m} = \frac{R_E}{\omega_T}$$

L_s : 소스 인덕턴스

R_E : 50Ω

그림 8.3 회로에서 임력 임피던스를 구하면 아래 식과 같다.

$$Z_E - Z_g + Z_{gs} + Z_s(1 + g_m Z_{gs})$$

입력 임피던스와 완전하게 매칭되는 수동소자 소스 임피던스 L_s을 구현하여 임피던스 매칭을 한다. 노이즈 NF를 구하면 아래 식과 같다.

$$F = 1 + |1 + Y_s(Z_g + Z_{gs} + Z_s)|^2 \cdot \frac{1}{g_m^2 |Z_{gs}|^2} \frac{i_{nd}^2}{i_s^2}$$

i_{nd}^2 : 드레인 노이즈 전력

i_s^2 : 소스 노이즈 전력

(2) 초광대역 필터

CMOS에서 능동 소자 등 반도체 소자는 온도 변화에 민감하여 GHz 대역 필터를 설계할 때 정확한 대역의 설계에 어려움이 있으며, 페이저 특성의 열화 문제 때문에 높은 주파수에서 좋은 특성을 얻는 것이 쉽지 않다. 이 성질은 설계된 광대역 필터의 특성과 시스템의 동작에 영향을 미치게 되므로 온도변화에 민감하게 변화하는 대역을 정확하게 맞추기 위한 수단으로 기준 신호를 만들어 중심 주파수 위치를 보상하거나 인덕터를 칩 안에 넣게 된다. 그러나 칩 내에서 수동 소자 인덕터는 면적을 크게 차지하고, 자체 저장에 의한 손실과 커패시터 성분과 같은 기생성분의 발생으로 높은 Q를 얻기 어렵다. 낮은 Q는 주파수 선택도 또는 대역의 차단 특성의 열화를 야기하므로 정 되먹임 회로를 이용하여 부저항을 발생하거나 트랜지스터의 고주파 속성을 이용하여 낮은 Q의 인덕터 특성을 보상한다.

(3) 클럭신호 발생기

시간 도약 변조 방식 또는 다중 엑세스 전송 UWB 시스템에서 기준 클럭의 시간 지터 전력 변화는 성능을 지수 함수적으로 감소하게 하므로 낮은 지터의 안정된 클럭 신호가 요구된다. 시간 지터가 작은 안정된 신호를

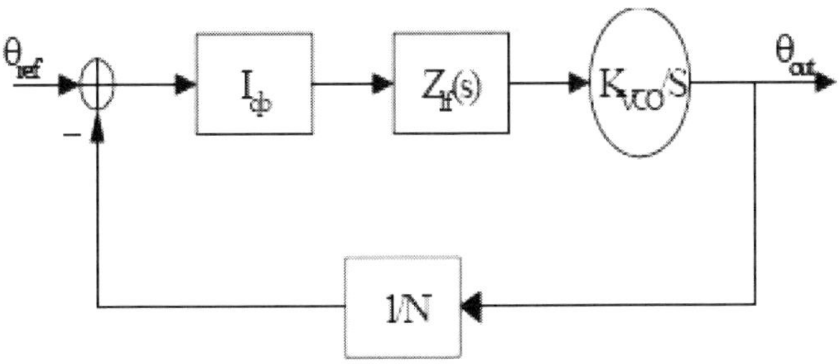

그림 8.4 PLL의 구조

발생하는 주파수 합성기는 테이블 락-업(Table Lock Up)합성기, 다이렉트(direct) 주파수 합성기 그리고 PLL(Phase Locked Loops)방식 등이 있다. 그러나 출력 주파수 특성이나 동작 속도의 속성 차이는 실현, 응용분야에 따라 방식 선택을 달리한다. 이동용 무선에서는 저전력과 IC의 직접이 유리하기 때문에 PLL방식이 가장 많이 쓰인다. PLL은 페이저 감지기(phase detector), VCO(voltage controlled oscillator), 주파수 분배기, 그리고 루프 필터로 구성된다. VCO는 고품질의 주파수를, 분배기는 고속으로, 페이저 디텍터는 정확해야 하며, 루프필터는 속도, 주파수 안정도, 그리고 출력 신호의 노이즈에 영향을 주며, 대역을 조정하여 합성된 주파수의 일정한 범위의 주파수 노이즈를 조정 할 수 있다.

그림 8.4에 나타낸 PLL의 전달 특성은 아래 식과 같다.

$$\frac{\Theta_{out}}{\Theta_{ref}} = \frac{N}{1+N} I_{ab} Z_{lf}(s) \frac{K_{VCO}}{S}$$

PLL 출력신호의 한주기 동안 시간 변화인 페이저 노이즈는 시간 에러로서 분산은 아래 식과 같다.

$$\sigma_{\Delta t} = \sqrt{\Delta \tau^2}$$

$\Delta\tau$: 시간 에러

페이저 노이즈와 지터의 관계는 아래 식으로 표현된다.

$$L[\Delta\omega] = \frac{2w\omega_0}{\Delta\omega^2}(\frac{\sigma_{\Delta\tau}}{T_0})^2$$

T_0 : 출력주파수 주기

$\Delta\omega$: 페이저 차이

ω_0 : 중심 주파수

8.3.2 수신기 설계

(1) 채널 특성

채널은 시간과 위치에 따라 물리적인 특성이 변화하므로 그에 대한 통계적인 방법으로 수신기의 특성을 해선한다. 채널에 대한 UWB 신호의 전력 통계 특성이 협대역 시스템과 달라 레이리히(Rayleigh) 분포 채널 모델링에 의한 시스템의 성능 해석은 정확하지 않다. UWB 단일 주기 펄스 파형의 경우 각각의 구분 가능한 다중경로 성분은 작은 수의 레이(ray)를 가지므로 신호의 크기에 의한 제한이 작으나 페이저 성분은 랜덤하게 된다. 특히, 실내 환경에서는 다중경로 반사가 많기 때문에 무선 시스템이 성능과 설계는 채널이 임펄스 응답과 지연 스프레드에 많이 의존한다. 무선 채널에서 전파하는 UWB 신호는 높은 해상도의 다중경로를 제공하며, 다중경로 성분은 독립적이고 각각의 신호를 구분할 수 있으므로 이 성분을 이용하여 성능을 개선할 수 있다. 이 구분 가능한 다중경로를 합하여 SNR을 높일 수 있으므로 전송 전력의 증가 없이 BER를 낮출 수 있다. 펄스가 채널을 통과하여 그 펄스보다 큰 지연 스프레드를 갖는 채널 환경에서 다중경로 성분은 구분 가능하며, 그 수 N_r는 아래 식과 같다.

$$L \leq \frac{T_m}{T_c} + 1$$

L : 다중경로 컴포넌트

T_m : 채널의 다중경로 지연 스프레드

T_c : 펄스 시간, $T_c = \dfrac{1}{W_{ss}}$

W_{ss} : 펄스 속도

(2) 동기회로

수신단에서 발생한 PN코드와 전송된 PN코드 사이에 동기가 이루어져야 복조가 가능하므로 두 코드는 코드의 주기보다 빠른 시간 내에 동기가 이루어져야 한다. 상관기를 이용하여 수신단의 코드와 수신된 코드 사이의 위상 차이를 계산하므로서 채널상에서 부가된 페이저 지연을 계산한다. 상관기의 출력 피크값은 기준값과 비교되어 코드의 페이저 지연 계산에 이용된다. 수신단의 PN 코드는 페이저 지연값에 따라 채널상에서 발생한 시간차를 제거하기 위해 재배열된다. 시간 지연이 보상된 PN 코드와 수신된 신호를 승산하여 전송한 신호를 복조한다. 그림 8.5는 정합필터방식, 상관기를 이용한 방법과 이들을 혼합한 방식을 나타내고 있다. UWB 시스템에서 펄스 신호의 폭이 아주 짧기 때문에 실시간 처리를 위해 고속 신호 처리가 요구되며, 그 결과 전력소모를 증가하고, 회로를 크게 하므로 IC 구현을 위해 간단한 구조를 고려해야 한다.

그림 8.5 (c)에 나타낸 혼합방식은 초기상태에서 속도를 개선하고 락(lock)이 된 후 소비전력을 줄일 수 있는 하이브리드 방식이다. 초기 동기와 초기 동기 후의 동작영역을 분리하여 초기 빠른 획득이 필요할 때는 정합필터방식을 사용하고, PN 코드의 동기를 맞춘 후 동기가 확보된 후에는 연속 상관기를 사용하여 동기를 유지하여 전력소모를 줄일 수 있는 장점이 있다.

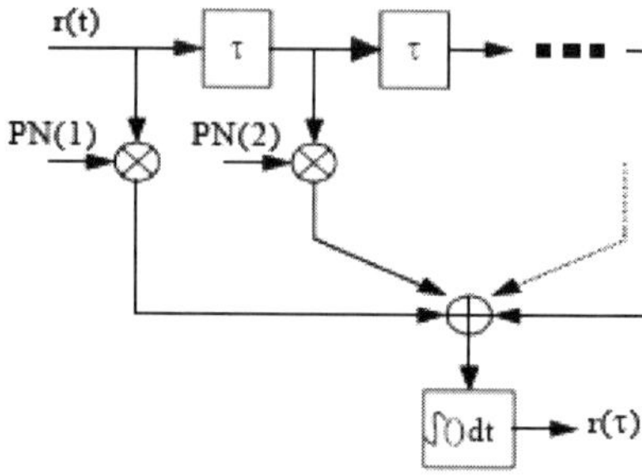

(a)

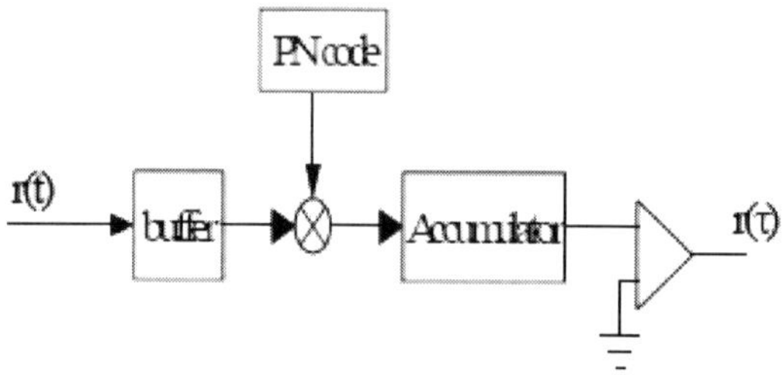

(b)

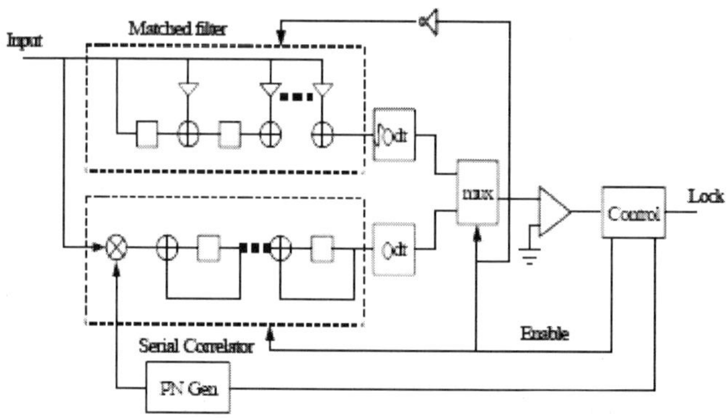

(c)

그림 8.5 PN 코드 동기회로 (a)정합필터를 이용한 방식 (b)상관기를 이용한 방식 (c) 혼합한 방식

정합 필터 출력 신호의 함수는 아래 식으로 나타내지며 이 식에 따라 구현된 회로는 그림 8.5 (a)에 나타내고 있다.

$$r(\tau) = \sum_{t=0}^{N-1} PN(i)x(i-\tau)$$

$PN(i), 0 \le i \le N-1$

$x()$: 입력신호

위 식을 전개하면 아래와 같으며, 회로를 구현했을 때 그림 8.5 (b) 형태로 구현할 수 있다.

$$r(\tau) = \sum_{j=0}^{\frac{N}{k}-1} \sum_{i=0}^{k-1} PN(i+jk)x(i-\tau-jk)$$

(3) 상관기의 최적 기준 파형

코헤런트 시스템의 상관기에서 수신된 신호와 비교할 적절한 기준 파형의 이용은 수신 신호를 효율적으로 추출할 수있다. 초광대역 신호는 채널상에서 각각의 경로에 따라 반사 등 다양한 원인으로 다중경로 신호가 발생하고 그 신호는 주파수 감쇄, 위상 그리고 크기가 랜덤하여 왜곡되는 특성을 갖는다. 상관기에서 채널을 통해 수신된 신호와 비교하기 위한 기준신호가 전송시 보낸 신호와 같다면 두신호의 상관시 신호의 전력이 감쇄되어 성능이 저하될 수 있다.

따라서 적은 수의 상관기를 가지고 높은 에너지를 감지하기 위하여 수신된 신호를 기준으로 하여 유도된 적절한 기준 파형을 이용할 필요가 있다. 각각의 채널 환경에서 그 특성에 따라 측정된 값을 기준으로 하여 만들어진 최적의 기준 신호를 상관기에서 이용한다면 수신전력이 높아져 SNR은 개선될 것이다. 채널환경에서 각각의 지점에서 측정된 채널 모델링에 의한 신호 값을 $r_i = [r_{i1,} r_{i2}, ...r_{\in}]^t$ 라 할 때, 수신 전력 계산을 위해 지연 스프레드를 단일 핑거로 이용할 경우 아래 식을 이용하여 고유벡터 w를 계산하므로서 최적의 기준신호를 얻을 수 있다.

$$F = \sum_{i=1}^{N} |< r_{i,} w >|^2$$

$$r_i = [1,2,.....,10]$$

수개의 핑거를 컴바인하는 SRake 수신기(selective rake receiver)를 이용할 경우, 각각의 다중경로에 대한 최적의 경로 신호를 찾기 위해 아래 식을 이용, 고유 벡터를 계산하여 최적의 기준파형을 구한다.

$$F = \left| r - \sum_{j=1}^{L} c_j w(n - n_{j)} \right|^2$$

r : 수신된 신호 파형

n_j : jth 경로지연

c_j : 크기

8.4 레이크 수신기

UWB 시스템에서 이용 가능한 레이크 수신기는 각각의 구분 가능한 다중 경로 성분의 통계적 특성과 핑거의 추적을 통하여 수신된 신호의전력을 계산한다. 이 수신기의 장점을 최대한 이용하기 위하여 시스템에 적절한 채널 특성을 알아야 하며, 이 추적 과정은 채널의 페이딩과 노이즈에 의해 완전하지 않을 수 있으므로 많은 알고리듬 해석을 필요로 한다. 구분 가능한 다중경로 성분을 콤바인 하여 전력을 구하면 SNR이 증가하므로 레이크 수신기는 채널에서 제공되는 다중경로 성분으로부터 에너지를 감지하거나 추출할 수 있는 다수의 상관기로 구성된다. 감지 할 수 있는 다중경로 성분은 노이즈 레벨보다 높은 전력을 가져야 한다. 각각의 상관기 출력은 웨이트되거나 선택되어 SNR를 구하게 되며, 다중경로의 성분의 혼합에 따라 회로의 크기, 전력 소모가 다르며 수신기의 종류가 구별된다.

그림 8.6은 일반적인 레이크 수신기를 보여주고 있다. 지연 블록을 증가하여 성능을 개선 할 수 있으며 다이버시티 신호의 전력을 합하여 전력을 구하여 수신된 신호를 복구한다.

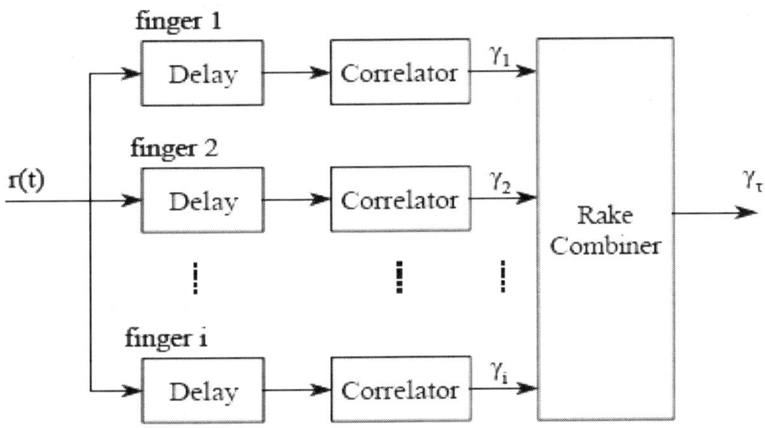

그림 8.6 Rake 수신기

8.4.1 All rake 수신기

무제한 자원을 이용하는 것으로 구분 가능한 모든 다중경로 성분을 컴바인한 수신기이다. 즉, SNR을 구하기 위하여 구분 가능한 다중경로 수 L_r 전체를 이용한다. 각 핑거의 순간 SNR은 아래 식으로 표현된다.

$$\gamma_i \equiv \frac{|y_M(t_i)|^2}{E|n_M(t_i)|^2}$$

$y_M(t_i)$: 정합필터 또는 상관기 출력 신호
$n_M(t_i)$: 노이즈 신호

ARake 수신기의 출력은 아래 식으로 나타내진다.

$$\gamma_{ARake} = \sum_{i=1}^{L}\gamma_i = \sum_{i=1}^{L}\gamma_{(i)}$$

$$L = N_r$$

구분 가능한 모든 다중경로 성분을 이용하는 ARake 수신기는 전력, 채널 예측의 어려움, 그리고 많은 계산을 필요로 하므로 설계가 복잡하고, 시스템 구현시 RF가격, 게이트 수 그리고 고성능 DSP 등 자원의 이용에 많은 제한을 가지고 있다.

8.4.2 Partial 레이크 수신기 및 선택 레이크 수신기

H/W를 실현 할 때 모든 자원을 다 사용할 수 없으므로 강력한 다중경로를 제한적으로 선택하여 복잡도를 줄인다. 최적의 강력한 전력크기의 다중경로 L_p를 얻기 위해 채널 특성에 따라 모든 다중경로성분을 추적할 필요가

있다. SRake 수신기의 출력 SNR은 아래 식과 같다. Partial 레이크 수신기는 선택 레이크 수신기 보다 간단한 방법으로 핑거를 선택하기 위한 메커니즘 없이 구분 가능한 L개의 다중 경로 중 첫 번째 도착 경로만을 선택하는 방법으로 아래에 나타내고 있다.

$$\gamma_s - \sum_{i=1}^{L} \gamma(i) \qquad 1 \le L \le N_r$$

단일 경로 수신기

$$\gamma_{SP} = \max \gamma_i = \gamma_{(1)}$$

9 장

초광대역 무선통신 응용 기술

9.1 UWB 응용

UWB는 고속 전송이 가능하고 넓은 대역폭과 매우 낮은 스펙트럼 전력밀도로 인한 비화성 기능이 뛰어나고 멀티패스에 강한 이유로 많은 분야에서 응용하고 있거나 응용을 검토하고 있다. 주요 응용의 예로는 실내통신, 고속 무선랜, 홈 네트워크, 무선전화, 보안센서, 위치 측정기, 레이더 등이 있다. 이 중 그림 9.1에 나타난 것과 같은 홈네트워크 상에서의 멀티미디어 오디오/비디오 스트리밍(A/V Streaming)이 단연 주목을 받는다. 802.15.3의 MAC 구성이 스트리밍 데이터 서비스의 품질(QoS: Quality of Service)를 보장할 수 있도록 TDMA 형태로 구성된 것도 거기에 기인한다.

현재 무선랜 기술로 급속도로 퍼져 나가고 있는 802.11a/b의 최대 전송속도는 54Mbps 이지만 구현 시 실제로 얻을 수 있는 전송 속도는 최대 20-30Mbps인 것으로 알려져있고, MAC의 구성도 멀티미디어 데이터의 QoS를 지원하기 위한 치중보다는 일반 데이터 서비스를 기반으로 하고 데이터의 균등분배(shareness)에 더 치중하고 있다. 이러한 방법으로는 HD급 MPEG을 하나를 겨우 스트리밍할 수 있는 정도의 속도이다. 하지만 보다 원활한 무선 전송이 요구되고 또, 더 많은 양의 정보를 한꺼번에 전송하기 위해서는 802.11a/b 보다 성능이 뛰어난 무선 기술이 필요하다.

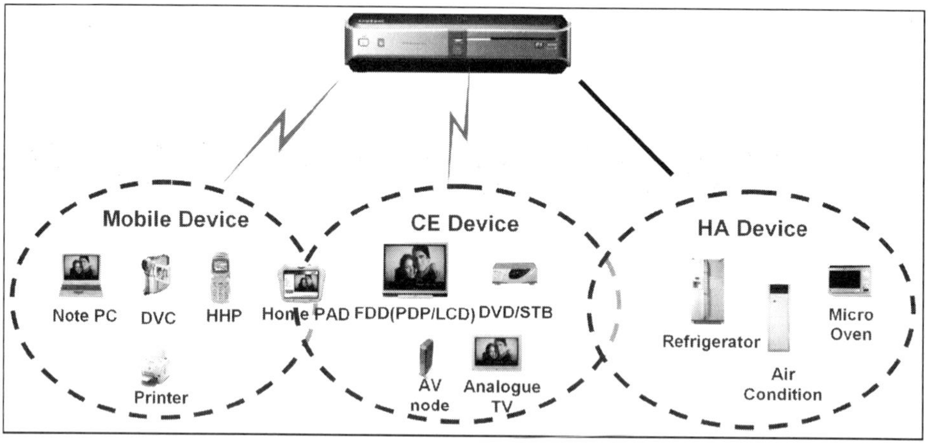

그림 9.1 가상 홈 네트워크의 예. 모바일과 오디오/비디오 관련 기기는 무선으로 연결되고 생황 가전은 전력선 제어를 통하여 네트워크를 형성함.

현재로는 UWB가 그 대안으로 떠오르고 있다. 예를들어, 집안에 편히 앉아서 남편은 HD급 화면의 스포츠 중계를 보면서 디지털캠코더로 찍은 영상을 DVD에 기록하고 동시에 다른 방에 있는 아이들은 소풍 때 디지털 카메라로 찍은 사진을 고성능 칼라 프린터로 인쇄하고 있고 아내는 인터넷을 통하여 고화질 영화를 스트리밍하여 보고 있다고 상상해보자. 그것도 모든 연결은 무선으로 구현되어 원활하게 작동되고 있다면 이는 모든 사람들이 꿈꾸는 이상적인 무선 홈 네트워크일 것이다. 현재 나온 기술 중에서는 UWB가 이런 꿈을 실현시킬 수 있을 것으로 보여진다.

표 9.1에 비교된 여러 가지 무선 통신 방식을 살펴보면 전송속도와 단가면에서 UWB가 다른 기술들을 능가한다는 것을 알 수 있다. 당시 인텔측 주장에 의하면 최고 속도 200Mbps 이상 되는 칩을 2004년 말쯤 생산할 것으로 예상하였다. 이렇게 되면 무선 오디오/비디오 스트리밍을 근간으로 하는 홈 씨어터(Home Theater) 중심의 홈 네트워크가 각광을 받을 것이다. 비디오폰이나 화상회의 또한 주목받을 응용 분야로 발전할 것이다. 그동안은 제한된 카메라와 마이크의 위치로 양질의 서비스를 추구할 수 없었

표 9.1 기존 무선통신 방식 기술 비교

	802.11b	802.11a	Bluetooth	UWB
주파수	2.4 GHz	5 GHz	2.4 GHz	3.1~9.6GHz
최대전송속도	11 Mbps	54 Mbps	1 Mbps	100 Mbps
거리	50-100 m	20-30 m	5-10 m	5-10 m
채널수	3	12	79	논의중
단가	$ 20 이하	$ 30 이하	$ 10	$ 12 예상
변조방식	DSSS	OFDM	GFSK/FHSS	논의중

지만, 디지털 캠코더로 화상과 음성을 잡아서 전송하고 TV나 프로젝터 같은 디스플레이 유닛으로 상대방의 화면을 보며 스피커 시스템으로 오디오를 들을 수 있는 시나리오가 구현될 수 있을 것이다. 무선으로 연결되어 캠코더 위치도 다양하게 잡을 수 있고 마이크 위치도 걱정할 필요가 없어진다. Ad hoc 네트워크의 장점을 살린 고속 데이터 전송도 가능해진다. 디지털 캠코더로 찍은 화상을 바로 또 다른 디지털 캠코더로 복사한다던가 디지털 카메라로 찍은 사진을 즉석에서 가까운 프린터로 보내 출력 할 수도 있다. 또한 노트북이나 PDA로 공항이나 기차역에서 영화나 다큐멘터리 같은 동영상을 짧은 시간에 내려받기 하고 이동간에 혹은 네트워크가 연결 안 되는 장소에서 즐길 수 있다.

한편 모바일 핸드셋에도 응용할 수 있는데, 이 경우 핫스팟 같은 곳의 인터넷 접속 장치나 홈 네트워크에서 유저 인터페이스가 가미된 원격제어 장치로 사용할 수 있다. 위에서 살펴본 바와 같이 UWB의 여러 장점을 이용하여 기존의 군사용/산업용 응용분야뿐만 아니라 오디오/비디오 스트리밍과 같이 일반 사용자가 직접 사용할 수 있는 다양한 응용분야가 제시되고 개발될 것으로 보여진다.

표 9.2 여러 가지 UWB 응용 모델과 전송 속도 비교

응용 모델	전송 속도	관련 기기
오디오/ 비디오 스트리밍	MPEG2-HD: 20 Mbps MPEG2-SD: 4-6 Mbps	PVR, DVD, 캠코더 ↔ 텔레비젼, 프로젝터, 스피커
인터넷 오디오/ 비디오	MP3: 64-256 kbps	인터넷, MP3 플레이어 ↔ 헤드폰, 스피커
비디오폰	H.263: 100 kbps	마이크, 캠코더 ↔ 디스플레이 장치, 스피커, 헤드폰
화상회의	H.263: 100 kbps MPEG4: 800 kbps MPEG2-SD: 4-6 Mbps	마이크, 캠코더 ↔ 디스플레이 장치, 스피커, 헤드폰

각 응용모델에서 요구되는 전송속도와 정보를 주고 받는 관련 기기들을 표 9.2에서 비교 정리하였다. UWB에서의 또 하나의 움직임으로 오디오/비디오 가전업계에서는 현재 고속 유선 기술로 널리 쓰이고 있는 IEEE1394나 컴퓨터 환경에서 일반화된 USB 2.0을 무선으로 실현하는 기술의 물리층으로 UWB를 주목하고 있다. 이와 같은 분위기를 일찌감치 인식하고 삼성, 모토롤라, HP, 익스트림스펙트럼, Sharp, 필립스 등 10개 회사가 이사회를 구성하는 와이미디어 얼라이언스 (WiMedia Alliance) 그룹을 2002년 가을에 발족하여 UWB 물리층을 기반으로한 각종 응용 시나리오를 정리하고 그에 필요한 각종 기기들이 원활하게 호환 가능하도록 규격을 만들어 가는 활동을 하고 있다. 이 규격에 준하여 만들어진 기기들에는 와이미디어 로고를 부착하게 할 계획이며 로고가 붙어있는 기기들끼리는 호환성을 보장할 예정이다. 첫 상업제품은 2005년 초반에 선보였다.

9.2 CR-UWB 무선전송 기술의 배경 및 기술 개요

9.2.1 개관

최근 무선통신기술과 관련 시스템 및 서비스의 발달은 사람들로 하여금 언제나 어디서나 누구와도 간편하게 정보를 교환할 수 있게 해주고 있다. 이러한 무선통신 영역은 아직까지도 다종 다양한 영역에서 기술개발 및 서비스 제공이 경쟁적으로 이뤄지고 있는 상태이다. 특히 최근에는 장소의 한계성을 뛰어넘는 유비쿼터스 통신을 지향하고, 광대역 환경하에서 방송 및 통신서비스들이 융합되는 광대역 통합망에 연계되는 차세대형 이동통신기술의 개발을 목표로 다종 다양한 기술들이 경쟁적으로 개발되고 있으며 이에 대한 표준화 논의도 활발하게 이뤄지고 있는 상황이다.

한편 이러한 다중 다양한 통신 시스템들의 개발을 위해서는 일반적으로는 신류 주파수 자원의 확보가 절실하게 필요한 상황인데, 주파수 자원이 상당히 부족한 현실 속에서 신규 주파수 자원의 확보가 필요 없이 초광대역 무선통신 서비스를 제공해 줄 수 있는 기술로서 UWB 기술이 최근에 대두되게 되었다. UWB 무선통신 기술은 최근에 고속형 UWB와 위치인식기반의 저속형 UWB로 구분되어 표준화 및 상용화에 대한 논의가 활발하게 이뤄지고 있다. 고속형 UWB의 경우에는 IEEE802.15.3a에서 표준화에 대한 논의가 최근 수년간 이뤄져 왔는데, 주로 인텔 주도형의 MB-OFDM (Multi-Band Orthogonal Frequency Division Multiplexing) 기술과 모토로라 주도형의 DS-CDM (Direct Sequence Code Division Multiplexing) 기술로 양분되어 지고 있는 상태이다.

저속형 UWB 기술은 고속형 UWB 에 비해서는 저속형태에서 위치인식 기능을 크게 접목시킨 기술로서 최근 IEEE802.4a에서 표준화가 활발하게 진행 중이다. 이러한 UWB 무선통신 기술이 초기에 제안되었을 때는 송출전력이 미약해서 3 GHz에서 10 GHz 대역내의 다른 통신 시스템에 대한 간섭이 미약하다고 하였으나, 아직까지도 UWB 무선통신 시스템이 통일 대역내의 다른 시스템에 대한 간섭 및 혼신을 야기시킬 수 있다는 논란이 끊이지 않고 있는 상태이다. 최근에 ITU-R 에서는 UWB 특성, UWB 이용제도, UWB 간섭영향 분석 등에 대한 권고안이 제시되었으며, 일본에서는 UWB 무선통신 시스템이 사용되는 주파수대역 내에 공존하는 다른 시스템이 존재할 경우에는, UWB 무선통신 시스템과 다른 시스템간의 간섭을 회피하기 위해서 다른 시스템의 사용하는 시간을 감지해서 회피함으로써 타 시스템과의 충돌을 회피하자는 DDA (Detect And Avoid) 알고리즘을 제안해서 주목을 받았다. 이러한 DDA 알고리즘은 다양한 통신 시스템간의 간섭 회피 및 주파수 이용 효율 증진을 위해 최근에 대두되고 있는 인지 무선 (CR : Cognitive Radio) 개념이 UWB에 접목된 CR-UWB 의 개념과 연계된다고 할 수 있다. 따라서 향후 UWB 무선통신 기술을 지속적으로 활성화 시키고 상용화 시키기 위해서는 국제적인 기술의 표준화 문제를 안정적으로 진행시킴과 동시에, UWB 대역내의 타 시스템들과 충돌없이 조화롭게 운용하기 위한 CR-UWB 기술의 개발이 무엇보다도 절실한 시점에 놓여있다고 할 수 있다.

9.2.2 CR-UWB 무선전송 기술의 배경 이론 및 국내외 개발 동향

(1) CR-UWB 무선 전송의 개념

CR-UWB는 기존의 무선통신 주파수 이용자의 사용 주파수 대역을 검출해서 인지한 후, 해당 주파수 대역을 회피하여 전송하는 기술로서, CR-UWB 의 구조는 일반적인 UWB 시스템에 추가적으로 주파수 검출 (Spectrum Sensing) 기능과 이에 대한 운용 기술이 부가된 형태를 갖는다고 할 수 있다.

그림 9.2는 6 GHz 이하의 주파수 대역에서의 주파수 사용율을 측정한 결과를 도시화한 것으로서, 3.1 GHz 이상의 주파수대역에서도 상당한 유휴 주파수 대역들이 존재하고 있다는 것을 확인할 수 있다.

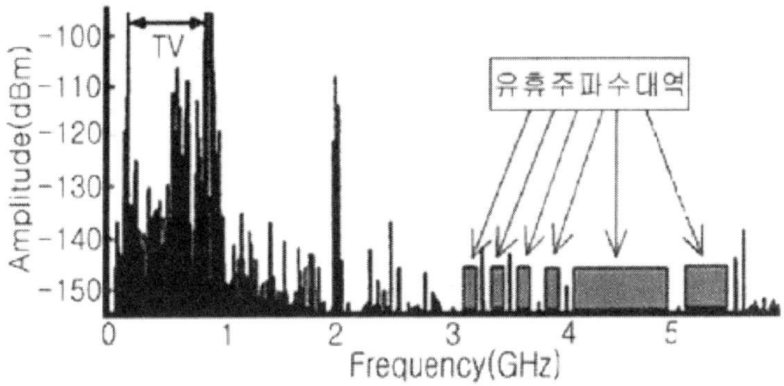

그림 9.2 주파수 사용율을 측정한 결과의 한 예

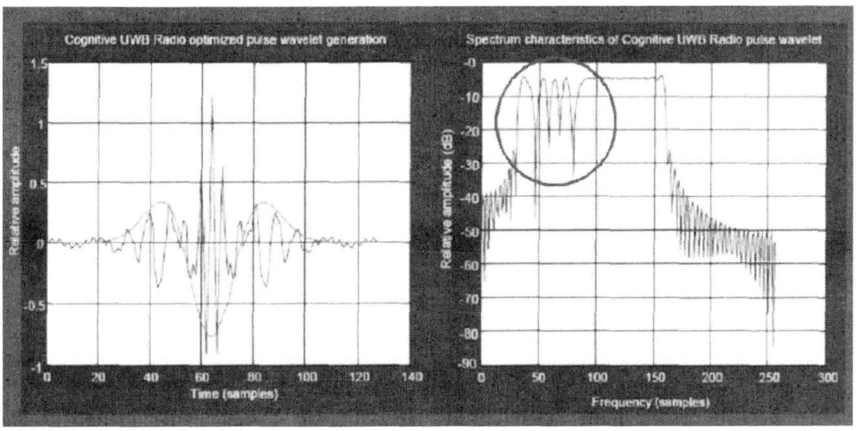

그림 9.3 CR-UWB 신호의 한 예 및 그 진폭 스펙트럼

CR-UWB는 그림 9.2에서 나타낸 바와 같이, UWB 통신 대역에서 스펙트럼 검출 과정을 통해서 유휴 주파수대역이 발생되는지의 여부를 수시로 검출해서, 주파수 충돌을 유연성 있게 회피하면서 전송을 행하는 기술이라고할 수 있다. CR-UWB 통신에서의 유연성 있는 전송을 위해서는 유휴 주파수 대역이 발생할 경우에만 데이터 전송을 행하는 방식을 고려할 수 있다.

또한, UWB 대역 중에서 장시간에 걸쳐서 유휴 스펙트럼이 좀처럼 발생되지 않는 대역에 대해서는 그 대역만을 회피시키기 위한 송신 파형 성형과정을 거쳐서 기존 시스템과의 충돌을 최소화할 수 있는 기법도 검토될 수 있다.

그림 9.3은 송신 파형 성형 과정을 거친 한 예를 시간축 및 주파수축상에서 보여주고 있는 것으로서, 우측 그림상의 전송 신호의 진폭 스펙트럼을 보면 동그라미로 마킹한 부분의 진폭은 상당부분 기존 시스템에서 사용되는 협대역 성분들과의 충돌을 회피하기 위해서 해당 대역들에서 움푹 파여져 있는 부분들이 형성되어 있는 것을 알 수 있다. 그러므로 이러한 송신 파형 성형 방법을 이용할 경우에는 송출신호 성형을 통해서 타 시스템과의 충돌 가능성이 있는 특정 대역에 대한 진폭값을 원천적으로 감소시킬 수 있으므로 타 시스템과의 충돌을 송신기 레벨에서 원천적으로 회피시킬 수 있다는 특징을 갖는다.

(2) CR-UWB 무선전송의 국내외 동향

1) 국내 현황

예전 정보통신부에서는 CR 기술 개발은 IEEE의 TV 주파수 대역 등을 이용한 CR 이용기술의 표준화작업이 빠르면 2007년 경에 완료될 것으로 예상했으며, 한국전자통신연구원 (ETRI)에서는 CR 관련 핵심기술인 주파수 스펙트럼 측정 알고리즘 기술과 같은 핵심 분야에 대한 연구와 IEEE 표준화 활동 등을 수행하고 있다.

또한 정통부는 CR 및 UWB 와 같이 주파수의 경제적 효율성을 촉진하는 스펙트럼 관리 정책 방행을 설정 (공유 시험 주파수, 지역 등)하고 현재 운용중인 전파방송 통합 시스템과 미국, 캐나다, 일본의 스펙트럼 시스템을 상호 비교해 강점, 약점, 기회, 위협 요인을 부여하기로 했으며, 장기적으로 주파수 스펙트럼 관리를 위한 로드 맵을 수립할 방침인 것으로 알려졌다. 또한 한국전파협회는 정보통신부의 지원을 받아 스펙트럼공학포럼을 설립하여 스펙트럼 관련 제반 기술연구와 스펙트럼 관리 분석을 통해 표준화 활동에 기여하고 있다.

2) 국외 현황

국외에서는 이미 스펙트럼의 효율적인 관리를 위해 CR 기술의 도입을 적극 검토중인데, 미국은 대통령의 훈령에 따라 ‘스펙트럼 21 (Spectrum-XX I)'을 추진 중이고 캐나다는 7년 프로젝트로 중합관리 시스템을 개발하고 있다. 또한 FCC는 UWB 같은 새롭고 혁신적인 방법으로 주파수를 다루는 'Spectrum Policy Task Force'라는 그룹을 결성하였으며 CR을 상용화 할 수 있는 방안에 대한 의견을 구하고, 제안된 규칙 제정을 고지했다. 또한 이 그룹은 UWB 사용에 대한 잠정적 규정을 발표하고, 5 GHz와 60 GHz 대역에서 자유롭게 사용할 수 있는 스펙트럼을 발표했다. 2003년 12월 FCC NPRM (Notice of Proposed Rulemaking)에서는 CR을 개발하려는 IEEE802.22라는 표준화 기구를 만들었다. 또한 IEEE에서는 WPAN 환경에서의 공존할 수 있는 기술 개발을 목표로 하는 ‘coexistence Technical Advisory Group'라는 그룹을 결성하였다.

9.2.3 UWB 스펙트럼 마스크의 현황 및 CR-UWB 무선 전송의 필요성

UWB 스펙트럼 마스크란 FCC에서 규정하고 있는 주파수별 UWB 송신 방사 전력을 의미하며, UWB를 이용하기 위해서는 UWB 스펙트럼마스크의 현황을 파악하여 타 시스템과의 충돌이나 간섭을 회피하는 기술을 적용하는 것이 매우 중요하다.

표 9.3 국내 서비스를 고려한 허용 가능한 UWB 송신레벨

주파수 (GHz)	서비스	허용레벨 (dBm/MHz)	비고
0~1.61	셀룰러 GPS	-90	◆ 셀룰러는 분석값 -80 dBm 보다 낮지만 GPS 등을 고려하여 CEPT를 따름
1.61~2.7	PCS WiBro S-DMB	-85	◆ S-DMB는 aggregation 영향을 고려하면 -88 dBm 이지만 single 간섭영향 분석결과는 -81 dBm 이므로 CEPT 안을 따르는 방식 가능 ◆ WiBro (-76.9 dBm)와 PCS (-73 dBm) 서비스는 허용 레벨보다 높지만 UWB 구현의 편의성을 고려하여 CEPT 안을 따라가 충분히 서비스 마진을 갖도록 함
2.7~7.1	이동방송중계기 (3.4~3.6 5.15~5.9)	-70	◆ 이동방송중계기 (-78 dBm) 및 고정방송중계기 (-75 dBm)가 일본의 경우와 유사하므로 일본 및 CEPT의 허용 레벨 적용이 가능함 ◆ 일본의 서비스 및 CEPT 참조 : 일본은 7.25 GHz 까지 포함
7.1~9.5		-41.3	◆ FCC rule (-41.3 dBm) 적용 가능
9.5~9.7	이동방송중계기	-70	◆ 이동방송중계기 (-70 dBm) 특성이 일본의 경우와 유사하므로 일본안 적용 가능
9.7~		-70	◆ 일본안 적용 가능

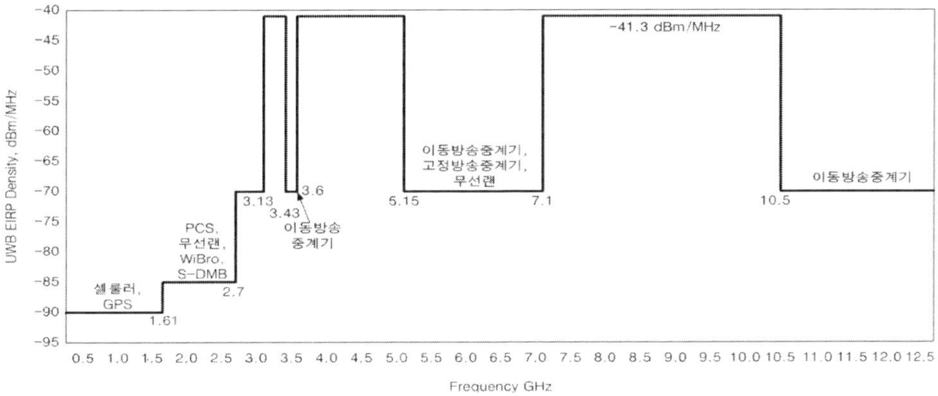

그림 9.4 국내 서비스를 고려한 UWB 출력 스펙트럼 (안)

(1) 국내 UWB 무선전송 스펙트럼 마스크

UWB 한국포럼에서는 UWB 기기에 의한 국내 서비스들의 간섭 영향 분석 및 평가를 수행해 오고 있으며, 2005년도의 연구 결과를 바탕으로 국내 주파수대 서비스에 대해 허용할 수 있는 최대 UWB 송신 전력 레벨을 정리하여 표 9.1과 같은 결과를 얻었다. 표 9.3의 결과를 주파수에 따른 UWB 송신 스펙트럼 마스크로 표현하면 그림 9.4와 같이 나타낼 수 있다.그림 9.4의 UWB 송신 스펙트럼 마스크는 아직 확정되지 않은 단계이므로 UWB 스펙트럼 마스크 안으로 제안되고 있다. 향후 좀 더 자세한 분석 및 평가 과정을 겪은 후 공청회 등의 절차를 통해서 최종 국내 UWB 송신 출력 스펙트럼 마스크가 결정될 예정이다.

(2) 국외 UWB 무선정송 스펙트럼 마스크

1) 미국

FCC rule을 근간으로 하여 각 서비스별로 UWB 송신 마스크를 정의하였으며 특히 실내 환경과 실외 환경을 구분하여 그림 9.5와 9.6와 같은 스펙트럼 마스크를 제안하였다.

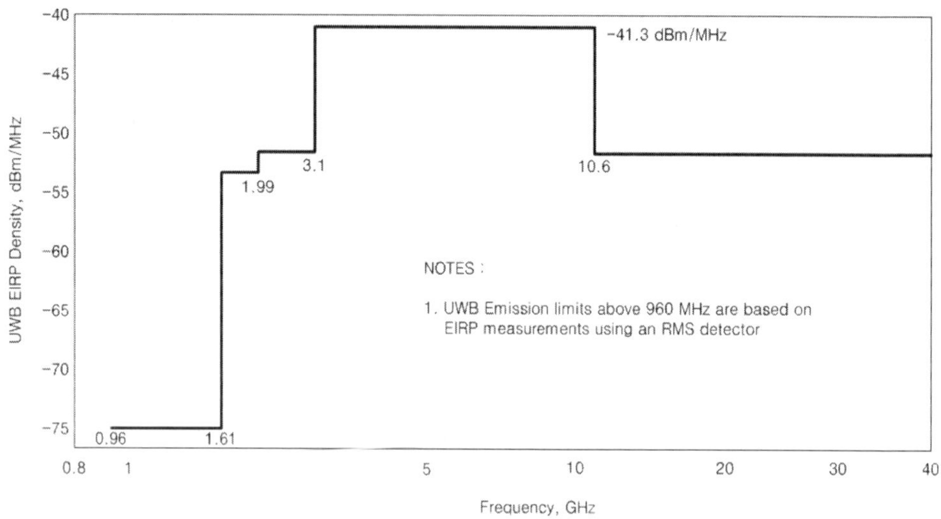

그림 9.5 실내 환경에서의 UWB 송신 마스크

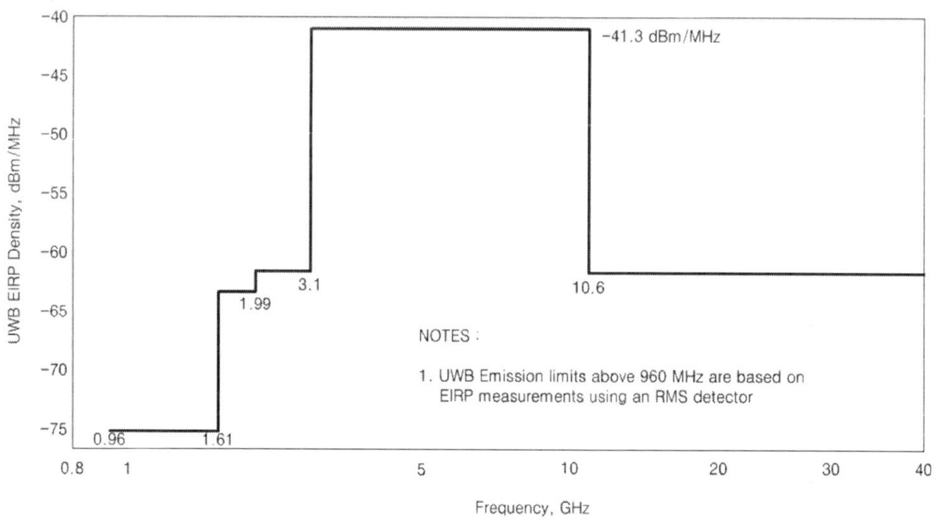

그림 9.6 실외 환경에서의 UWB 송신 마스크

2) 유럽

CEPT (유럽 우편 통신 관리 이사회)는 미국에서와 같이 서비스별로 UWB 송신 전력 레벨을 제한한 것과 달리, 주파수대에 따라서 UWB 송신 전력 레벨을 제한하였다. 3.1 ~ 4.95 GHz 대역에서는 간섭 회피 기술을 이용하여 타 업무에 간섭 영향을 주지 않는다는 조건으로 -41.3 dBm/MHz의 FCC rule을 허용하였으며, 특히 4.2 ~ 4.8 GHz 대역에서는 2010년 6월 말까지 간섭 회피 기술 없이 -41.3 dBm/MHz의 FCC rule을 한시적으로 허용하였으며, 9.6 GHz 이하의 주파수 대역에서 허용 가능한 최대 UWB 송신 전력 레벨을 요약하였다.

3) 일본

일본은 UWB 스펙트럼 마스크 초안을 제출하였고, 2006년 3월 말에 최종안을 제출할 예정인 것으로 알려졌다. 제출된 초안의 내용을 보면, 차세대 이동통신 주파수 대역인 3.4 ~ 4.8 GHz 대역에서는 간섭 회피 기술이 적용된

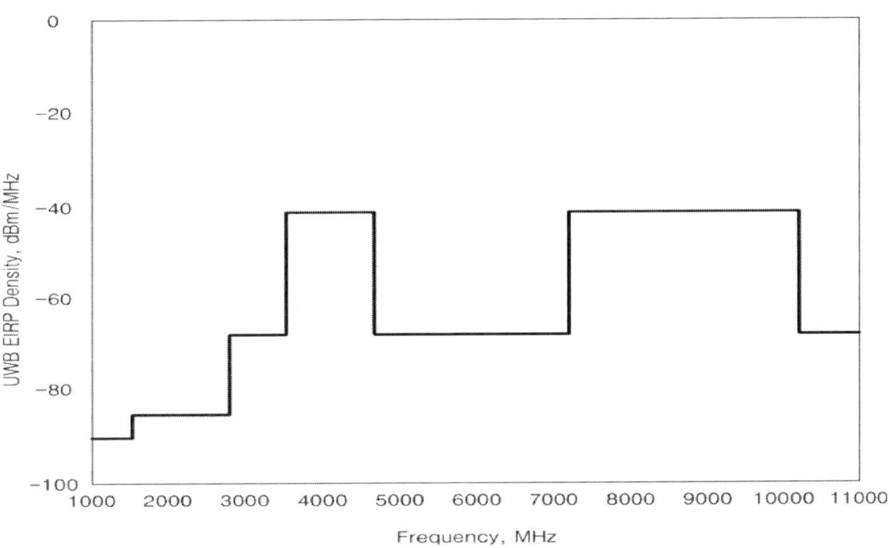

그림 9.7 일본에서 제안한 UWB 스펙트럼 마스크

다는 가정 하에 -41.3 dBm/MHz 의 FCC rule을 적용하기로 하였다. 수동업무가 있는 4.8 ~ 7.25 GHz 대역에서는 CEPT가 제안한 -70 dBm/MHz를 허용하기로 하였다. 7.25 ~ 9.25 GHz 대역에서는 -41.3 dBm/MHz 의 FCC rule을 적용하기로 하였다. 3.4 GHz 이하 주파수에서는 CEPT에서 제안한 송신 마스크 특성을 따라 가도록 허용하였다. 일본에서 제안한 UWB 스펙트럼 마스크 초안은 그림 9.7에 나타나 있다.

(3) CR-UWB 무선전송의 필요성

UWB 시스템은 광대역에 신호가 분산되어 있으므로 다른 기존 시스템에 간섭을 일으킨다. 또한, 평균 전력은 작으나 펄스를 발생하는 순간의 전력이 높으므로 임펄스적 전자파유기 등에 의해 다른 장비의 간섭이나 장애를 일으키기도 한다.

따라서 기존 시스템에 간섭을 외소화하기 위해 사용하지 않는 주파수 스펙트럼을 SDR (Software Defined Radio) 기반의 인공지능으로 감지하여 지역별, 시간대별로 미사용 주파수를 인지하여 상황에 맞게 효율적으로 주파수를 변경하여 사용하는 전파환경을 인지하는 Cognitive Radio 기술을 도입한 CR-UWB 무선전송 기술이 대두되게 되었다.

9.2.4 CR-UWB 무선전송 대역 알고리즘 및 스펙트럼 검출 기법

(1) CR-UWB 무선전송의 대역활용 알고리즘

1) 동적 주파수 할당 알고리즘

동적 주파수 할당 (DFS : Dynamic Frequency Selection)방식은 IEEE802.11a가 5 GHz의 UNII 주파수 대역에서 레이더의 신호에 간섭을 받지 않고 전송을 하는 방법으로 고안되었다. 즉 간섭이 없는 주파수대역을 검출하고, 사용자의 전파수신감도나 데이터 요구량 등과 같은 요소를 근거로

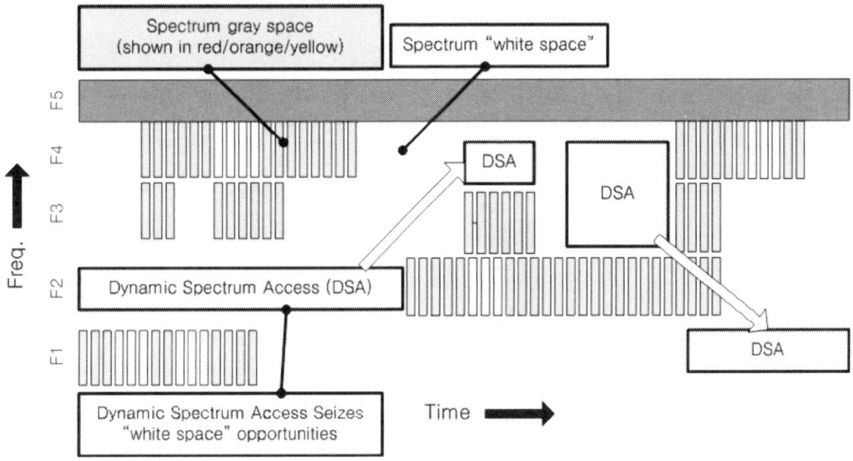

그림 9.8 Cognitive Radio 동적 주파수 선택

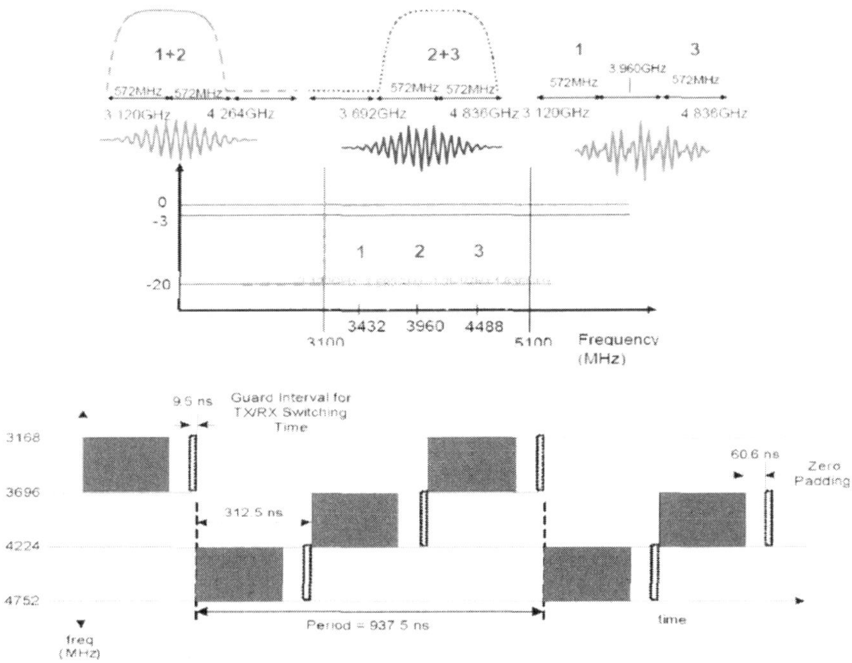

그림 9.9 Cognitive UWB Radio 의 예시

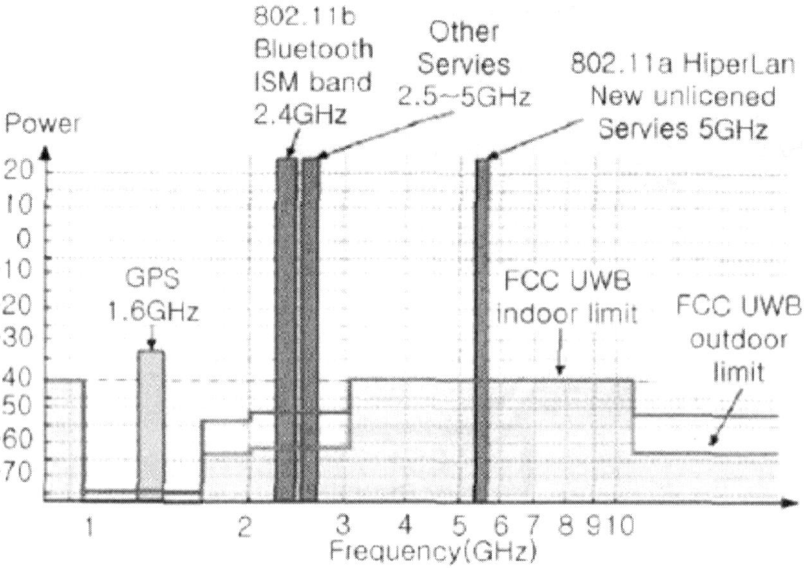

그림 9.10 1~10 GHz의 사용주파수 현황 (Source : Wisair Ltd.)

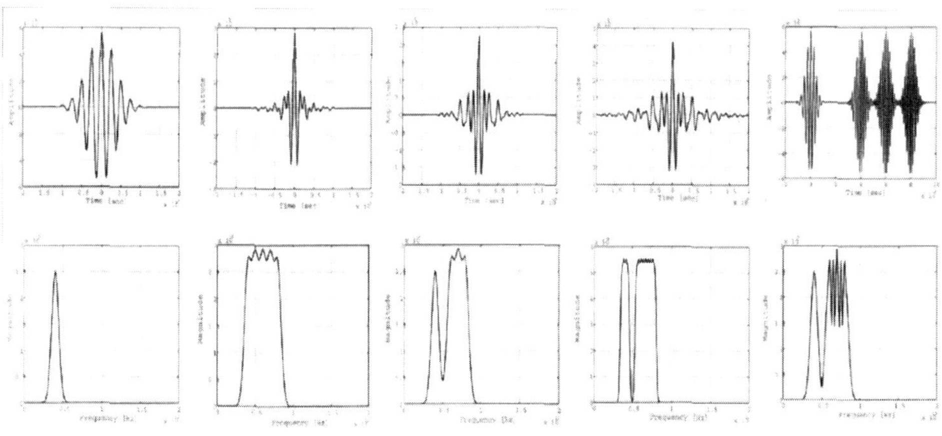

그림 9.11 가우시안펄스의 적응적 변조방법

QoS (Quality of Service)를 지공하도록 주파수 대역을 할당하고 변조 방식 또는 송신 전력 등을 제어해주어야 한다. 한번 비어있는 주파수 검출이 되면 이 주파수 대역을 이용하여 자원할당을 하여 자원을 전송하게 되는 것이다.

그림 9.8은 부분적으로 사용되지 않는 주파수를 동적으로 찾아 선택하는 개념도이다. 최초 연결을 위해 사용되지 않는 White Space 주파수인 F2를 찾아 접속을 유지하고 Time 축 상의 F2 주파수가 이용 중임을 감지하게 되면 사용되지 않는 주파수 F4를 검출하여 채널을 변경하게 되고, 통신 용량이 증가함에 따라 White Space인 F3과 F4를 사용주파수대역으로 확대하여 통신채널을 확보한다. 이와 같이 연속적으로 스펙트럼을 검출 후, 비어있는 통신 채널을 확보하여 기존 시스템에 간섭이 없는 통신이 가능하다.

그림 9.9는 채널 1~3을 할당한 MB-OFDM 기반의 UWB 신호에 동적 주파수 할당 방식을 적용시킨 CR-UWB 의 개념을 표현한 그림이다.

2) 송출용 UWB 펄스 성형을 통한 할당 대역 제어 알고리즘

CR-UWB가 등장한 가장 중요한 특징 중의 하나가 타 시스템에 간섭을 주지 않고 통신을 할 수 있다는 점이다. 그림 9.10은 UWB 사용 주파수 대역 내에서 타 시스템의 사용주파수를 나타낸 그림이다.

그림 9.10에서 볼 수 있듯이 2.4 GHz 의 ISM band, 5 GHz의 802.11a HiperLan 등 기존 시스템의 협대역 신호가 UWB 사용주파수내에서 사용되고 있다. 따라서 기존 협대역 시스템에 간섭이 없도록 하기 위해서는 사용 여부를 스펙트럼 검출을 통해 확인 후 이에 대한 UWB의 펄스 성형이 필요하다.

그림 9.11은 협대역 신호의 간섭을 최소화하기 위해 특정 협대역 주파수를 회피하기 위한 CR-UWB 의 펄스 성형 과정을 보여준다. 즉, 광대역으로 퍼지는 UWB의 신호 중 스펙트럼 검출을 통해 사용되고 있는 협대역 신호를 확인 후 위의 과정을 거쳐 기존 시스템에 간섭이 없도록 해당 주파수를 회피시켜 적응적으로 UWB 스펙트럼을 변화시킨다.

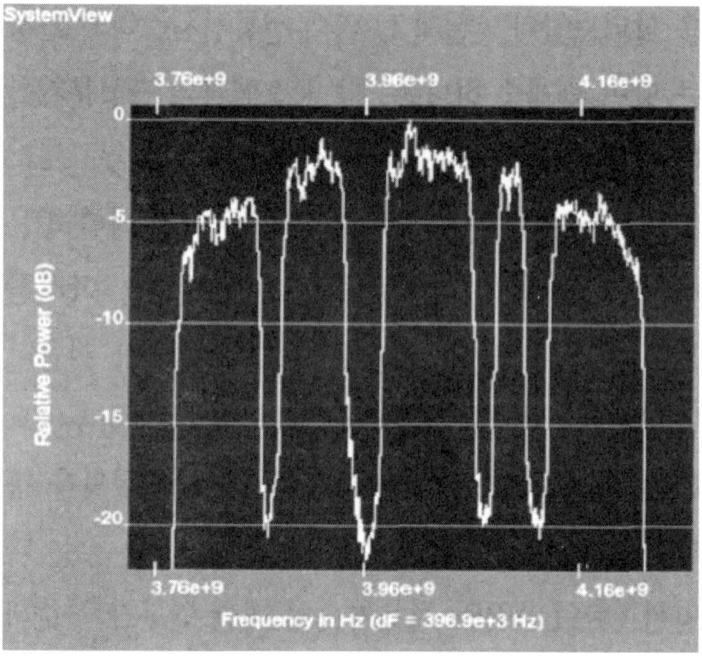

그림 9.12 CR-UWB 펄스 성형

그림 9.12는 기존 협대역 시스템의 주파수를 회피시킨 CR-UWB 의 신호의 파형의 예시이다.

그림 9.12에서 보는 바와 같이 광대역 신호인 UWB 신호 중 사용되고 있는 기존 협대역 주파수를 UWB의 스펙트럼에서 회피시킨 펄스 성형을 통해 기존시스템에의 간섭을 최소화 할 수 있다.

3) 동적 주파수 할당 및 대역제어의 혼합형 알고리즘

CR-UWB의 또 다른 방식은 위의 두 방식인 동적 주파수 할당 방식과 펄스 성형 방식의 혼합된 방식을 고려해 볼 수 있다. 동적 주파수 할당 방식의 경우 CR-UWB용 채널 중 채널당 할당된 대역폭은 약 500 MHz 으로

이 대역폭 안에서 또 다른 협대역 신호가 발생할 수 있기 때문이다. 하지만 이 방식은 기존 협대역 시스템에의 간섭을 최소와 할 수 있는 장점이 있으나 두 번의 스펙트럼 검출과 펄스 성형으로 인한 하드웨어 복잡도가 증가한다는 단점이 있다.

(2) CR-UWB 무선전송을 위한 스펙트럼 검출 기법

특정 주파수를 회피하여 기존 시스템에 간섭이 없는 광대역 신호인 CR=-UWB 신호를 만들기 위해서는 기존 시스템의 사용여부를 확인하는 스펙트럼 검출기법이 반드시 필요하다. 스펙트럼 검출 기법은 기존 주파수 사용자의 이용 현황을 감지하는 것이다. 이미 돈을 지불하고 주파수 자원을 할당받아서 사용하는 이용자에게는 간섭을 주지 않아야 하기 때문에 비허가 주파수 대역 (Unlicensed Frequence Band)에서는 미사용 주파수를 인지하여 상황에 따라 변경하는 스펙트럼 검출이 중요하다.

이러한 스펙트럼 검출 기법을 살펴보면 다음과 같다.

1) 정합 필터 (Matched Filter) 기법

정합 필터의 특성상 SNR (Signal to Noise Ratio)를 최대화 할 수 있는 장점이 있으나, 송신 신호에 대한 정보를 미리 알고 있어야 하기 때문에 다양한 환경에서 신호를 검출하는데 어려운 단점이 있다.

2) 에너지 감지 (Energy Detector) 기법

정합 필터 방식보다는 한 단계 낮은 방식으로 단순히 해당 주파수의 신호의 세기 정도에 따라서 신호의 존재 유무를 감지하는 방식으로 하드웨어의 단순화가 가능한 장점이 있지만 신호의 크기의 양을 어느 정도로 할 것인가 하는 문제와 간섭 신호 (Interference)에 대한 대비책이 없어서 정확한 신호 검출이 어렵다. 또한 분산 (Spreading) 방식을 사용하는 송신 방식에는 취약한 단점이 있다.

3) 신호 형태 검출

일반적인 신호는 송신 신호가 주기적인 성질을 가지고 있기 때문에 이를 이용하는 방식이다. 즉, 수신된 신호의 상관관계 (Correlation)값을 구하여 신호의 존재 유무를 검출한다. 이 방식은 간섭 신호에 대해서는 강인한 검출 성능을 보인다.

CR-UWB 무선통신을 위해서는 이 같은 스펙트럼 검출 기법을 적용하여 UWB 무선전송 대역내의 기존 시스템의 사용여부를 지속적으로 감시하여야 하고 만일 기존 시스템 사용자가 사용을 시작하면 간섭을 주지 않기 위해 대역 활용 알고리즘을 적용하여 해당 주파수를 회피시키는 과정이 필요하다.

9.3 유비쿼터스 홈 구축을 위한 저속 위치인식 UWB 기술

9.3.1 개관

UWB 기술을 이용한 위치인식은 실내나 음영지역에서도 위치인식이 가능하고 비교적 좁은 영역에서 수십 cm 이내의 정밀도를 요구하는 위치인식 서비스를 제공할 수 있다. 이와 같은 위치인식 서비스는 그림 9.13과 같은 유비쿼터스 홈, 스마트 태그, 인명 구조 등의 위치추적 분야, 원격 센서, 위치 인식 등을 기반으로 하는 각종 제어 분야, 신체 관리 모니터링 및 의료진 위치 파악 등을 요구하는 의료 관련 분야에 응용될 수 있다.

특히 언제 어디서나 사람과 객체의 위치를 인식하고, 이를 기반으로 유용한 서비스를 제공하는 유비쿼터스 위치기반 서비스가 중요한 서비스로 대두되면서, 위치기반의 저전력 PHY 표준을 목표로 2004년 3월 IEEE 802.15 Alternate Task Group (TG4a)이 발족되었다. 2004년 5월에는 IEEE 802.15.4a 표준화를 위해 요구되는 기술 사양을 발표하였으며, 2005년 1월 총 26개의 제안서를 접수하여 UWB 방식과 CSS 방식을 기본골자로 하여 현재 막바지 표준화 작업이 진행중에 있으며 2007년 3월에 완료되었다.

9.3.2 IEEE 802.15.4a 표준화 현황

WPAN과 관련된 표준은 표 9.4와 같이 IEEE 802.15에서 추진하고 있다. 이중에서 UWB 기술을 사용하고 있는 표준은 고속 WPAN Alternate PHY에 대한 표준인 IEEE 802.15.3a와 저속 WPAN Alternate PHY에 대한 표준인 IEEE 802.15.4a이다.

그러나 고속 UWB에 대한 표준은 지난 2006년 1월 회의에서 MB-OFDM 진영과 DS-CDMA 진영간의 의견차를 좁히지 못하여 결국 국제 표준화를 포기하고 각각 상용화를 시도하기로 한 실정이다. 따라서 UWB와 관련한 국제 표준은 IEEE 802.15.4a가 최초라 할 수 있겠다.

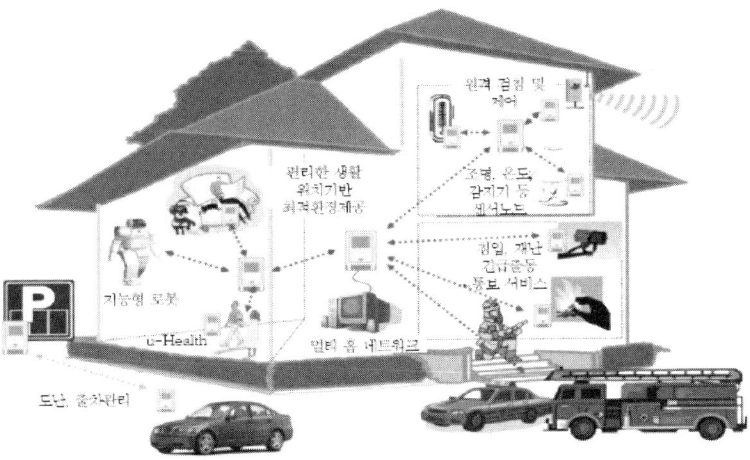

그림 9.13 위치인식 시스템을 적용한 유비쿼터스 홈

표 9.4 IEEE 802.15 WPAN 표준화

분 류	주파수 대역	전송 속도	전송 거리
Bluetooth (TG15.1)	2.4 GHz	1 Mbps	10 m
고속 WPAN (TG15.3)	2.4 GHz	55 Mbps	50 m
고속 UWB (TG15.3a)	3.1~9.6 GHz	1~480 Mbps	10 m
ZigBee (TG15.4)	868 M/915 M /2.4 GHz	20~250 kbps	30 m
위치인식 UWB (TG15.4a)	3.1~9.6 GHz	1 Mbps	30 m

IEEE 802.15.4a는 저소비 전력으로 통신과 거리 측정을 동시에 가능케 하는 PHY 제정을 목표로 하고 있다. 2005년 1월을 기한으로 표준에의 제안을 모집하여 ETRI 등으로부터의 제안을 포함해 26건의 제안서를 받았다. 2005년 1월 개체된 IEEE 802.15.4a 회의에서 각 제안서의 발표를 한 후 유사한 제안을 중심으로 통합작업이 개시되었다. IEEE 802.15.4a의 3월 회의에서는 각 제안의 조정에 의한 통합 작업이 진행되었으며, 최종적인 모든 제안에 대하여 일원화한 제안에 대해 투표한 결과, 100%의 찬성으로 표준 골자(baseline)가 결정되었다.

이 표준 baseline에는 UWB 방식과 CSS 방식이 모두 포함되었다. 현재 2007년 3월로 예정되어 있는 표준 완성을 목표로 채택된 표준 baseline에 따라 상세한 표준안 작성 작업이 진행중이다. 현재까지의 IEEE 802.15.4a 표준화 진행과정은 표 9.5와 같다.

표 9.5 IEEE 802.15.4a 표준화 진행 과정

일 자	주요 진행 과정
2004. 5.	첫 TG4a 미팅, 기술적 요구사항 작성
2004. 7.	기술사양 작성, Location awareness 위원회 구성
2004. 9.	Preliminary proposal 발표
2004.11.	채널 모델에 대한 최종안 승인
2005. 1.	ETRI 등 26개안 제안서 발표
2005. 3.	UWB 기술과 CSS 기술 baseline 채택
2005.11.	Letter ballot을 위한 PHY/MAC draft 완성
2006. 1.	Letter ballot 승인
2006. 7.	Comment resolution

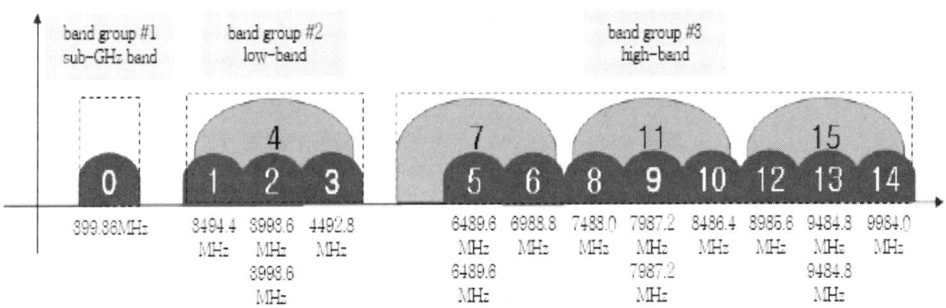

그림 9.14 IEEE 802.15.4a 주파수 운용 상황

9.2.3 위치인식 UWB 기술 동향

표준화 추진 현황에서 살펴본 바와 같이 IEEE 802.15.4a에서 저속 위치인식 WPAN의 PHY로 UWB 및 CSS 기술이 채택되었다. 여기서는 2006년 4월에 배포된 draft 버전 2를 바탕으로 통신 및 측위용으로 채택된 UWB PHY의 기술 동향에 대해 살펴본다. 즉 UWB 채널 운용 상황을 알아보고 송·수신 구조 및 특성, ranging 기술, MAC 기술에 대해 분석한다.

(1) UWB 채널 운용 상황

IEEE 802.15.4a에서는 FCC에서 통신용으로 허가한 3.1~9.6 GHz 주파수 대역 및 1GHz 아래 주파수 대역을 그림 9.14와 같이 크게 sub-GHz band, low-band, high-band 3개의 대역으로 나누었으며, 모두 16개의 채널을 할당하였다. 그리고 채널 0번, 3번, 9번을 각 대역의 mandatory 채널로 정하고 반드시 이 중 하나를 구현하도록 하고 있다.

그림 9.14와 같이 채널을 운용하였을 경우 여러 가지 장점이 있다. 그 중 하나는 향후 간섭문제를 피할 필요가 생겨났을 때 이에 유연하게 대응할 수 있다는 것이다. 특정 일부 대역이 어느 나라에서는 문제없이 UWB를 사용할 수 있으나 다른 나라에서는 다른 통신과의 간섭이 심각한 상황일 수 있다. 이러한 경우 간섭을 피하기 위해 어느 지역에서는 특정 대역을 사용하지 않도록 할 필요가 있다. 이때 그 대역을 포함하고 있는 대역을 사용하지 않음으로써 이 문제에 대응할 수 있다. 또한 그림 9.14에서 채널 4번, 7번, 11번, 15번을 제외하고 mandatory 채널을 포함한 나머지 채널의 주파수 대역폭이 같으므로 기본이 되는 무선기술은 수정하지 않아도 된다. 즉 기존 주파수 대역과 같은 기술을 적용할 수 있다.

우리나라에서도 3.1~4.8 GHz 및 7.2~9.2 GHz 의 주파수 대역을 UWB용으로 사용하도록 허가하였다. 그러나 3.1~4.8GHz 대역에서는 간섭회피기술(DAA)을 적용하여야 하며, 단 4.2~4.8GHz 대역에서는 DAA 적용을 2010년 6월까지 유예하기로 하였다. 따라서 IEEE 802.15.4a 표준에 부합하는 위치인식 WPAN 시스템 개발 시, 주파수 대역 현황을 잘 살펴야 할 것이다.

(2) UWB PHY 시스템 기술

1) UWB PHY 시스템 규격

UWB PHY는 임펄스(impulse) 방식에 기반을 두고 있으며, 각각의 주파수 대역에서 고유의 획득 코드를 이용하여 2개의 PAN을 구성할 수 있다. 그림 9.14에서 0, 3, 9번 주파수 대역 중 한 개의 대역에서 2개의 PAN을 반드시 구현하도록 되어 있다. 그리고 칩레이트(chip rate)는 위 세 가지 mandatory 주파수 대역에 대해 모두 499.2MHz로 동일하다.UWB PHY를 위한 변조 방식은 동기수신과 비동기 수신을 모두 지원하기 위해서 BPM과 BPSK를 결합한 형태를 취하고 있으며, 각 심볼은 UWB 펄스 여러 개를 모아놓은 burst로 구성되어 있다. 여기서 burst의 길이를 조절함으로써 다양한 데이터 서비스를 제공한다.

그림 9.15는 UWB PHY 시스템의 전반적인 신호 흐름도를 나타내는 것으로 송신단에서는 RS 부호기, 길쌈부호기, 심볼 매퍼(mapper), 프리앰블 삽입기, 펄스 shaper, RF단, 안테나를 거쳐 채널로 나가게 되어 있다.

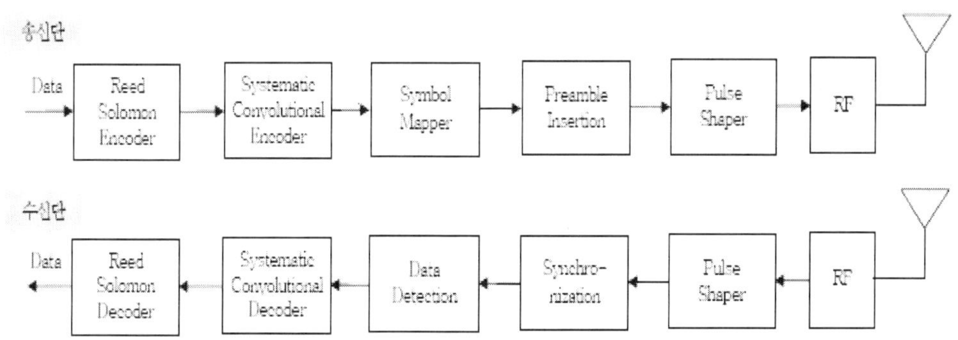

그림 9.15 UWB PHY 송수신단 신호 흐름도

수신단에서는 RF를 통해 들어온 신호를 펄스 shaper, 동기부, 데이터 복조부, 길쌈복호기, RS 복호기를 거쳐 송신신호를 복원한다.

2) UWB PHY 송신 구조

◉ UWB 프레임 구조

UWB 프레임의 형태는 그림 9.16 (a)의 그림과 같이 SHR 프리앰블, PHY 헤더, 페이로드로 구성된다. SHR 프리앰블은 신호 획득, 동기, 채널추정, ranging을 위한 leading edge detection 등의 수신단 알고리듬을 수행하기 위한 것이고, PHY 헤더에는 프리앰블 모드, 데이터 전송률, 페이로드 길이 정보 등이 포함되어 있다. 그리고 페이로드는 전송해야 할 MAC 데이터이다. 이러한 UWB 프레임을 생성해 내기 위한 송신 구조는 그림 9.16 (b) 그림과 같다.

◉ SHR 프리앰블

앞서 언급한 바와 같이 SHR 프리앰블은 AGC, 신호 획득, 주파수옵셋 추정, 패킷 동기, 채널 추정, ranging 등 수신단 알고리듬을 위해 사용되며 그림 9.17과 같이 프리앰블 심볼이 반복하는 구간인 SYNC 구간과 프리앰블이 끝났음을 알리는 SFD 구간으로 나뉘어져 있다.

IEEE 802.15.4a에서 제시하고 있는 프리앰블 심볼은 길이가 31 또는 127인 ternary 코드(+1, -1, 0으로 이루어진 코드)이다. 각 채널마다 두 개의 ternary 코드가 할당되어 있으며, 한 예로 low-band에 해당하는 채널 1, 2, 3번에 대해서는 표 9.6와 같다. 이 ternary 코드는 periodic correlation 특성이 자신의 코드가 곱해졌을 때 peak값을 가지고 나머지 부분에서는 모두 0이기 때문에 서로 다른 PAN을 구분하는 코드로도 사용된다.

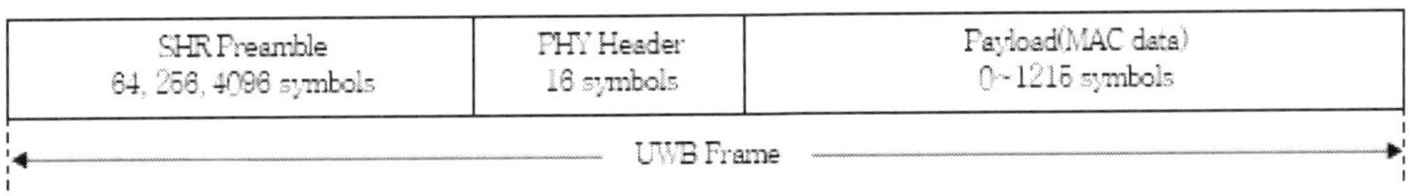

(a)

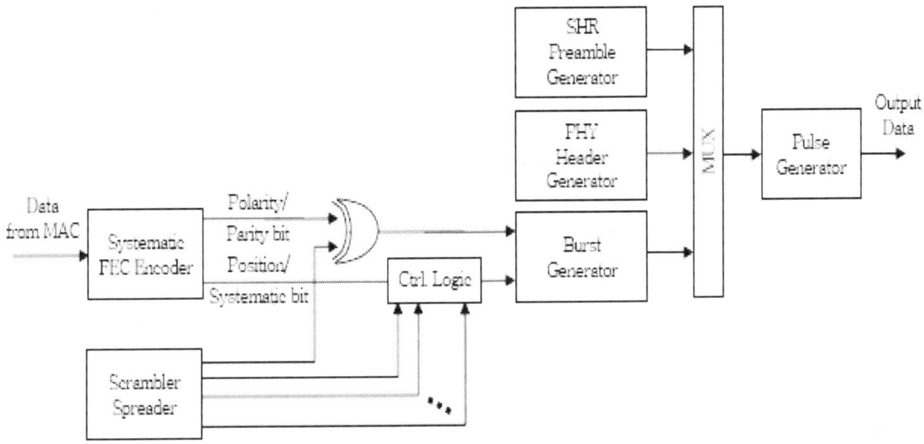

(b)

그림 9.16 (a)UWB 프레임 형태, (b) UWB 프레임을 생성하기 위한 송신 구조

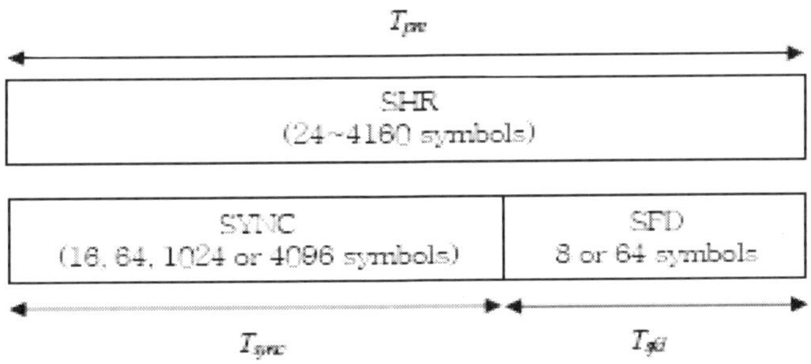

그림 9.17 SHR 프리앰블 구조

표 9.6 Ternary 코드

Ch. #	Code
1	−0000+0−0+++0+−000+−+++00−+0−00
1	+0+0−0+0+000−++0−+−−−00+00++000
2	−+0++000−+−++00++0+00−0000−0+0−
2	0000+−00−00−++++0+−+000+0−0++0−
3	−0+−00+++−+000−+0+++0−0+0000−00
3	++00+00−−−+−0++−000+0+0−+0+0000

◉ PHY Header

그림 9.15의 PHY header는 데이터 전송률, 프리앰블 구간 길이, ranging을 알리는 플래그(flag) 정보를 가지고 있는 rate 필드 8비트와, 전송해야 할 페이로드의 길이 정보를 가지고 있는 length 필드 8 비트로 구성되어 있으며 이는 뒤에서 설명할 BPM+BPSK 변조 방식을 통해 변조된다.

◉ FEC 부호기

그림 9.15의 FEC 부호기는 RS 부호기와 길쌈부호기를 그림 9.18과 같이 연직하여 사용한다. 먼저 RS 부호기에서는 330비트(b0,...,b329) 데이터에 48개의 parity를 붙여 378비트(b0,...,b329, p0,...,p47)를 생성한다. 길쌈부호기에서는 부호율(code rate) R=1/2, 구속장 K=3, 생성 다항식(generator polynomial)이 각각 $[010]_2$ $[101]_2$를 사용하여 systematic 비트인 $g_0^{(k)}$과 parity 비트 $g_1^{(k)}$을 생성시킨다.

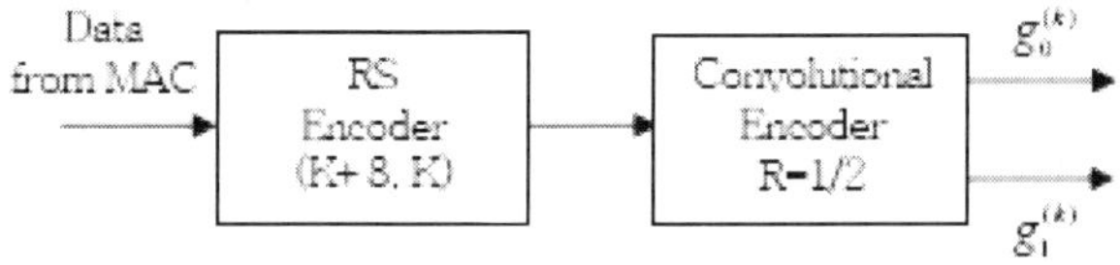

그림 9.18 FEC 부호기 (RS 부호기, 길쌈 부호기)

◉ UWB PHY 변조

FEC 부호기를 통해 생성된 $g_0^{(k)}$, $g_1^{(k)}$는 BPM+BPSK 변조 방법에 의해 변조된다. BPM+BPSK 변조 방식에 의해 변조된 UWB 시스템의 k번째 전송 신호는 아래 식과 같이 표현된다.

$$x^{(k)}(t) = \left[1 - 2g_1^{(k)}\right] \sum_{n=1}^{N_{cpb}} \left[1 - 2s_{n+kN_{cpb}}\right] p\left(t - g_0^{(k)} T_{BPM} - h^{(k)} T_{burst} - nT_c\right)$$

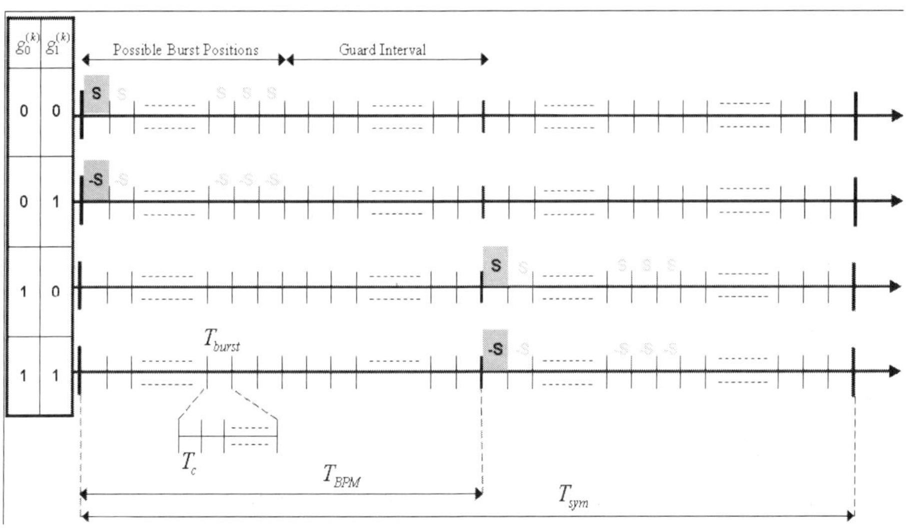

그림 9.19 BPM+BPSK 변조 방식

이 수식에서 보는 바와 같이 k번째 심볼은 두 개의 정보 비트인 $g_0^{(k)}$, $g_1^{(k)}$를 전송한다. 여기서 $g_0^{(k)}$은 burst의 위치정보로 변조되며, $g_1^{(k)}$ 은 burst의 극성 정보로 변조된다. 시퀀스 $S_{n+kN_{cpb}} \in \{0,1\}, n=0,1,...,N_{cpb}-1$ 은 k번째 전송 신호를 위한 확산 코드 (spreading code)이며, h(k)는 k번째 burst의 hopping 위치를 결정한다. 그리고 p(t)는 안테나 입력에서의 전송 펄스 파형이다.

그림 9.19는 가능한 ($g_0^{(k)}$, $g_1^{(k)}$) 입력 값에 대해 BPM-BPSK 변조방식을 도시한 것이다. 그림 9.19에서 보는 바와 같이 UWB PHY 한 심볼은 T_{sym} 구간동안 전송되며, T_c의 시간길이를 가지는 총 N_c칩으로 구성되어 있다. $T_{BPM} = T_{sym}/2$ 로써, $g_0^{(k)}$비트가 0이면 $[0, T_{BPM}]$ 시간 구간에, $g_0^{(k)}$비트가 1이면 $[T_{BPM}, T_{sym}]$ 시간 구간에 펄스의 burst가 놓이게 된다.

그리고 burst는 확산 코드의 길이인 N_{cpb} 개의 연속적인 칩으로 이루어져 있으며 $[T_{burst} = N_{cpb} T_c]$ 이다. 여기서 길이가 N_{cpb}인 확산 코드 S, 즉 burst는 그림 9.18에서 보는 바와 같이 $h^{(k)}$ 값에 따라 T_{BPM}의 1/2 되는 구간 안에 위치할 수 있다. T_{BPM}의 나머지 1/2 구간은 guard 구간으로써 멀티패스 영향으로 인한 간섭을 줄이고자 함이다. 마지막으로 $g_1^{(k)}$ 비트는 극성 정보로써 확산 코드 S의 부호를 결정한다.

◉ UWB PHY 확산 코드 생성기

앞서 설명한 길이 N_{cpb}의 확산 코드 S와 hopping 위치를 결정하는 $h^{(k)}$를 생성하는 LFSR 구조는 그림 9.20과 같다.

◉ 기저대역 임펄스 응답

IEEE 802.15.4a에서는 UWB PHY의 펄스 $p(t)$는 기준 펄스인 $r(t)$와 cross correlation을 취하였을 경우 0.8 이상이 되도록 명시하고 있다. 기준 펄스인 $r(t)$는 RRC 펄스로 아래 식과 같이 표현된다.

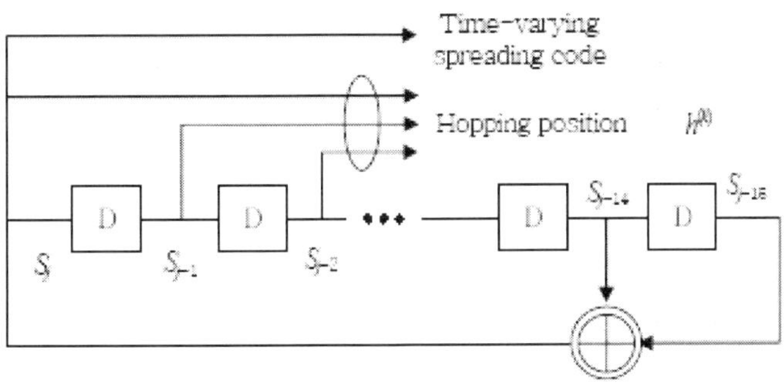

그림 9.20 LFSR 구조

$$r(t)=\frac{4\beta}{\pi\sqrt{T_p}}\frac{\cos\left[(1+\beta)\pi t/T_p\right]+\dfrac{\sin\left[(1-\beta)\pi t/T_p\right]}{4\beta t/T_p}}{(4\beta t/T_p)^2-1}$$

여기서 β는 0.6이며 mandatory 채널에 대해서 T_p는 2 ns 이다.

◉ 프리앰블, 전송률, 프레임 파라미터

Mandatory 채널에 대한 UWB PHY의 프리앰블, 전송률, 프레임 파라미터는 표 9.7과 같다.

표에서처럼 burst의 길이, FEC 부호율 등을 조절함으로써 다양한 데이터 전송률을 제공할 수 있다.

3) UWB PHY 수신 구조

앞서 언급한 바와 같이 UWB PHY의 송신부는 동기(coherent) 수신과 비동기(non-coherent) 수신을 모두 지원할 수 있도록 BPM+BPSK로 변조되어 있다. 그림 9.21은 동기 수신과 비동기 수신의 구조를 도시한 것이다.

표 9.7 채널 1, 2, 3번에 대한 UWB PHY 파라미터

Mode		Coding			Data							
Chip rate (MHz)	Preamble code length	Viterbi rate	RS rate	Overall FEC rate	#Burst per symbol	#Hop burst	#Chips per burst	#Chips per symbol	Symbol duration (ns)	Symbol rate (MHz)	Bit rate (Mbps)	Mean PRF (MHz)
499.2	31	0.5	0.87	0.44	32	8	128	4096	8205.13	0.12	0.11	15.60
499.2	31	0.5	0.87	0.44	32	8	16	512	1025.64	0.98	0.85	15.60
499.2	31	0.5	0.87	0.44	32	8	2	64	128.21	7.80	6.81	15.60
499.2	31	1	0.87	0.87	32	8	1	32	64.10	15.60	27.24	15.60
499.2	31	0.5	0.87	0.44	128	32	32	4096	8205.13	0.12	0.11	3.90
499.2	31	0.5	0.87	0.44	128	32	4	512	1025.64	0.98	0.85	3.90
499.2	31	0.5	0.87	0.44	128	32	2	64	128.21	7.80	6.81	3.90
499.2	31	1	0.87	0.87	128	32	1	32	64.10	15.60	27.24	3.90

동기 수신은 I/Q로 신호를 분리한 후 각각 ADC를 취한 후 역확산 및 correlator bank를 통하여 그림 9.19에서 도시한 신호의 위치정보와 극성정보를 찾아내는 구조이다. 이에 반해, 비동기 구조는 수신 burst 신호의 에너지가 앞 부분에 위치하는지 뒷부분에 위치하는지를 판단하여 위치 정보만을 복원한다. 이때, 복원된 위치정보는 길쌈복호기를 거치지 않고 RS 복호기만을 거치게 된다. 즉 길쌈부호기의 parity 정보가 극성정보로 변조되었음을 감안할 때 극성정보를 복원하지 못하는 비동기 구조에서는 길쌈복호기를 거칠 필요가 없다.

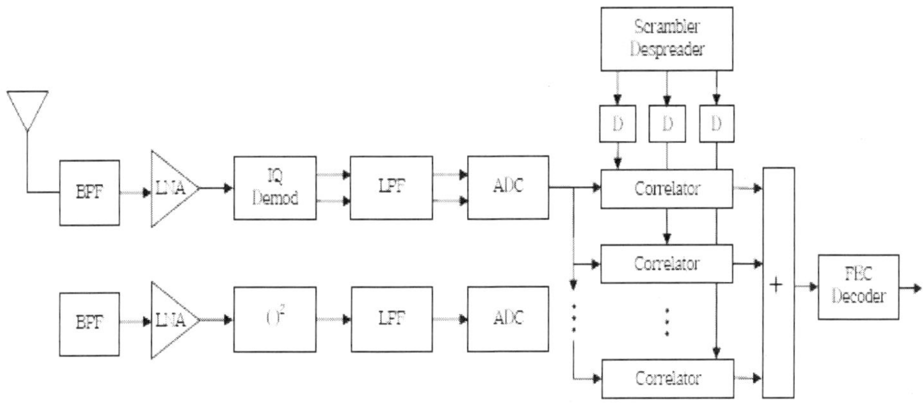

그림 9.21 UWB PHY 동기/비동기 수신기 구조

4) Ranging 기술

IEEE 802.15.4a에서는 수십 cm급의 위치인식 정밀도를 요구하고 있다. 이를 위한 위치 측정 방법은 두 개의 노드 사이에 전파 전달 시간을 측정하여 위치를 구하는 TOA 방법이 있다. 이외에도 AOA, TDOA 등이 있으나, TOA를 기반으로 하는 ranging에 대해서만 간략히 설명하기로 한다.

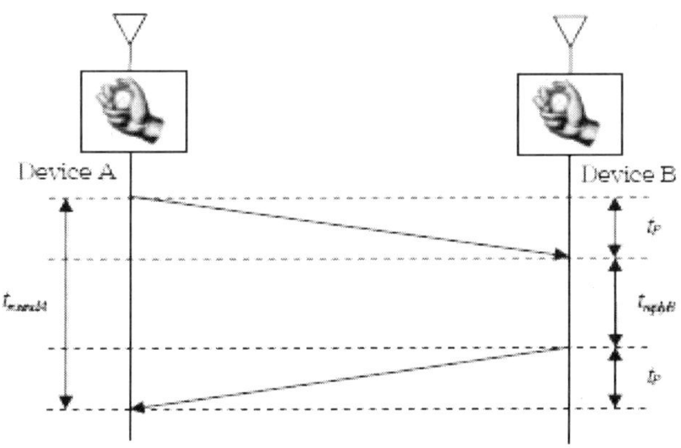

그림 9.22 TWR Ranging

Ranging을 위해서 기본적으로 동기가 맞지 않는 두 디바이스 사이에 메시지를 주고 받는 TWR 기법이 사용될 수 있다. 먼저 그림 9.22와 같이 디바이스 A에서 ranging 메시지를 보낼 때 자기 자신의 카운터를 동작시킨다. 디바이스 B는 디바이스 A로부터 해당 ranging 메시지를 받으면 카운터를 동작시키고 수신처리시간 T_{replyB} 시간 후에 디바이스 A로 ACK 메시지를 보낸다. 그러면 디바이스 A에서는 디바이스 B로부터 메시지를 받는 순간 카운터를 중단시키고 그림 9.22에서 도시한 것처럼 RTT T_{roundA} 값을 얻어 낸다. T_{roundB} 값은 메시지에 실어 보내는 등의 방법을 통해 디바이스 A에서 알 수 있으므로 TOA에 해당하는 t_p는 아래 식과 같이 계산될 수 있다.

$$t_p = \frac{t_{roundA} - T_{replyB}}{2}$$

물론 위와 같은 TWR를 기반으로 t_p를 추정할 때, 신호의 leading edge detection 문제, 카운터의 정밀도 문제, crystal offset, 송수신기 내부 지연 문제 등으로 오차가 많이 발생할 수 있다. 따라서 이를 고려하여 정밀한 ranging을 할 수 있는 알고리듬이 도출되어야 할 것이다.

5) MAC 기술

IEEE 802.15.4a MAC은 기본적으로 IEEE 802.15.4 MAC을 따른다. IEEE 802.15.4 MAC의 특징인 슈퍼프레임 구조를 이용함으로써 저전력 기능을 수행할 수 있도록 한다. 그리고, 채널 접근을 위하여 기본적으로 CSMA-CA 방식을 사용하며, UWB PHY에만 적용할 수 있도록 ALOHA 방식을 활용하여 데이터 전송률 및 적용 거리의 유동성을 증가시켰다.

IEEE 802.15.4a MAC에서 특징적인 것은 ranging과 관련하여 UWB PHY 방식에 의해 서비스 접근점(SAP)인 MLME-DPS와 MLME-DITHER의 추가이다. MLME-DPS는 UWB PHY에서 ranging 시에 정상 모드와 다

른 프리앰블을 사용함으로써 "Spoof Attack"을 방지할 수 있는 DPS 설정에 관한 프리미티브(primitive)이다. 그리고, MLME-DITHER는 UWB PHY에서 TWR ranging시 다른 디바이스가 ranging에 관여하지 못하도록 ACK 메시지 응답 시간에 "Dither Time"을 주기 위한 프리미티브이다.

9.4 UWB 응용 기술

FCC는 2002년 2월 14일에 UWB 기술 사용을 최종 승인했다. FCC는 UWB 기술을 채택한 제품의 판매 및 사용을 승인했으나 이용 주파수 대역을 3.1 GHz 이상으로 한정시켰다. 또한 FCC는 특정 조건 아래서 사법 기관, 과학 연구자, 건설회사 등 특정업체만이 이 기술을 사용할 수 있게 만들었다.

FCC의 UWB 승인 결정에 대해 여러 업체가 환영하고 나섰다. UWB 기술을 이용해 전화, TV, 오락 시스템, 디지털 카메라 등 가정과 사무실의 각종 기기를 네트워크로 상호 연결시키려는 많은 관련 업체가 FCC의 결정을 환영했다. 하지만 이러한 환영에 적지 않게 미군 측, 휴대폰 사업자, GPS 서비스 회사, 항공업계, 그리고 경찰과 소방관들의 반대 여론도 있었다.

앞으로 FCC는 우선 UWB 사용을 좁은 장소로 한정시키고 나중에 공항, 쇼핑몰 등으로 사용 범위를 점진적으로 확대하는 방안을 검토중이다. UWB는 무선 근거리 데이터 통신 지하에 갇힌 사람의 수색이나 교량 측변의 변형 점을 찾고 광산 벽면 투시, 침입자 감시시스템, 사람이나 동물의 내시경 검사, 저장 탱크 측정에 이용되는 등 응용범위가 아주 넓고 IT 산업혁명을 일으킬 신기술이다.

시장조사업체 프리커서 그룹의 스캇 클리랜드 최고경영자는 "UWB는 방대하고 아주 다양한 애플리케이션과 완전히 다른 방식으로 통신하는 혁명적 기술"이라고 평가하고 "신기술은 자주 찾아오지 않는다"고 덧붙였다.

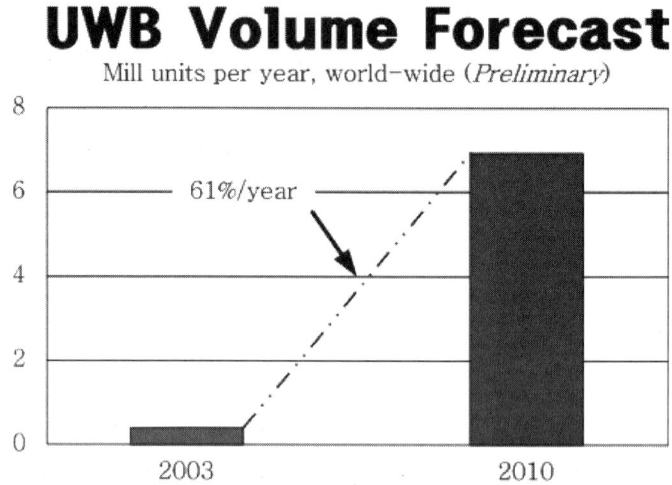

그림 9.23 UWB 시장 수요 예측

UWB 시장 수요 예측은 그림 9.23과 같다. 현재, 아직은 초기 개발 단계임을 알 수 있고, 2010년 무렵에는 성숙한 시장이 예측된다.

UWBST2002 학술발표에서 소개된 현재 UWB 기술을 개발하고 있는 회사의 초기 시장의 목표는 Time Domain의 WLAN, Aetherwire의 localizers, LLNL의 레이다, Multispectral의 군사용, Xtreme Spectrum의 WPAN, General Atomics의 WPAN, Intel의 WPAN, Pulselink의 wireless Nwks, Pulsicom의 location, Cellonics의 IP licensing, Discrete Time Comm.의 IP licensing, I-tech의 Discrete Tx/Rx, Wisair의 WPAN/WLAN 등이다.

9.4.1 UWB 시스템 분류

UWB 시스템은 1)지반침투 레이다, 벽 관통, 의료영상 그리고 감시 디바이스를 포함한 영상시스템, 2) 차량용 레이다 시스템, 3) 통신 및 측정 시스템으로 크게 3가지로 나누어 볼 수 있다.

(1) 영상 시스템

영상 시스템은 확실한 주파수와 전력 제한에 있어 승인이 필요한 FCC 규정의 PART15에 따라 GPR (Ground Penetratin Radars)과 다른 영상 디바이스간의 동작을 제공한다.

1) 지반침투 레이다 시스템 (GPR)

GPR은 960 MHz 이하 또는 3.1 ~ 9.6 GHz 주파수 대역에서 동작해야 한다. GPR은 가까이 근접해 있거나 가까운 곳에 접촉했을 때, 매장된 물제의 영향을 얻고자 하는 곳에서, 또는 감지하려는 물체의 지반에서만 동작한다. GPR에서 에너지는 본래 지반으로만 향하게 되어 있다. 사용은 법 집행기관, 화재와 구조기관, 과학 연구기관, 상업적인 광산회사 그리고 건설회사로 제한하고 있다.

2) 벽 영상 시스템

벽 영상 시스템은 960 MHz이하 또는 3.1 ~ 9.6 GHz 주파수 대역에서 동작해야 한다. 벽 영상 시스템은 콘크리트 구조, 교량, 광산과 같은 곳에서 벽 안에 포함된 물체의 위치를 탐지하는데 사용한다. 사용은 법 집행기관, 화재와 구조기관, 과학 연구기관, 상업적인 광산회사, 그리고 건설회사로 제한하고 있다.

3) 벽 관통 영상 시스템

벽 관통 영상 시스템은 3.1 ~ 9.6 GHz 주파수 대역에서 동작해야 한다. 벽 관통 영상 시스템은 벽과 같은 구조의 다른 쪽에 위치한 물체, 사람의 움직임 또는 위치를 감지한다. 사용은 법 집행기관, 화재와 구조기관으로 제한하고 있다.

4) 의료 시스템

의료 시스템은 3.1 ~ 9.6 GHz 주파수 대역에서 동작해야 한다. 의료 영상 시스템은 여러 가지 건강 응용을 위해 사람이나 동물의 안을 보는데 사용된다. 사용은 면허증이 있는 건강관리사의 지시에 따라 또는 감독 하에 이루어져야 한다.

5) 감시시스템

기술적으로 감시시스템은 영상 시스템은 아니지만 보통 벽 관통 시스템과 같이 취급될 수 있고, 1.99 ~ 9.6 GHz 주파수 대역에서 동작하도록 허용하고 있다. 감시시스템은 고정된 RF 주변 전계를 만들고서 물체 및 사람의 침투를 감지함으로써 보안 네트워크로 동작한다. 사용은 법 집행기관, 화재와 구조 기관, 공공 설비, 산업체 설비로 제한하고 있다.

(2) 차량 레이다 시스템

차량 레이다 시스템은 최고 방사 방출이 발생하는 주파수와 방출의 중심주파수가 24.057 GHz 보다 크게 제공되는 지상수송차량에서 방향성 안테나를 사용하여 24 GHz 대역에서 차량 레이다 시스템의 동작을 제공한다. 차량 레이다 디바이스는 차량 가까운 물체의 움직임과 위치를 감지할 수 있다.

(3) 통신과 측정 시스템

통신과 측정 시스템은 확실한 주파수와 전력 제한에 있어 승인이 필요한 FCC 규정의 PART15에 따라 저장 탱크 측정 디바이스 뿐만 아니라 디바이스를 네트워킹하는 사업이나 가정의 고속 통신과 같은 넓고 다양한 다른 UWB의 사용을 제공한다. 디바이스는 3.1 ~ 9.6 GHz 주파수 대역에서 사용되어야 한다. 장비는 실내 환경에서만 동작이 가능하도록 설계되어야 하고, peer-to-peer 통신하는데 사용되는 핸드 헬드 디바이스로 이루어져 있어야 한다.

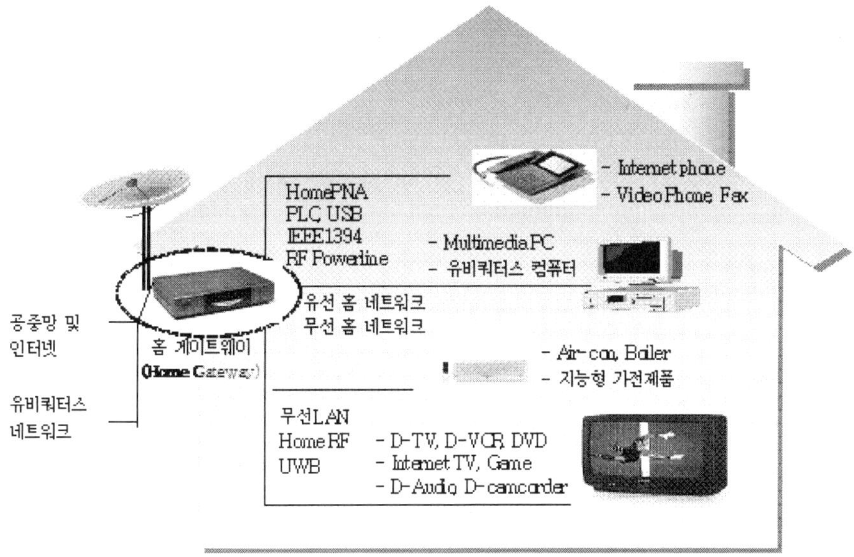

그림 9.24 UWB를 이용한 홈 PAN

9.4.2 UWB 시스템의 응용

(1) UWB 통신

UWB 통신 응용은 방대하고 아주 다양한 응용과 완전히 다른 방식으로 통신하는 혁명적 기술이라고 생각할 수 있다. UWB 통신 응용 기술로 PAN (Private Area Network)은 단거리 상에서 초고속으로 집에서나 사무실에서 무선으로 장치간 연결이라는 개념이다. PAN은 실내 무선망 노드, 0.3~10 m의 서비스 거리, 무선 멀티미디어 특징, 휴대하거나 고정 가능, 많은 채널 cluster를 지원하는 특징이 있다. 또한, PAN 응용은 그림 9.24와 같이 무선으로 PC, TV, PDA, DVD, 디지털 카메라, 프린트 등을 연결하는데 사용된다.

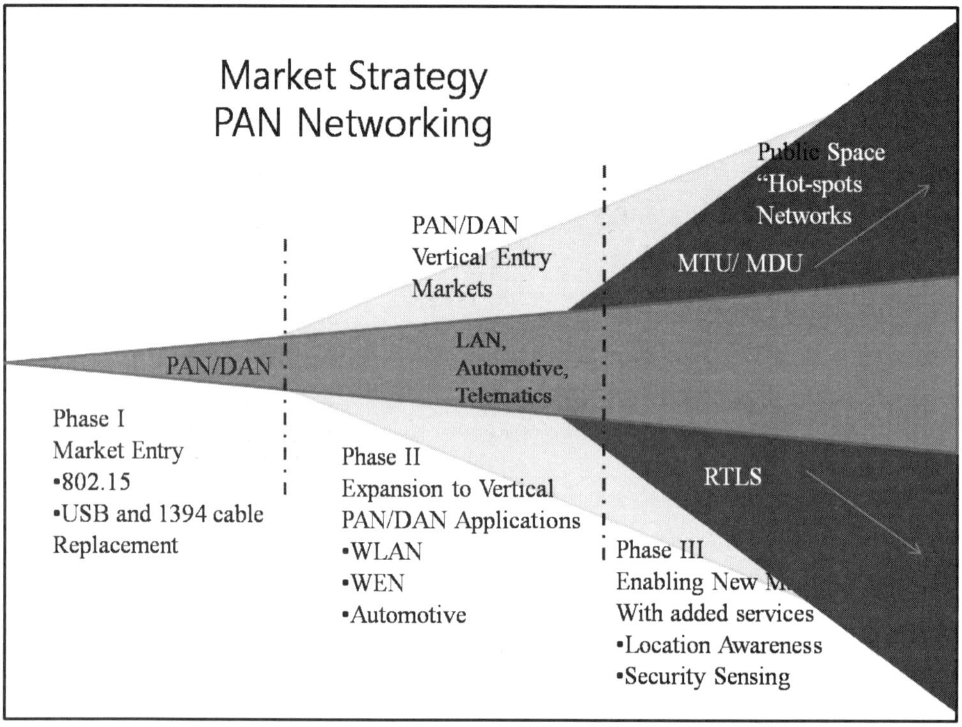

그림 9.25 PAN 시장 진입 전략

표준은 IEEE 802.15.3a에서 진행중이고 2003년 중반에 결정될 예정이다. 여기에 참여한 회사는 SONY, Intel, Sharp, TI, Intersil 등이 있다. PAN의 시장 집입 전략은 그림 9.25와 같이 3단계로 나누어 볼 수 있다.

UWB를 이용한 PAN은 높은 처리율, 많은 채널 용량, 낮은 전력 소모, $10BOM (Bills of Material)의 낮은 비용, 멀티미디어 지원을 할 수 있다. PAN 시스템은 비교는 표 9.6과 같으며 무선 고속 데이터 전송에 대한 비교이다. 그리고 PAN용 차세대 무선 UWB 칩 가격은 그림 9.25와같이 예상된다.

표 9.8 PAN 시스템 비교

	Bluetooth 1.1	802.15.3	802.15.3a	802.11b	802.11a
Frequency Band	2.4 GHz	2.4 GHz	UWB	2.4 GHz	5 GHz
Data Rate (Mbps)	Up to 1 Mbps	Up to 55 Mbps	Up to 300 Mbps	Up to 22 Mbps	Up to 54 Mbps
Number of Video Channel	None	5	4	2	5
Range	10/100 Meters	10 Meters	10 Meters	100 Meters	80 Meters
Complexity (area)	1X	1.5X	2X	3X	4X
QoS	No Video Support	Guaranteed Time Slots	Guaranteed Time Slots	No Video Support	TBD
Current Drain (mA)	< 30 mA	< 80 mA	< 100 mA	< 350 mA	< 350 mA

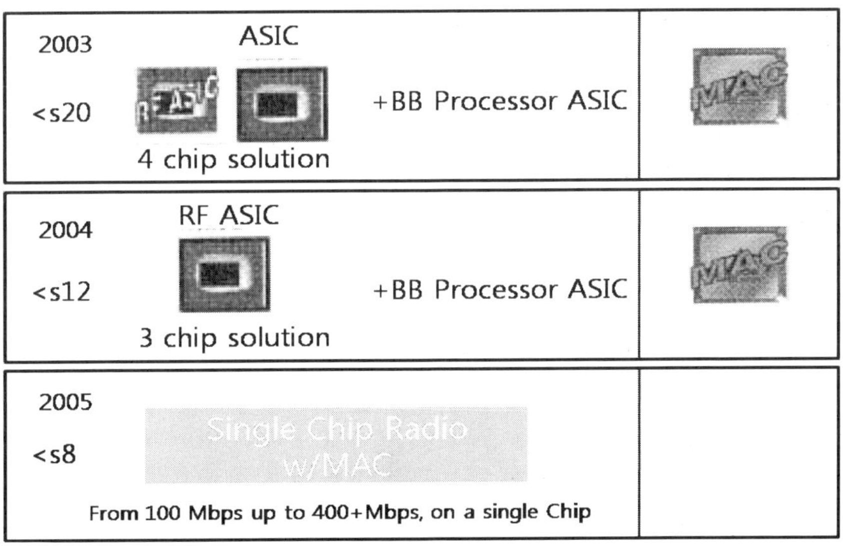

그림 9.26 PAN용 차세대 무선 UWB 칩 가격

그림 9.27 양방향 UWB 무선 송수신기

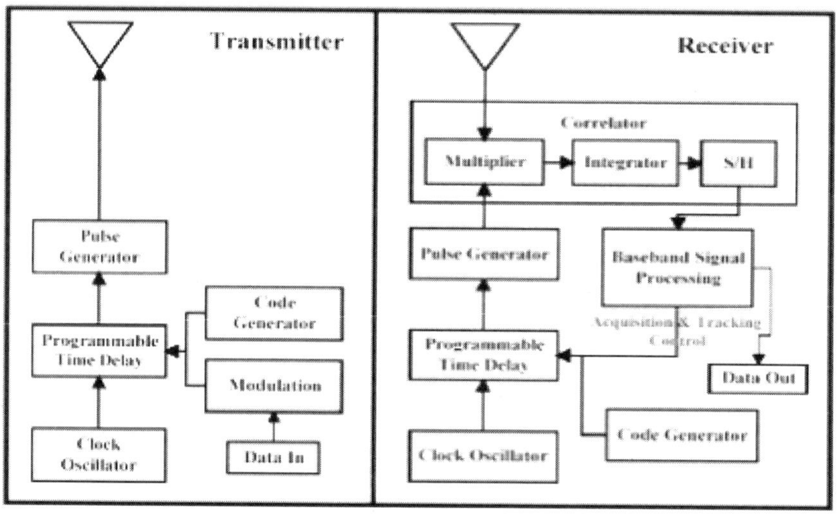

그림 9.28 양방향 UWB 무선 송수신기 블록도

그림 9.27은 양방향 음성과 데이터 전달을 128 kb/s (CVSD)과 115.2 kb/s (RS232) 까지 가능하도록 설계된 초광대역 L밴드 무선 송수신기다. 이 시스템의 블록도는 그림 9.28과 같다.

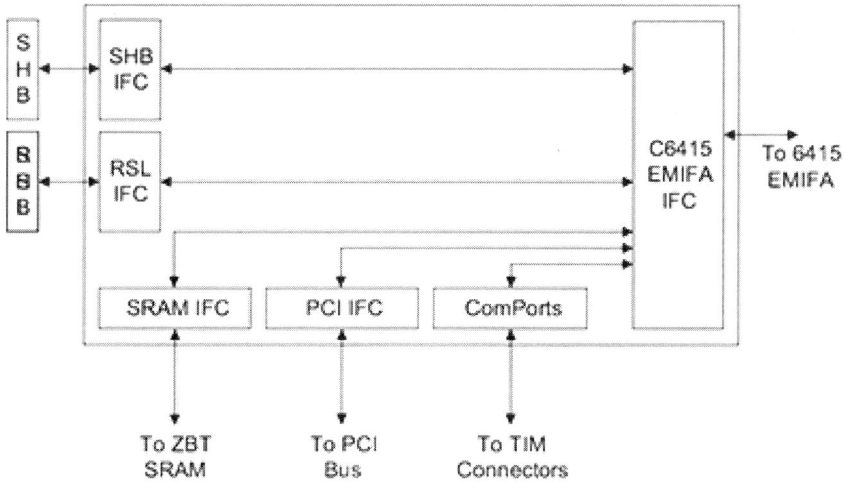

그림 9.29 디지털 프로세서 모듈 FPGA 블록도

무선 시스템은 400 MHz (27 % fractional BW)의 순시 주파수 대역을 갖는 L (1.5 GHz) 대역에서 동작 중심 주파수를 갖고 있다. UWB 송수신기에서 피크 전력 출력은 0.8 W 이고, 최악의 경우는 4 mW 합성 평균전력으로 측정되었다. 결국, 최악의 경우에는 10 pW/Hz 의 전력 밀도가 된다. 이 장비는 소형 안테나로 가시거리에서 대략 1 km의 서비스 범위를 갖지만 안테나의 적은 이득으로 16 ~ 32 km까지 확대할 수 있다. 그림 9.29의 블록도에서 디지털 프로세서 모듈은 FPGA로 구현하고, 그 기능은 클럭과 타이밍 복구, AGC, CVSD 음성을 비트 스트림으로 처리, RS-232 데이터 생성과 복구, FEC 코딩/비코딩, 버스트 인터리빙 등이 있다. 이에 대한 구체적인 블록도는 그림 9.28과 같다.

그림 9.30은 표면파 및 지상파 전파를 이용하여 비가시거리 통신을 위해 설계한 UWB 시스템이다. 동작 주파수는 100 MHz 이하이다.

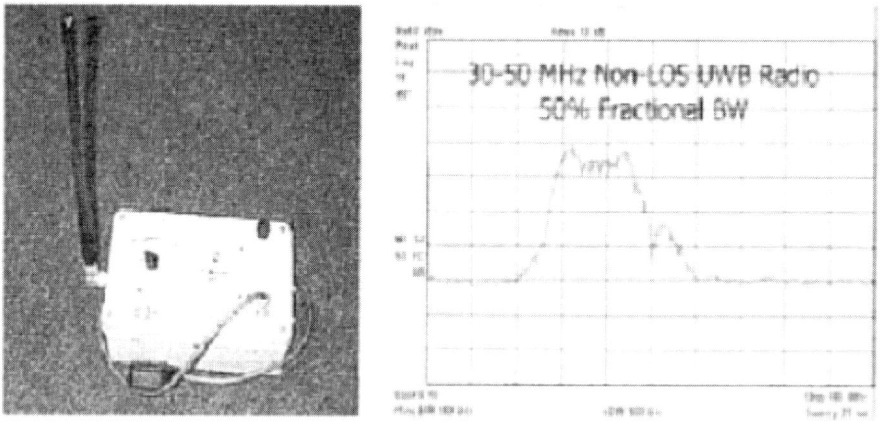

그림 9.30 UWB 지상파 통신 시스템

이 시스템은 30 ~ 50 MHz 주파수 대역에서 동작되도록 설계되었고, 대략 35 와트의 피크전력출력을 이용한다. 그림 9.30에서 볼 수 있듯이 이 무선장치는 128 kb/s로 디지털 음성과 데이터 전송이 가능하고, 표준 SINCGARS (30 ~ 88 MHz) VHF 군사 안테나를 사용하므로 대약 16 km의 수중에서 동작이 가능하다. 육상에서 동작 범위는 지형에 따라 다르지만 나뭇잎이 있고, 빌딩과 언덕이 있는 곳에서 1.6 ~ 8 km 까지 동작한다. 또한 이 주파수 범위에서 관측되는 강한 간섭원 때문에 감도의 손실을 방지하기 위하여 항 재밍의 회로를 추가하였다. 이 장치는 중간 중계 링크를 경유하여 한 무선 장치에서 다른 무선 장치로 패킷을 저장한 후 전홍하는 기술로 데이터 전송이 가능하다.

그림 9.31은 비대칭 양방향 링크 상에서 커맨드와 제어 정보, 압축된 비디오를 전송하도록 설계된 고속 (25 Mb/s) UWB 무선장치이다. 이 시스템은 4 W 피크 전력 출력으로 1.3 ~ 1.7 GHz 대역에서 동작되도록 설계되어 있다.

그림 9.32은 그림 9.29~9.31를 적용한 시스템이다. 그림 9.31은 2 Mb/s 비대칭 UWB 링크로 UAV (unmanned helicopter) 중계기를 통하

그림 9.31 비대칭 비디오/커맨드와 제어 UWB 송수신기

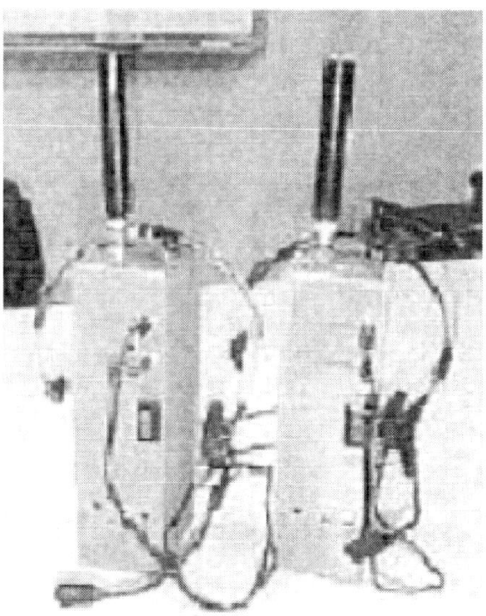

그림 9.32 비대칭 비디오/커맨드와 제어 UWB 송수신기

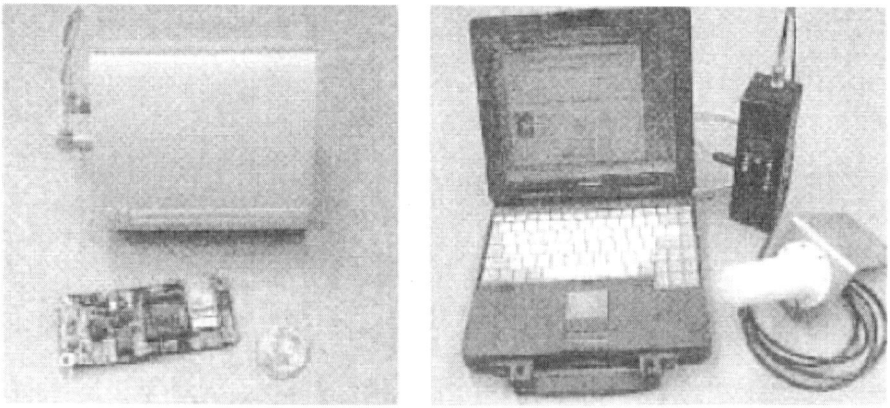

그림 9.33 UWB 태그 또는 태그 리더

여 소형 로봇에서 병사에게 압축 비디오를 정송한다. 로봇의 커맨드와 제어 신호 (115.2 kb/s)는 UAV를 통하여 중계되고, 압축된 비디오 전송 (1~2 Mb/s)은 병사에게 UAV를 통하여 중계된다. UAV와 로봇에 대한 범위는 수 km 이다.

그림 9.33은 태그 디바이스를 이용한 UWB 통신에 대한 또 다른 예이다. 이 시스템은 음주 운전 전과가 있는 사람이 도로에서 운전할 때, 음주 운전으로 반복되는 사고를 예방하기 위하여 미국의 수송국에서 설계하였다. 이 개념은 운전자와 차량의 정보와 함께 운전자의 사진 등을 경찰차에 있는 도로변 감지기로 중계하는 디바이스가 있는 차량에 태그를 붙이는 것이다. 이 태그는 차가 압수되고, 미수감되는 대신에 설치된 것이다.

UWB 기술이 이러한 기술에 응용되는 이유는 다중 경로가 있는 환경과 이동 환경에서 고속으로 데이터를 보낼 수 있기 때문이다. UWB 태그는 Leo역 (1.4~1.65 GHz)에서 동작하고, 300미터 이상 범위에서 대략 250 mW의 피크 출력 전력을 갖는다. 운전자의 영상은 추가 ASCII 데이터와 함께 압축된 JPEG 파일로 EPROM에 저장되어 주기적으로 UWB 수신기로 400 kb/s 버스트 데이터를 전송한다.

그림 9.34 UWB 무선 인터콤 통신 시스템

그림 9.34는 미 해군 비행기에서 무선으로 상호간 통신하기 위하여 설계된 시작품 UWB 송수신기이다. 이 시작품 UWB 송수신기는 멀티 채널, 양방향, 대략 100미터에서 32 kb/s 디지털 음성을 제공한다. 심한 다중경로에서 동작할 수 있는 증력비 간섭, 도청이 낮은 확률을 갖도록 UWB 파형을 선택한다. WICS (Wireless Intercom Communication Systems) 송수신기의 동작 주파수는 L 대역 (1.2 ~ 1.8 GHz)이다. WICS의 주요한 특징 중 하나는 전 이중통신과 다중 사용자를 위해 FDD/TDMA을 사용하는 것이다. 극히 짧은 펄스 폭과 낮은 저력 밀도를 갖기 때문에 UWB 시스템은 재래식의 RF 통신 시스템보다 가로채기나 ECM 공격이 보다 더 훨씬 어렵다.

결과적으로 UWB 시스템은 민감한 비행기 제어 시스템, GPS 등과 같은 보드 위 다른 전자 부품에 간섭을 최소로 하고 있다. UWB 시스템은 극히 낮은 듀티 사이클로 매우 낮은 전력 소모가 가능하다. WICS 프로그램은 최근에 부가적인 추가 자금 지원을 받아 성능 개선과 소형화를 추진하고 있다. 가장 최근 UWB 통신 기술의 응용 중 하나는 이동, 다중 노드, ad hoc 무선통신망의 개발이다. 그림 9.35는 미국 국방성에서 개발 중인 시스템이고, 그림 9.36은 ad-hoc 시스템 블록도이다.

그림 9.35 UWB 전술 ad-hoc 네트워크

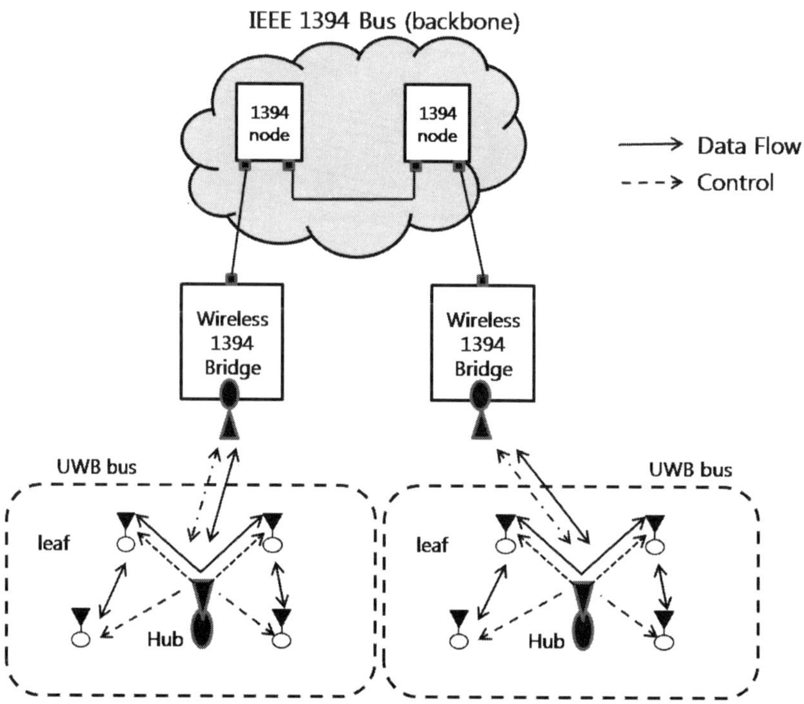

그림 9.36 Ad-hoc 네트워크 시스템 블럭도

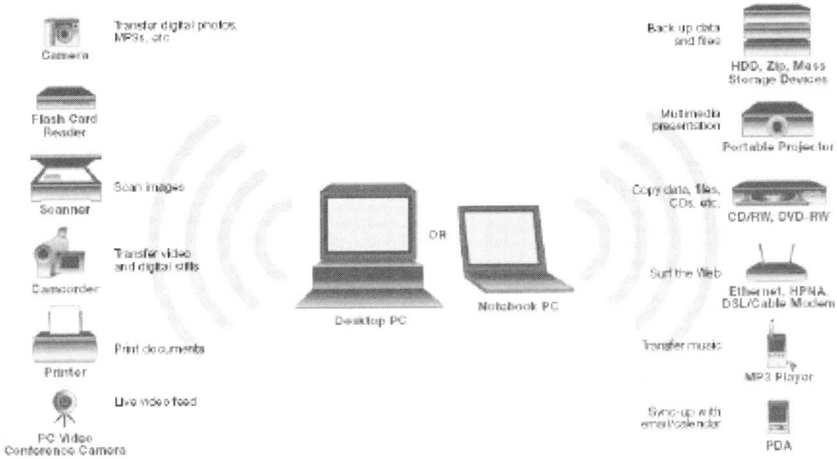

그림 9.37 IEEE1394를 근간으로 한 UWB 홈 네트워크 구성

이 시스템은 보안, 낮은 확률의 가로채기와 감지를 제공한다. 이 시스템은 암호화된 음성/데이터 (128 kb/s)과 고속 비디오 (1.544 Mb/s T1) 전송을 지원할 수 있는 ad-hoc 무선망 성능을 갖고 있다.

DSU&T (Dual Use Science and Technology) 하에 해군 연구소에 의해 지원되는 노력으로 고속 링키가 안되는 환경에서 대체 통신을 할 수 있는 커넥션리스, 멀티 홉, 패킷 교환으로 해결점을 제공하는데 적합한 IP (Internet Protocol)를 근간으로 한 이동 ad-hoc 망 (MANET)은 현재 시점의 기술수준으로 개발되고 있다.

그림 9.37은 IEEE1394를 근간으로 한 UWB 홈 네트워크 구성도이다. 이러한 네트워크는 가정 환경에서 무선 네트워크 해결책을 개발하고 기존의 IEEE1394 백본을 확장하는데 목적이 있다. 계층적인 망 구조는 UWB 버스, 무선 1394 브릿지, IEEE1394 백본으로 되어 있다. UWB 버스는 허브가 있는 스타망의 구조로 되어 있다. 데이터 흐름은 직접 peer-to-peer 통신을 하는 분산 ad-hoc 모드이다. 그리고 두 포트 타입을 이용하여 UWB 버스와 IEEE1394 백본을 연결하는 계층 구조는 그림 9.38과 같다.

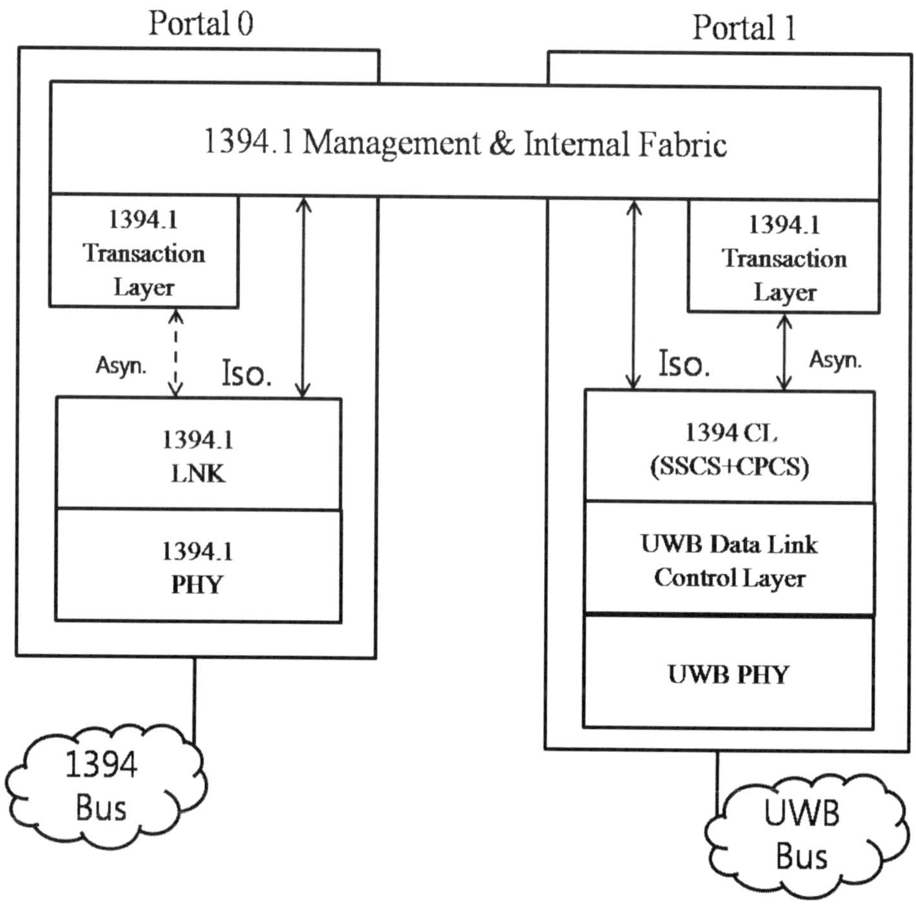

그림 9.38 IEEE1394와 UWB간의 계층의 연결

(2) UWB 위치 측정

통신과 레이다 간을 상호 연결할 수 있는 UWB 응용이 정밀 지리 위치이다. 그림 9.39는 UWB 위치 측정 시스템이다. 이 시스템은 킬로미터 거리상에서 센티미터까지 정확하게 측정할 수 있다. 이 시스템은 GPS와 달리 건물내, 도심, 숲에서 동작이 가능하다. 이 시스템은 네트워크상에서 사용될 때 기본적으로 위치정보를 서로 공유할 수 있는 특징을 가지고 있다.

그림 9.39 UWB 위치 측정 시스템

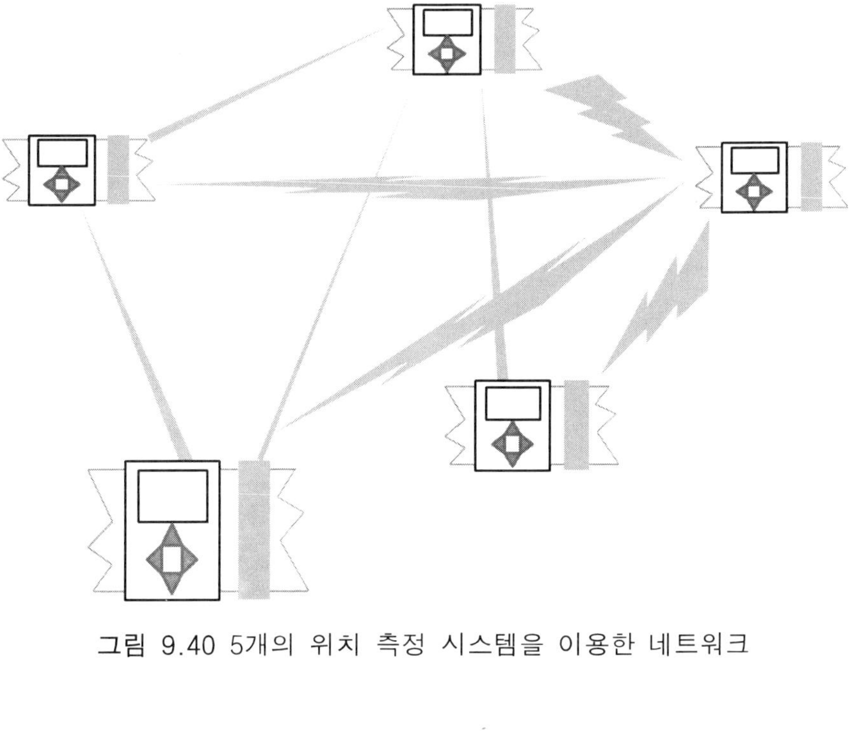

그림 9.40 5개의 위치 측정 시스템을 이용한 네트워크

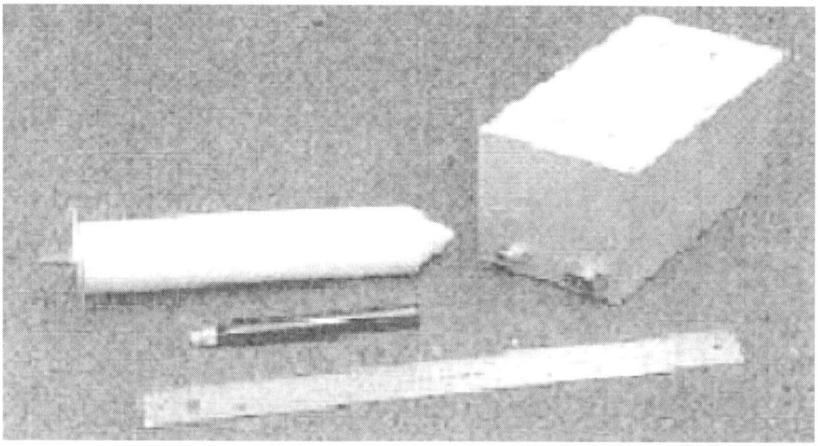

그림 9.41 UWB 위치측정 시스템

그림 9.40은 네트워크상에서 서로 위치 정보를 공유함으로써 위치를 결정한다. 그림 9.41은 UWB 표지와 이동 UWB를 이용하여 3차원 위치 정보를 제공하도록 설계된 시스템이다. 정확한 위치는 이동 UWB와 UWB 표지에서 패킷을 버스트로 전송하여 왕복 시간을 측정으로 알아낸다.

그림 9.41에서 시스템은 2.5 ns, 4와트 피크, UWB 펄스, 1.3~1.7 GHz 대역에서 이용한다. 시스템의 가시거리는 전방향 수직으로 편파되고, 원형으로 편파된 안테나를 이용하므로 2 km 이상 될 것이다. 빌딩내에서, 거리는 벽과 장애물 감쇠에 의하여 제안된다.

그러나 빌딩 안에서 100미터를 초과하는 거리가 있다. 시스템의 유일한 특징은 민감한 충정 방식을 사용하므로 펄스 리드 가장자리를 감지할 수 있는 능력이다. 리드 가장자리 감지는 내부 반사에서 생기는 다량의 다중경로에서 직접경로의 해상도에 중요하다. UWB 지질위치 시스템은 본래 병사가 도시 환경에서 1피트 해상도이내 자신의 위치를 결정하도록 개발되었다. 현재 이것은 3차원 모델링을 위해 비디오 캡처 시스템을 늘리는데 사용될 것이다. PAN (Precision Asset Location)의 시스템 은 4개의 수동 UWB 수신기, UWB 기준 태그, 그리고 UWB 능동 태크의 수집으로 구성되어 있다.

그림 9.42 PAL UWB 태크

그림 9.43 컨테이너가 있는 공간에서 PAL 시스템 활용

태그는 그림 9.42와 같다. 태그는 버스트 모드에서 동작하면서 처음에는 동기를 위해 프리엠블을 보낸 후, 태그 ID 정보를 주기적으로 보낸다. 태그는 서로 비동기식으로 통신하므로 충돌이 가끔 발생한다. PAL 시스템은 L 대역에서 대략 400 MHz 순시대역폭을 사용하고, 태그는 짧은 펄스를 피크 출력 전력의 0.25와트 정도로 보낸다. 그림 9.43은 컨테이너가 있는 공간에서 PAL 시스템 활용을 보인 것이다. 이러한 경우 위치의 정확도는 아주 정밀한 것으로 보고되고 있다.

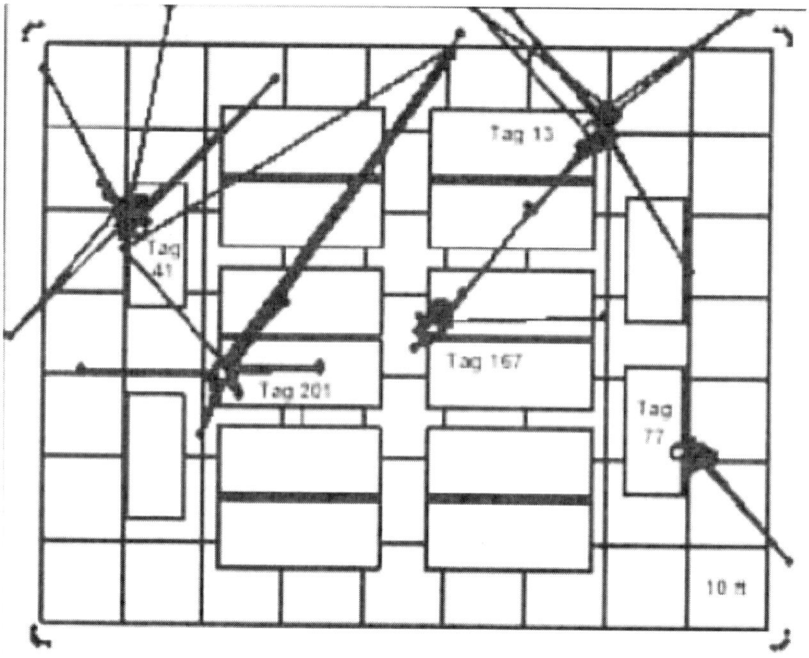

그림 9.44 고도계와 정애물/충돌 회피 센서

(3) UWB 레이다

그림 9.44는 정확한 고도계와 장애물/충돌 회피 센서로 설계된 UWB 시스템이다. 단지 0.2 와트의 피크 출력으로 시스템은 C밴드의 5.4~5.9 GHz 주파수에서 동작하고, 4 μW 이하의 10 kbps에서 평균 출력 전력을 갖는다. 레이다의 거리 해상도는 리드 가장자리 감지 능력을 이용하는 1 피트보다 낫다.

Hummingbird 응용하기 위해서는 시스템은 선형 전방주시 상 배열과 넓은 빔폭 측면 주시 안테나를 결합한다. Hummingbird 레이다의 몇 가지 변형이 개발되었다. 예를 들면, 그림 9.45는 직원, 차량 그리고 큰 구조물 뒤에 있는 다른 물체를 감지하기 위해 광대역 백업 센서를 나타낸다.

C밴드 5.4~5.9 GHz 주파수에서 대략 250 mW로 동작하므로 백업 센서

그림 9.45 UWB 백업 센서

는 차량에서 350 피트 범위를 넘으면 1피트처럼 가깝게 물체를 감지하기 위해 이중 안테나 구성을 이용한다. 초광대역은 이러한 응용에 있어 정확한 거리를 제공할 수 있는 상당한 장점을 제공한다.

Hummingbird 충돌 회피 센서의 또 다른 변형은 전자면허판의 부분으로 그림 9.46과 같이 개발되었다. UWB 전자 면허판은 자동차 충돌 회피와 대로변 통신을 하기 위해 차량에 RF 태그를 위해 이중 기능 특성을 제공한다. 충돌 회피 기능은 소형 500 MHz C 대역 UWB 레이다로 이루어져 있다. 그리고 RF 태그 기능은 낮은 전력 250 MHz 대역 L 대역 시스템으로

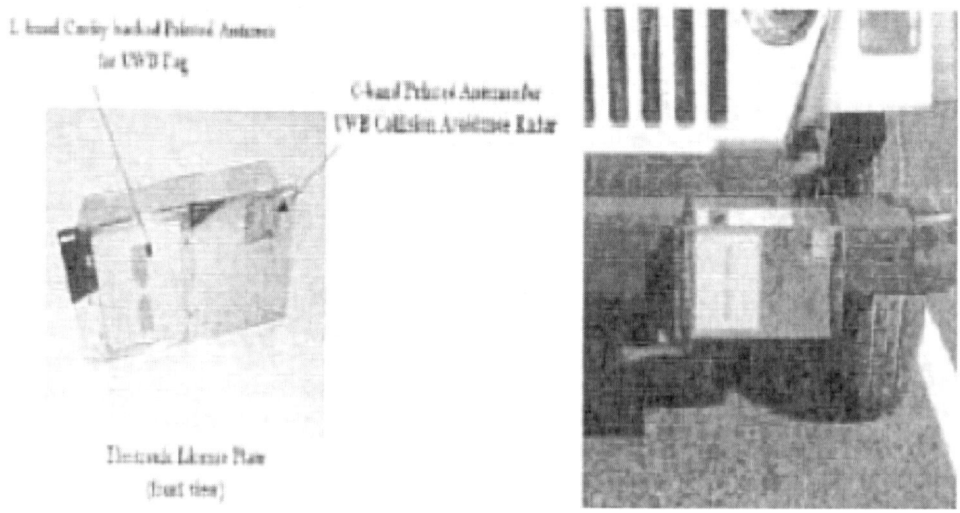

그림 9.46 UWB 면허판 태그

이루어져 있다. UWB C 밴드 레이다는 1피트보다 더 정확하게 다른 차량에 대하여 100 피트보다 좋은 범위를 달성하기 위하여 0.2W 피크 전력 파형을 이용한다. L 대역은 800 피트를 초과한 범위에서 128 kb/s 의 데이터 처리율을 이루기 위하여 0.3피크 과트 패킷 버스트 전송으로 동작한다. 정확한 거리 특성 (레이다 모드)과 좋은 다중경로 면역성 (태크 모드) 때문에 전자 면허판은 초광대역 기술을 선택했다.

X 밴드 대역에서 동작하는 또 다른 단거리 레이다는 그림 9.47과 같다. 이러한 시작품 센서는 가로채기와 감지의 낮은 확률, 항재밍, 중간, 소형 탄환 그리고 탄약응용을 위한 레이다 근접 센서를 미국 육군 미사일 사령부에서 개발하였다. 시스템은 중심주파수 10 GHz에서 2.5 GHz의 동작주파수를 갖고 있다. 특히, 단거리 범위 (6피트 이하)응용을 위해 설계되었기 때문에 UWB 센서는 6인치 거리 해상도를 갖는다. 85 nW보다 적은 평균 출력 전력을 가지고 -4 dBsm 목적물은 소형, 마이크로스트립 패치 안테나를 이용하여 대략 15 피트의 거리에서 감지될 수 있다.X 밴드 UWB 레이다 신관 장치의 변형은 현재에 2단계 II 소기업 혁신 연구 (SBIR : Small Business

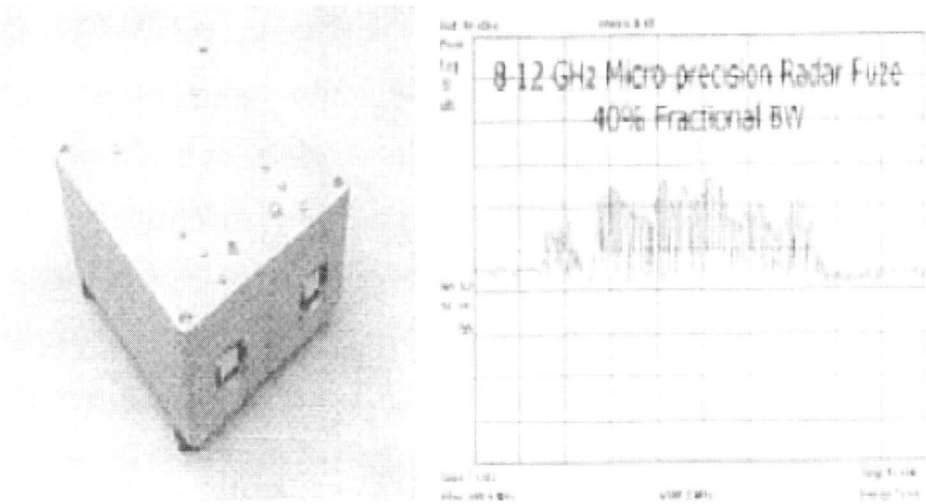

그림 9.47 X 밴드 UWB 신광장치 센서

그림 9.48 4개 X 밴드 UWB 안테나 배열의 MAV 모형물

Innovation Research) 협정 하에 DARPA (Defense Advanced Research Projects Agency)의 MAV (Micro Air Vehicle) 프로그램을 위해 개발되고 있다. 그림 9.48은 4개 X 밴드 UWB 안테나를 배열로 한 4인치 마이크로 헬리콥터의 모형물이다. UWB 칩셋은 보드에 탑재된 충돌과 장애 회피 센

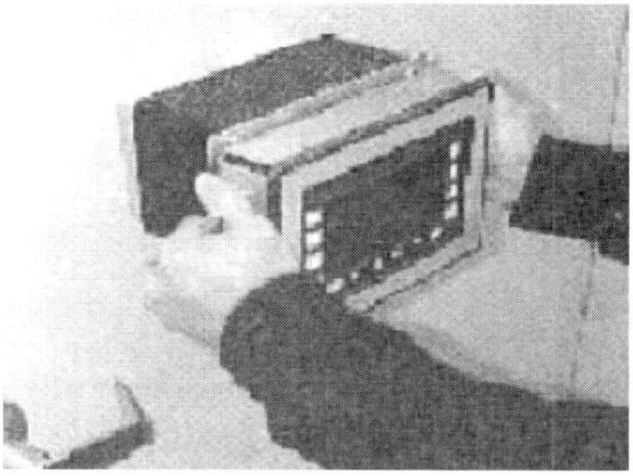

그림 9.49 UWB 벽 침투 센서

그림 9.50 스위치된 안테나 배열

서를 위해 개발되고 있다.

그림 9.49는 벽 관통 침투를 위해 설계된 UWB 참입 센서이다. L 대역 동작 주파수와 33% 단편의 대역폭으로 이 시스템은 몇 개 중간 벽을 통하여 직원을 감지하기 위하여 1와트 피크 UWB 파형을 이용한다. 넓은 지역 감시 범위는 건물 안팍이다. 확장한 거리 시스템은 또한 1000 피트를 초과하는 거리에서 인간 목표물을 감지하여 추적하는데 개발되었다.

그림 9.50은 스위치된 안테나 배열은 넓은 지역 감시 시스템으로 사용되고 있는 것이다. 목표물 방위각과 거리는 결정되어 목표물의 방향에서 카메

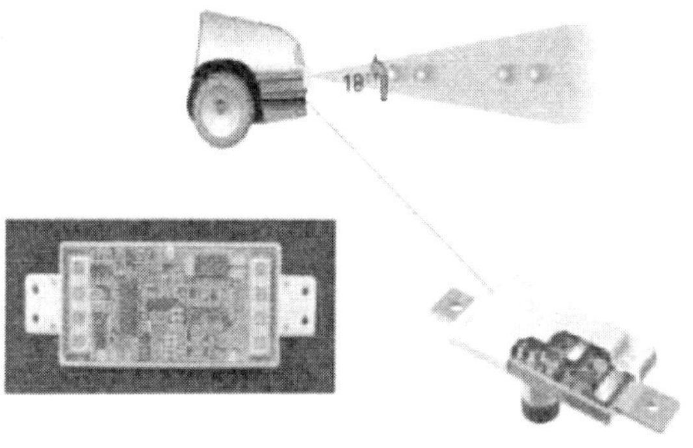

그림 9.51 SRR의 시스템

라를 향하는데 사용된다.

그림 9.51은 SRR (Short Range Radar)의 시스템이다. 이 시스템은 24 GHz 주파수 대역에서 동작한다. 스펙트럼 마스크는 아직 결정되어 있지 않고, FCC는 24 GHz 주파수를 허가하는 것 같다. 이 시스템의 장점은 정확한 거리로 속도 측정, 날씨와 먼지의 영향에 강함, 적절한 가격 때문에 시장 진입이 용이함, 도로에 있거나 가까이 있는 정지 및 움직이는 물체를 측정할 수 있음이다.

9.5 UWB를 이용한 차량용 레이더 기술

9.5.1 개요

최근 높은 전송 속도와 함께 무선통신에 있어서 항상 문제점으로 제기되어온 무선 기기들 사이의 전파간섭 문제를 모두 해결할 수 있는 통신 방식으로 UWB(Ultra Wide-Band) 기술이 부각되고 있다. 초기 짧은 단일 펄스에 의해 광대역 주파수 특성을 얻을 수 있었던 UWB 신호 생성 방법은 현재 OFDM (Orthogonal Frequency Division Multiplexing), Multi-Band 등 여러 가지 방식으로 발전된 상황이며, 각각의 방식들은 IEEE 등과 같은 국제 표준화 회의에서 활발히 논의되고 있다.

이에 발맞추어 2002년 미국 FCC는 UWB 기기의 운용에 대한 여러 가지 기술 기준을 제정, 공시하였는데 그 주요 응용 분야로는 이미징 시스템, 옥내 및 휴대용 UWB 시스템 및 차량용 레이더 시스템을 제안하였다. 이러한 응용분야중에서 현재 국내외적으로 가장 관심이 집중되는 분야는 옥내 및 휴대용 UWB시스템으로, 국내에서는 유비쿼터스 환경하에서의 홈 네트워크 분야가 차세대 10대 신성장 동력으로 선정됨에 따라 그 중요성이 특히 부각되고 있다.

이에 반해 차량용 레이더 시스템의 경우 UWB의 응용에 대한 연구는 국내에서는 아직까지 미비한 실정이다. 하지만 국내 자동차 산업과 이동통신 산업의 세계적인 경쟁력을 감안할 경우 향후 텔레매틱스(Telematics) 분야의 발전 전망은 매우 높으며, 따라서 차량용 레이더 시스템에 대한 UWB응용 연구가 활발해질 전망이다.

9.5.2 차량용 레이더 시스템

차량용 레이더는 그림 9.52와 같이 충돌 방지용 전방 감시 레이더 및 후방 및 측면 감시 레이더 시스템으로 나뉘어 질 수 있는데 충돌 방지용 전방 감시 레이더의 경우 동작거리 30m 이상의 차량을 검출할 수 있어야 하므로 기본적으로 고출력이 요구되어, 최근까지 76/77GHz 대역의 밀리미터파 대역이 주로 사용되고 있다.

현재 국외의 유수 자동차 제조업체들이 이미 77GHz대역의 차량용 레이더의 장착을 옵션화하여 제공하고 있으며, 대표적인 업체들로는 Daimler-Benz, BMW, Nissan, Toyota, Honda, Volvo, Ford 등을 들 수 있다. 이러한 차량용 레이더를 적용한 기술은 “Active cruise control(ACC)” 또는 “Intelligent

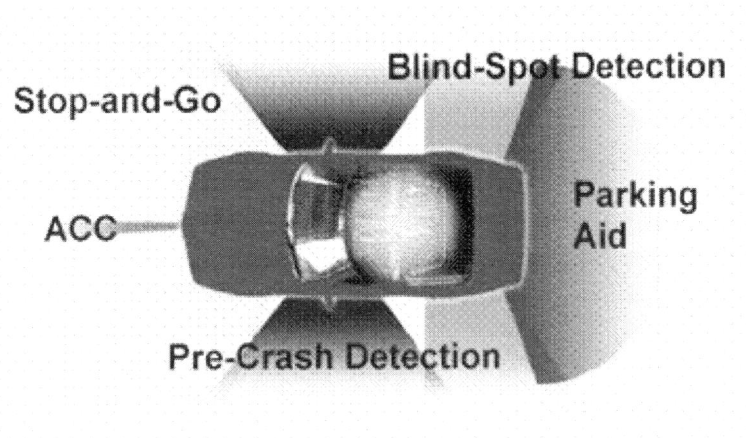

그림 9.52 차량용 레이더 시스템

cruise control" 등으로 불린다.

하지만 77GHz 대역은 매우 정밀한 분해능(Resolution)을 필요로 하는 측면과 후방 감시용으로 사용하기에는 그 대역폭이 너무 좁아서 사용하기에 부적절하다. 예를 들어 측면과 후방 감시용 자동차용 레이더에서 요구하는 7.5cm의 분해능을 갖기 위해서는 적어도 4GHz이상의 대역폭을 갖는 레이더 시스템이 필요한 것으로 보고되고 있다. 따라서 이에 대한 요구사항을 반영하기 위하여 2002년 미국 FCC는 UWB 기기의 운용에 대한 여러 가지 기술 기준을 제정, 공시하였는데 그 주요 응용분야중의 하나로 고해상도 차량용 레이다를 22~29GHz의 7GHz 대역폭을 사용하도록 명기하였다.

그림 9.53에 이러한 주파수에 따른 최대 허용 출력 기준을 표시하였다. 또한 이러한 UWB 방식을 이용한 차량용 레이더 시스템에 대한 기술 기준에 대한 요약은 표 9.9과 같다. 표 9.9의 마지막 항목인 방사 제한 특성은 현재 미국내 천문우주 분야에서 사용되고 있는 23.6~24GHz대역을 보호하기 위한 요구 조건이다. 국내의 경우는 현재까지 UWB 기기의 운용에 관한 별도의 기술적 조건이 아직 제정된 바가 없지만 현재 UWB 시스템에 대한 관심이 증대되고 있는 점을 감안하다면 조만간 차량용 레이더의 경우에

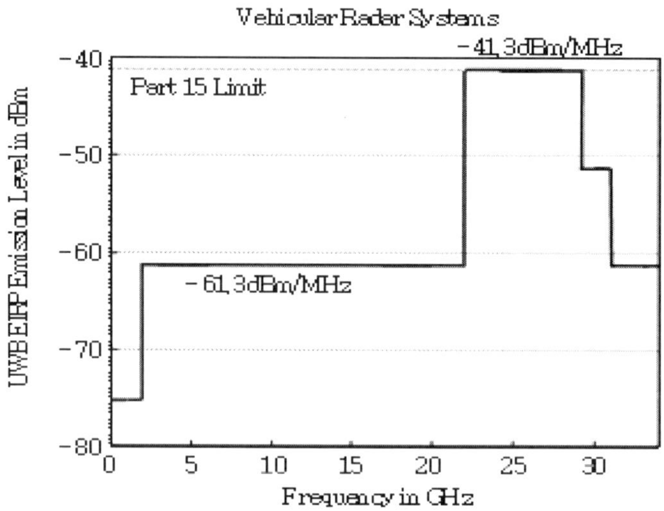

그림 9.53 차량용 UWB 레이터에 대한 미국 FCC 규격

표 9.9 차량용 UWB 레이더에 대한 미국 FCC 규격

	FCC UWB Ruling, FCC 02-48, Section 15.516
Application	차량이 운용중일 때만 동작 (예 : 엔진이 동작하는 경우)
주파수 특성	22~29 GHz 사이에 위치해야 하며, 중심 주파수 f_c와 최대 출력을 내는 주파수 f_M은 24.076 GHz 이상이어야 함
대역폭	최소 신호 대역폭은 20% 이하이거나 600 MHz 이상
출력 특성	-41.3 dBm EIRP, 1nsec average
최대 출력 특성	최대 출력 주파수 근방 60 MHz 이내에서 0 dBm EIRP 이하
방사 제한	지상으로부터 30° 이상 이격된 전파발사 제한 - 26 dB 이하 (2006년) - 30 dB 이하 (2010년) - 36 dB 이하 (2014년)

적용할 수 있는 기술기준이 제정될 것으로 기대하고 있다. 차량용 레이더는 동작거리에 따라 5m 이하의 근거리(Near-range)와 20m 정도의 중거리(Mid-range)로 나눌 수 있다. 근거리 동작의 경우 고 분해능을 요구하므로 목표물의 RCS(Radar Cross Section)의 넓은 동적 범위를 분해할 수 있도록 높은 분해능을 필요로 한다. 따라서 레이더 형태중에 PN-Coded 방식이나 FMCW(Frequency Modulated Continuous Wave)방식이 사용되게 될 것이다. 이 경우 송수신이 동시에 이루어지므로 송신부와 수신부 간의 적절한 격리(Isolation) 특성을 유지하는 것이 매우 중요하다. 중거리용 레이더의 경우 펄스 레이더를 사용하게 되는데 이 경우 타이밍 회로가 복잡해지는 단점이 있지만 송수신부 간에 격리 특성이 우수하여 분해능을 높일 수 있는 장점이 있다.

펄스 레이더의 경우 주요 파라미터는 다음과 같다.

- Pulse Width(FCC 규정에 의해 7GHz 대역폭 전체를 사용할 경우 300 pS이상, 4nS 이하)
- PRI(Pulse Repetition Interval)
- Duty Cycle (Pulse Width / Period of Pulse)
- Peak Power
- Carrier Wave Frequency
- Antenna Pattern

이러한 파라미터들은 레이더의 최대/최소 측정 가능거리 및 피측정체의 종류에 따라 다양한 값들이 선택될 수 있다. FCC 규칙에 의하면, 최대 전력(Peak Power)은 50MHz대역에서 일정한 값의 전력이라고 가정할 경우 -17dBm/MHz이며, 이를 -41.3dBm 제한과 연동시키면 duty cycle은 1/269(~0.4%)가 된다. 펄스폭의 경우 7GHz 전체를 사용할 경우 300pS에 해당하므로 이는 현재 기술로 구현이 매우 어려운 기술이므로 적절히 대역폭을 나누어 사용해야 할 것으로 전망된다.

9.5.3 관련 핵심 기술

과거 77GHz 중심의 충돌 방지용 레이더 시스템의 경우 상용화에 걸림돌로 작용한 요인 중 대표적인 요인은 그 동작 주파수가 밀리미터파 대역이라는 점이었다. 현재 반도체 기술의 한계로 밀리미터파 대역의 시스템의 경우 MMIC(Monolithic Microwave Integrated Circuit) 등의 소자 기술과 어셈블리 및 패키징 기술 등의 성숙도가 떨어지며, 따라서 가격적인 면에서도 시장성을 갖추기에는 현재까지도 제조 단가가 상당히 높은 편이다. 또한 높은 주파수 대역에서 도파관 등을 사용한 필터 등의 수동 소자의 사용으로 소형화하는데도 한계가 있다.

반면에 22~29GHz의 경우 위성통신 등에서 사용되어온 주파수 대역이기 때문에 그 동안 축적되어온 기술의 성숙도로 인해 상대적으로 상업화의 가능성이 높다. 또한 출력 전력이 상대적으로 낮아 송수신부간에 Isolation 문제가 적을 것으로 예상되므로 집적화하기가 용이하다. 그림 9.54는 송수신 안테나와 송수신 모듈이 집적화된 UWB 레이더에 대한 가상적인 개념도를 나타낸다.

그림 9.54의 경우 앞면에 송수신 안테나가 별도로 구성되어 있는데 표 9.9에 표시한 방사제한 특성을 맞추기 위하여 수직 방향으로 마이크로스트립 안테나가 배열되어 있다. 배열의 개수는 시스템 규격에 따라 가변될 수 있다. 그림 9.54에서는 FMCW레이더를 가정하여 송수신 안테나가 별도로 그려져 있으나 펄스레이더의 경우는 송수신 겸용으로 사용할 수도 있다.

안테나 뒷면은 단일칩 송신용 MMIC 와 수신용 MMIC, 기준신호를 발생하는 고주파 신호원 MMIC, 그리고 레이더 신호처리 및 차량용 CAN(Controller Area Network)-bus와의 인터페이스를 처리하는 신호처리용 ASIC의 4개의 주요 칩으로 구성된다고 예상할 수 있다. 모든 칩과 안테나간의 인터페이스 및 상호 연결은 초고주파 대역이므로 전송 선로의 분산 특성을 고려하여 설계하여야 하며, 또한 차량 탑재용이므로 환경적인 측면과 신뢰성 측면을 모두 고려하여 어셈블리와 패키징이 이루어져야 한다.

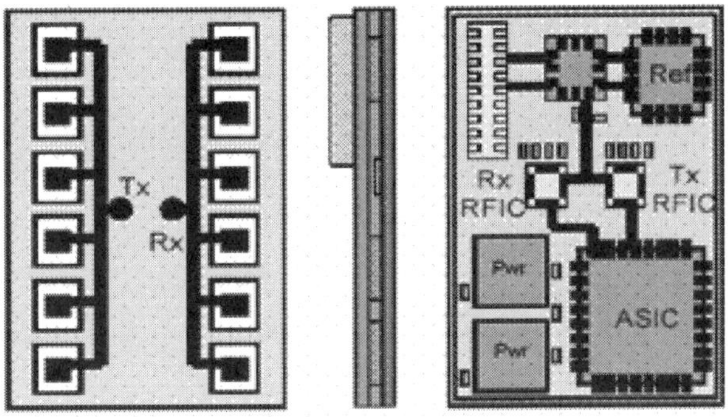

그림 9.54 UWB 레이더 모듈의 개념도

이러한 모듈을 설계할 때 향후 예상될 수 있는 회로설계 및 양산 과정에서의 문제점들을 분석하면 다음과 같다.

(1) sub-nS 간격의 펄스를 사용함에 따른 회로의 분산 특성

UWB시스템은 광대역 시스템이므로 일반 전송선로의 주파수에 따른 특성이 다를 경우 펄스의 지연 및 퍼짐 현상이 발생한다. 이는 회로 설계 및 패키징에도 영향을 주어 반도체 기판상의 PAD, wire-bond 등의 특성도 주파수 선택적 특성이 있으므로 시스템 설계시 이러한 상황을 충분히 고려하여 설계하여야 한다.

(2) 저가격화를 위한 집적화 기술

20GHz대역의 회로가 저가로 구현되기 위해서는 어셈블리와 패키징이 중요한 문제가 된다. 어셈블리와 패키징은 차량에서 요구하는 높은 신뢰도와 생산성을 요구함과 동시에 경제성까지 가져야 한다. 종래에는 wire-bonding과 금속 패키징이 이 주파수 대역에 사용되었으나, wire-bond의 주파수 특성 및 생산성을 고려한다면 플립칩(flip-chip) 본딩, LTCC적층기술을 이용한 멀티칩 모듈(Multi-Chip Module: MCM) 등의 기술이 향후에는 적용될 전

망이다. 예를 들어 플립칩 본딩은 MMIC의 뒷면의 접지면을 없앨 수 있는 CPW(CoPlanar Waveguide) 기술과 함께 사용한다면 패키징 문제를 상당 부분 해결할 수 있다. 또한 그림 9.53에서 보는 바와 같이 안테나와의 일체형 설계가 예상되므로 안테나까지 포함한 패키징 기술 및 RF MEMS 기술을 이용한 필터 등의 수동소자의 소형화 및 능동소자와의 집적화 연구도 활발하게 될 것으로 전망되고 있다.

(3) 밀리미터파 대역에서의 안테나 방사특성 조정

표 9.9의 방사제한 특성은 상향 방향으로 매우 낮은 부엽(sidelobe) 특성을 갖는 밀리미터파 대역의 광대역 안테나 설계를 필요로 한다. 그림 9.53에서처럼 서가격화를 위해 일반적인 마이크로스트립 수직 배열 안테나를 설계할 경우 상/하향 방향으로 동일한 부엽 특성이 발생한다. 따라서 상향 방향으로의 부엽 특성을 낮추기 위해서는 배열 소자간의 적절한 가중치를 두어 설계하여야 하므로 이는 밀리미터파 대역에서 고난이도의 기술이다. 또한 UWB의 특성상 밀리미터파 대역에서 광대역 설계를 하여야 하므로 일반적인 마이크로스트립 안테나는 협대역 특성을 가지므로 대역폭을 확장시킬 수 있는 광대역 설계 기법이 적용되어야 한다. 또한 안테나부와 RF 모듈간의 일체화된 구조가 예상되므로 안테나 급전부와 RF모듈간의 급전부 설계 및 능동 안테나(Active Antenna) 등의 연구가 필요하다.

(4) 신뢰성 있는 전자 부품

차량용 레이더 기술에서 중요한 고려사항 중의 하나는 차량을 매개로 하므로 차량의 온도범위, 진동 특성, 전원 등을 고려하여 신뢰성 있는 RF기술을 사용해야 한다는 점이다. 예를 들어 컴퓨터의 경우 설계시 고려하는 동작온도는 0℃에서 55℃인데 반해 자동차의 경우 -40℃에서 55℃이다. 진동의 경우도 주요 고려사항이며, 자동차의 생명 주기가 10년 이상이므로 이를 고려한 신뢰성 있는 전자 부품 및 모듈 기술을 필요로 한다.

또한 현재 국내의 경우 자동차 회사와 전자부품 및 시스템 관련 회사간의 연구 협력이 활발하지 않으므로 향후 차량용 레이더 기술의 활성화를 위해서는 자동차 부품 전문회사와 전자부품 전문회사간의 다양한 채널을 통한 연구 협력이 필요하리라 생각된다.

차량용 레이더란 지능형 교통시스템을 구현하기 위한 필수 기술이지만, 과거 76/77GHz대역의 밀리미터파 주파수 대역을 할당함으로써 상용화에 많은 문제점을 가지고 있었다. 최근 UWB기술의 발달에 따라 차량용 레이더에 UWB 기술을 적용함으로써 저가로 고정밀 레이더 시스템이 상용화될 수 있는 계기가 마련되었다. 이는 향후 텔레매틱스 기술의 발달을 촉진시키는 계기가 될 전망이므로, 앞으로 이러한 분야의 지속적인 연구를 통해 연관 기술을 개발하여야 할 것으로 보인다. 또한 이를 바탕으로 앞으로 타 산업과의 연계와 관련 기술의 축적 및 시스템 구축 측면에서 지속적인 관심과 투자가 필요하다.

9.6 유비쿼터스 시스템을 위한 UWB 기술

유비쿼터스화된 생활공간은 언제 어디서든 네트워크로부터 자신이 필요로 하는 정보를 얻을수 있는 환경으로 정의할 수 있다. 유비쿼터스 생활공간 속에서는 환경과 사물들의 상태변화에 대한 정보를 개개인의 욕구에 맞게 실시간으로 획득하고 환경과 사물 스스로 사람에게 필요한 정보를 고지하거나 상황에 적절한 조치를 취할 수 있다. 즉, 도로·다리·터널·빌딩·건물벽·천장·화분·냉장고·구두·시계·종이·물컵·책상 등 도시공간을 구성하는 수많은 환경과 대상물 속에 보이지 않는 컴퓨터를 심는 것이다. 또 모든 사물과 대상은 지능화되고 전자공간에 연결되어 서로 정보를 주고받는 유비쿼터스 공간(Ubiquitous Space)이 만들어진다. 그리고 언제, 어디서나 제한없는 접속(Ubiquitous Access)이 이뤄진다. 이와 같이 유비쿼터스 사회를 앞당기기 위해 통신업계에서 보여지는 움직임은 유선망과 융합된 무선 서비스를 들 수 있다. 첨단 사무실의 각종 정보기기들은 수많은 선으로 연결돼 있으나, 21세기 IT의 화두는 어떻게 복잡한 선들을 잘라 버리고 무선의 시대로 넘어갈 수 있을 것인가에 집중되었다. '언제' '어디서나' 인터넷에 접근할 수 있다는 약속은 정보혁명이 가져올 유토피아를 함축적으로 표현한 구호였다.

유비쿼터스 혁명은 유선 위에서는 성공할 수 없다. 유비쿼터스 혁명은 점 조직과도 같은 무선망에 의해서만 성공할 수 있다. 즉 전파라는 무선 매체에 의지할 때 유비쿼터스 혁명은 급속히 확산될 수 있으며 무선 매체에 의해 .창출되는 공간만이 물리공간과 전자공간을 통합할 수 있다.

이 같은 필요성에 따라 최근 무선 정보통신 기반은 다양한 모습으로 발전하고 있다. 무선정보통신기반은 그 서비스범위와 이동성을 기준으로 무선 PAN(Personal Area Network), 무선 LAN, 무선 인터넷, 이동통신 등으로 구분할 수 있으며, 이들은 각기 고유한 수요를 충족시키기 위해 발전해 왔다. 특히 무선 PAN과 무선 LAN은 집안 여기저기에 흩어져 있는 컴퓨터, 프린터, 헤드폰, 카메라, 오디오세트, 텔레비전, 휴대폰 등을 무선으로 연결시키는 역할을 한다.

그리고 유비쿼터스 환경을 구축하는 가장 기초적인 단위로 RFID(센서)가 있다. 유비쿼터스 환경이 얼마나 빠르게 구축될 것인가는 센서기술이 얼마나 빠르게 발전할 것인가에 달려있다고 말할 수 있다. 미래의 센서기술은 세 가지 단계를 거쳐 발전할 것으로 전망된다. 첫 번째 단계는 센서가 생활공간에 확산되는 단계다. 정보가전을 비롯해 소파와 침대 그리고 도로 곳곳에도 작고 저렴하며 소비전력이 낮은 센서들이 내장된다. 이들은 독립된 센서로서 고유의 기능을 수행한다. 두 번째 단계는 이들 센서가 연결되는 단계다. 기존의 전력선과 전화선을 활용한 네트워킹이 가속화되고 무선화가 보편화될수록 정보기기 속에 숨어 있던 센서들은 단일 네트워크로 통합된다. 네트워크 속에 편입된 센서들은 각자의 정보를 주고받게 될 것이며, 기존의 무선통신망과 유기적인 결합이 됨으로 정보가 종합화될 것으로 예상된다.

본장에서는 가정 내에서 컴퓨터와 디지털카메라, 디지털 TV 등의 광대역 정보가 필요한 가전기기들끼리 자발적으로 통신을 주고받을 수 있는 광대역 무선기술과 사물과 환경의 변화를 실시간 감지, 추적하는 특정 용도의 센서(RFID)간의 저 전송속도로 네트워크하는 무선 기술을 동시에 만족 시킬 수 있는 UWB 무선기술이 가진 기본적인 특성과 현재 진행되고 있는 표준화 동향을 살펴보도록 하겠다.

9.6.1 유비쿼터스 시스템을 위한 UWB 무선 기술의 특성

연속적인 정현파를 사용하는 기존의 무선 통신 시스템과는 달리, UWB 시스템은 매우 좁은 폭을 갖는 펄스를 전송하는 기술을 뜻한다. 이를 기존의 협대역 시스템 및 3G셀룰러 기술로 설명되는 광대역 시스템과 구분하기 위해 중심 주파수의 20% 이상의 점유 대역폭을 차지하는 시스템 (예를 들어 중심 주파수가 4GHz라면 최소 3.2GHz대역과 4.8GHz대역), 혹은 500MHz 이상의

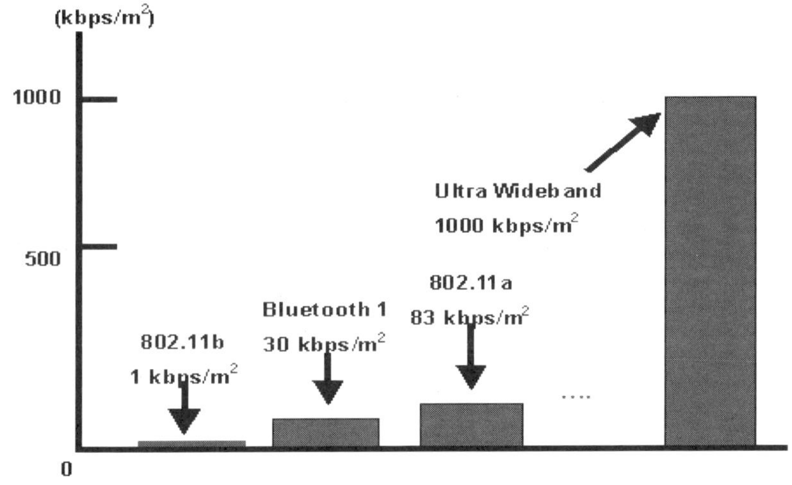

그림 9.55 근거리 무선 통신망들의 공간적 전송용량 비교

점유 대역폭을 차지하는 무선 전송 기술을 UWB라고 정의하고 있다. 유비쿼터스의 무선기술에서 요소 기술이 되는 광대역 전송속도, 저전력, 위치기반 센싱네트워크를 UWB의 특성과 결부하여 살펴보았다.

(1) 광대역성

UWB의 정의에서 보듯이 점유 대역폭이 최소 500MHz이상이 되므로 통신이론상으로도 전송용량은 전송속도에 비례하여 증가하므로 점유대역폭을 증가하면 할수록 광대역 용량을 제공할 수가 있게 된다. 최근 활발히 개발되고 있는 근거리 무선 통신망과의 비교를 위해 공간적 전송용량을 그림 9.55에 비교하였다. 그림 9.55에서 알 수 있듯이 부루투스와 무선 LAN에서 향상된 표준을 개발하고는 있지만 제한된 주파수 대역폭(100MHz 정도) 때문에 이러한 시스템들은 공간적 전송용량 향상에 한계를 가질 수밖에 없으며, 그에 비해 매우 넓은 주파수 대역폭을 이용하는 UWB 시스템은 높은 공간적 전송용량을 제공할 수 있는 잠재성을 가지고 있다.

(2) 송수신기의 소형화, 저전력화, 저가격화

기존의 무선 통신 방식은 대부분 1918년에 Howard Armstrong에 의해 개발된 그림 9.56 (a)의 같은 Super-heterodyne방식을 이용하고 있다. 반면에 UWB 시스템은 그림 9.56 (b)와 같은 기저대역에서의 직접 변환에 의한 Homodyne 방식을 사용하므로 협대역 통신 방식과 달리 송/수신기에서의 주파수 천이 과정(carrier-free)이 필요치 않으므로 Super-heterodyne 구조에 비해 구성이 상대적으로 간단하여, Reference oscillator, Phase-Lock Loop(PLL) synthesizer, mixer 및 power amplifier가 필요하지 않다. 이러한 UWB 시스템의 간단한 구조는 저가격화를 시킬 수 있을 뿐 아니라, IF단의 생략과 임펄스통신으로 인해 기존 통신보다 저 전력 소비를 가능하게 하고 있다.

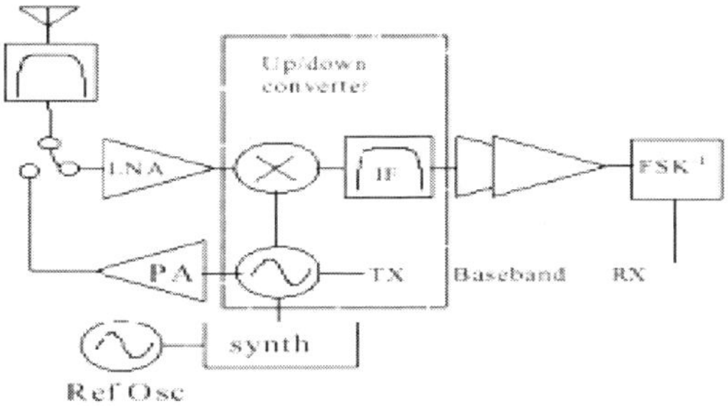

(a) 기존의 통신 (Heterodyne) 방식

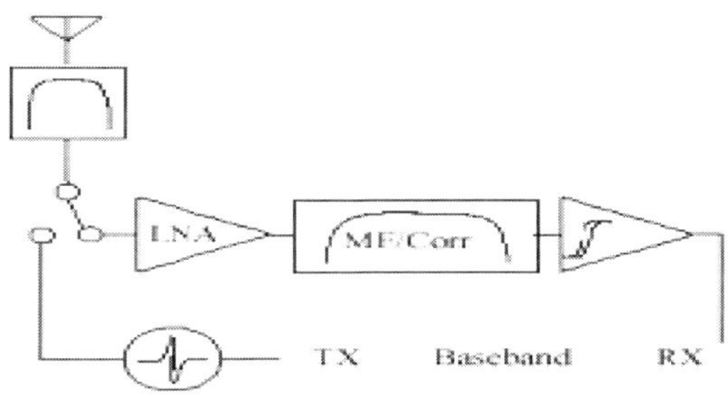

(b) UWB (Homodyne) 방식

그림 9.56 무선통신 방식의 비교

(3) 정밀한 위치 인식 및 추적이 가능

UWB 시스템은 매우 짧은 펄스를 이용한 레이더에서 진화하여 통신에 적용된 방식으로 짧은 펄스에 의한 분해능을 이용하여 cm정도의 정밀도를 구현 할 수 있다.

그림 9.57과 같이 Time of arrival(ToA), Time difference of arrival (TDoA)방식을 위치추적에 사용할 경우 직접파의 도달시간이 위치정보를 갖고 있기 때문에 다른 경로를 통해 들어오는 멀티패스 성분과 정확히 구분하는 것이 매우 중요하다. UWB가 기존 통신에 비해 유리한 이유는 공

간 정밀도(space resolution: multipath 성분들을 수신기에서 구별할 수 있는 능력을 말함)가 월등하게 높아, ToA 를 정확히 추정할 수 있기 때문이다. 예를 들어 UWB 에서 사용하는 펄스의 폭이 0.5ns라고 가정하면 약 15 cm이상의 differential path length를 갖는 multipath 성분들은 서로 분리 가능하므로, 15cm의 정밀도를 갖게 되는 것이다.

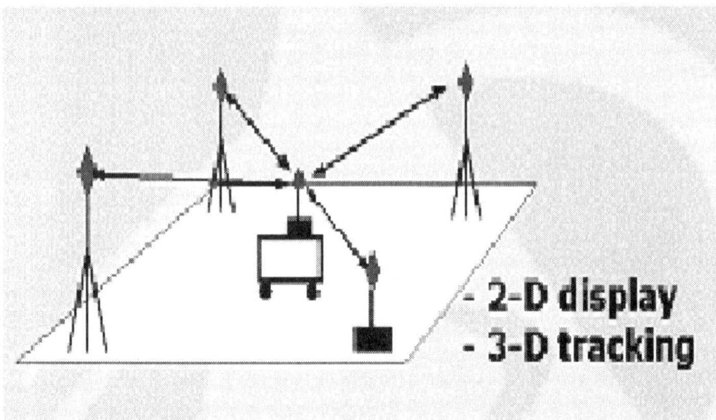

그림 9.57 UWB 정밀한 위치 인식 방법

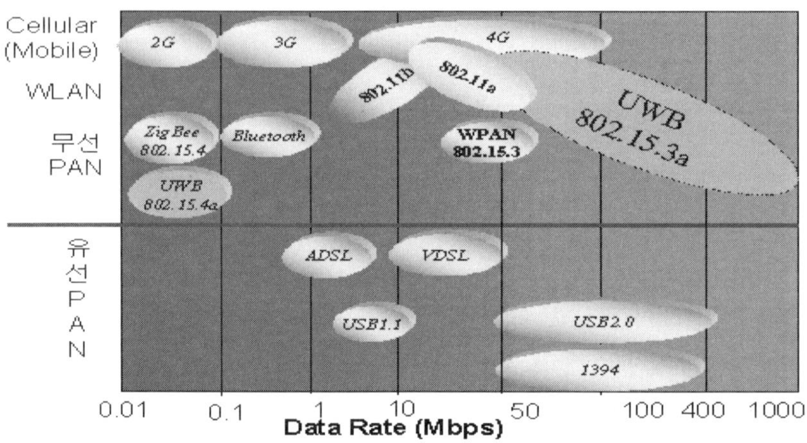

그림 9.58 PAN에서 UWB와 기존 통신의 전송속도 비교

이러한 특성은 UWB와 경쟁관계에 있는 타 기술에 비해 확실한 비교우위를 점할 수 있는 분야이며 유비쿼터스 환경에서 반드시 요구하고 있는 특성이기도 하다. 실제로 미국의 Time Domain사가 개발한 through-wall radar와 Aether Wire &Location사가 개발한 localizer는 이러한 분야들의 응용 가능성을 충분히 보여주었다.

특히 9.11 테러 이후 안전에 대한 미 국방부의 관심이 더욱 높아지면서, 재난상황에서의 구조작업에 UWB를 이용한 위치 추적의 필요성이 비중있게 거론되었으며, UWB가 미국에서 상용화될 수 있게 하는데 영향을 미쳤다고 알려져 있다. 최근에는 RF tag을 이용한 위치정보가 많은 관심을 끌고 있으며, 통신과 위치정보를 결합한 형태의 응용도 거론되고 있다.

9.6.2 UWB 응용시스템의 표준화 동향

UWB 통신 응용은 1960년도부터 군사적으로 개발하고 있는 레이더 분야와 지하 매설물의 이미지 식별 분야, 차량 충돌 분야, 안전 분야 등이 지속되어 연구, 개발되어 왔으나, 통신용으로 개발된 것은 1990년도 이후이다. 그러나 UWB기술이 군사용에서 상업용으로 풀린 2002년 이후는 가정내에 서의 네트워크기술로 각광을 받아 현재 IEEE에서 표준화를 시도하고 있다.

이러한 UWB의 표준화 기술은 그림 9.58와 같이 100Mbps이상의 전송속도를 현재 제시할 수 있는 유일한 기술로 인식되고 있어 홈 PAN뿐만 아니라 향후 4세대 이동통신과 접목할 수 있는 기술로도 간주되고 있다. 그리고 2003년부터 유비쿼터스 구현이 전세계적으로 관심이 되고 있는 상황에서 RFID와 센서네트워크에서 유일하게 위치정보를 가질수 있도록 저 전송속도 응용분야에도 UWB기술 표준화를 시작하려고 하고 있다.

(1) 802.15.3a (고속전송 PAN에 있어서 UWB표준화) 동향

IEEE산하 802.15.3에서는 사무실이나 가정과 같은 작은 공간에서 10m 정도의 근거리에 있는 PC, TV, PDA, DVD, 디지털 카메라, 프린트 등을 연결하는 PAN에 대한 표준화를 무선 LAN기반에서 54Mbps 전송속도를 목표로 2002년에 표준화가 되었으나, 향후 가정내에서의 정보기기가 최소 100Mbps이상이 요구될 것으로 예상하여다른 기술의 가능성을 검토하였다 (그림 9.59 참조).

검토 결과 100Mbps이상의 고 전송속도를 구현하는 기술로서 UWB가 가장 유력한 방식으로 선정되어 2002년 11월부터 802.15.3a를 구성하여 표준화를 시도하기 시작하였다. 802.15.3a에서는 2003년 3월회의에 1차 제안서 접수를 하여 2003년 7월에 투표를 하였다.

투표 결과 같이 약 20여 회사의 연합그룹인 MBOA그룹이 약 60%의 지지를 받은 상태이며, 2위인 XtreamSpectrum사가 약 40%의 지지를 받는 투표 결과가 나왔다. 그러나 IEEE의 표준화 조건이 75% 지지를 받아야 한다는 규칙에 따라 9월에 다시 재 투표를 하여 75% 이상 지지를 받는 회사를 선정할 예정이며, 가능한 2003년 12월 내에 마무리할 예정으로 있다. 이 분야의 제품개발에 참여하고 있는 회사는 Xtream Spectrum, SONY, Intel, Sharp, TI, Intersil, 모토롤라, 삼성, ETRI 등 여러 회사들이 현재 각축 중에 있다.

(2) 802.15.4a (저 전송속도 UWB표준화) 동향

IEEE 802.15.4에서 단순한 회로구조에 수개월에서 수년의 저소비전력의 낮은 전송속도(250kbps, 40kbps, 20kbps)로서 센서, 인형, smart badges, 원격조정, Home Automation 등의 용도에 대한 요구사항에 대해 표준화를 진행하여 2003년 7월 현재 표준화가 거의 완료된 상태에 있었다. 그리고 주파수는 2.4GHz ISM 대역에 16개 채널, 915MHz에 10개 채널, 868MHz에 1개 채널로 전 세계적인 주파수를 확보하고 비허가 주파수를 사용하는 것으로 되어 있었다.

그러나 이 안으로는 향후 유비쿼터스 환경에서 RFID나 센서 네트워크에 기본적으로 요구되는 위치 추적 정보에 대한 해결책이 미비하고, 센서 네트워크 구성시 발생되는 multipath에 약한 문제점을 가지고 있기 때문에 전문가들은 다른 대안을 요구하게 되었다. 이 요구에 대해 2003년 7월 회의에서 여러 회사에서 UWB기술이 앞의 요구사항과 위치정보에 대한 해결책이라는 결론을 내리고 2003년 9월에 IEEE 802.15.4a를 신설하여 저 전송속도를 위한 UWB 표준화를 시작하기로 결정되었다.

	MBOA	Xtremespectrum
주파수 운용방식	13개(대역폭 : 528MHz) -3개(Mandatory):3168~4752MHz -7개(Optional): 6072~8184MHz	2개(대역폭:2GHz, 4.8GHz)
변조방식	OFDM(128 FFT)/QPSK	CDMA(M-BOK)/PSK
FEC	Convolutional code	Convolutional code Concatenated code (RS+Convolutional)
데이터 전송율	55~480Mbps	28.5Mbps~1.2GHz
Multiple Access	time-Hopping	4 CDMA code set
Piconet 수	?	4개(8 user.piconet)
회로 복잡도	FFT/IFFF 구조필요	Rake receiver
Location 인식	구체적 제시없음	Cm 단위의 Resolution
전송방식특성	-Multi path 강함. - Peak to average ratio 문제	-채널 및 타 시스템간 간섭에 강인

그림 9.59 PAN에서 UWB 응용 분야

9.7. 무선 홈 네트워크 실현을 위한 고속 UWB 기술

9.7.1 개요

UWB 무선 기술은 신호를 500MHz 이상의 매우 넓은 대역폭에 걸쳐 낮은 전력 밀도의 스펙트럼으로 분산시켜 송·수신함으로써 허가를 받지 않고 사용할 수 있는 근거리의 고속 데이터 전송장치로 부각되고 있다. 특히, 400Mbps 이상의 고속 전송속도를 사용하는 기존의 유선장치를 무선장치로 대체할 수 있는 유일한 고속 무선 전송기술로, 회로구조가 간단하여 저가격화가 가능하고 기존의 휴대폰이나 무선랜 장치에 비해 5분의 1 수준의 전력으로 동작할 수 있어 홈네트워크 내에서 디지털 카메라, 캠코더, HDTV, 고음질 Hi-Fi, MP3 전송, 모니터, 빔프로젝트 등과 같은 고속정보 기기를 연동하기 위한 고속 WPAN(Wireless Personal Network) 기술로 발전 될 것으로 전망되고 있다.

IEEE802.15의 TG3에서 50Mbps 전송속도의 고속 WPAN 물리계층에 대한 표준이 제정되었으나, 멀티미디어 전송에 필요한 초고속 WPAN의 필요성이 요구되면서 무선 LAN, Home RF, 무선 IEEE 1394, 블루투스 등에 비하여 높은 공간효율 (spatial capacity)이 제공되어 100~400Mbps 정도의 고속전송이 가능한 UWB 무선기술이 부각되기 시작하였고, 2002년 UWB 기반의 고속 WPAN의 대체 물리계층(Alt-PHY layer) 을 표준화하기 위한 TG3a가 결성되어 현재까지 표준화가 추진되고 있다.

2003년 3월 미국 달라스(Dallas) Plenary 회의에 제출된 총 23개의 제안서를 대상으로 표준안 채택 절차가 추진되어 MBOA(Multi-Band OFDM Alliance) 진영의 OFDM을 기반으로 하는 Multiband 방식의 제안서(Multi-Band OFDM: MBOFDM)와 Motorola 진영의 Direct Sequence 기술 기반의 single/dual-band 방식의 제안서(Direct Sequence UWB: DS- UWB)로 압축되었다. 그러나, down selection 과정의 최종 후보로 선택된 양쪽 제안서 모두 최종 확인 투표(confirmation vote) 과정에서 75% 이상의 찬성을

받지 못함으로써 투표 규정에 따라 MB-OFDM 및 DS-UWB 제안서를 대상으로 down selection 및 conformation 투표 과정이 계속하여 반복되고 있다.

9.7.2 표준화 추진 현황

WPAN에 관련된 표준화는 그림 9.59와 같이 IEEE802.15에서 추진하고 있다. 고속 WPAN 표준화는 TG3에서 2.4GHz 대역의 ISM 밴드에서 50Mbps 정도의 고속 WPAN 물리계층 및 MAC 계층에 대한 표준이 완료되었다. 그러나 최근 멀티미디어 서비스를 위한 데이터 전송을 위해서는 초고속 전송속도의 필요성이 제기되었으며, UWB 기술을 이용하여 100~400 Mbps 이상의 고속 WPAN 대체 물리계층에 대한 표준화 작업이 추진되고 있다.

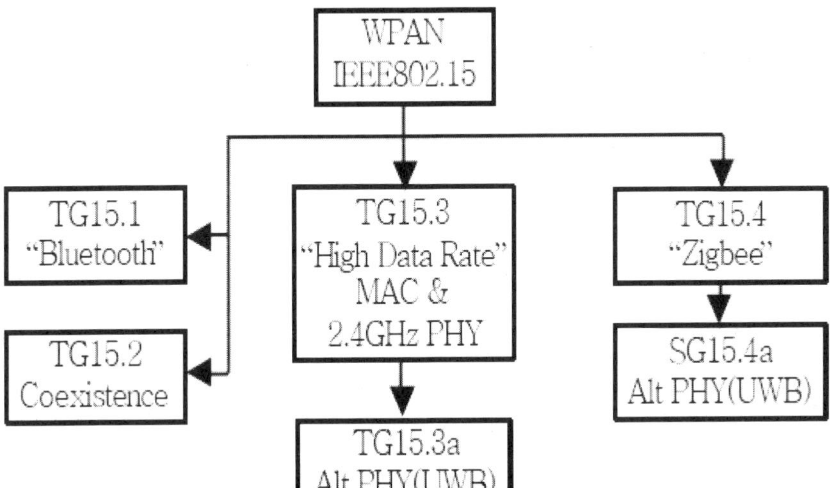

그림 9.60 IEEE 802.15 WPAN 표준화 현황

2002년 11월 UWB 시스템을 사용한 고속 WPAN의 대체 물리계층 표준화를 위한 Study Group 3a가 승인되었고, 2002년 12월에 UWB 응용분야를 정리하기 위한 CFA(Call For Application)가 요청되었으며 접수된 CFA를 토대로 2003년 1월 표준화에 필요한 UWB 시스템에 대한 기술적 요구사항이 결정되어 표준화 제안서 접수가 시작되었다.

2003년 2월까지 31개사에서 제출의사(call for intent) 를 표시하였으나 2003년 3월 회의에 Time Domain, Xtremespectrum, Texas Instrument, Intel, Wisair, Philips, GA 등 23개사에서 제안서를 제출하였다.

2003년 3월, 5월 회의에서 제안서 발표 및 검토가 진행되어 제안서간 통합이 활발히 진행되어 표 9.10과 같이 6개의 제안서로 통합되었다. 이 과정에서 TI, Intel, Wisair, Staccato 등 13개 제안서가 MBOA 제안서로 통합되어 Xtremespectrum 제안서와 경합하는 양강 구도를 구축하게 되었다.

2003년 7월 샌프란시스코 회의에서부터 WG Letter Ballot 상정을 위한 Draft Standard 결정을 위한 down selection 절차가 시작되었으며, 1차로

표 9.10 최종 통합된 6개 제안서

제안사	주파수	변조방식
CLR	Soft Spectrum	QPSK & M-ary PSM
MBOA	3.1-4.8 GHz 5.1-10.6 GHz	QPSK
STMicro	3.1-10.6 GHz	M-ary PPM & Polarity
Stremespectrum	3.1-5.15 GHz 5.825-10.6 GHz	PSK & MBOK
OKI	156 MHz/Channel	DQPSK
Parthusa Ceva	3.8-7.7 GHz	`Ternary Spreading

탈락한 CRL은 OKI 와, 2차로 탈락한 Parthausa Ceva는 Xtremespectrum과 3차로 탈락한 STMicro는 MBOA와 통합을 선언하였고 최종 down selection 결과 MBOA 제안서가 1위를 차지하였다. 투표 규정에 따라 1차 확인 투표가 실시되었고 찬성 95, 반대 63으로 유효 투표 수의 75%를 획득하지 못하여 부결되었으며, 9월 싱가포르 Interim 회의에서 실시된 2차 확인 투표에서도 찬성 62명, 반대 43명, 기권 3명으로 유효 투표 수의 75% 이상의 찬성표를 획득하지 못하여 부결되었다.

표 9.11 제안서 최종확인 투표 결과

회의명	장소	최종후보	투표결과	비고
2003/7 Plenary	미국 샌프란시스코	MBOA 제안서	찬성 63 반대 95	1차 부결
2003/9 Interim	싱가포르	MBOA 제안서	찬성 41 반대 59	2차 부결
2003/11 Plenary	미국 알바커키	MBOA 제안서	찬성 96 반대 69	1차 부결
2004/1 Interim	캐나다 밴쿠버	MBOA 제안서	찬성 76 반대 37	2차 부결
2004/3 Plenary	미국 올랜도	MBOA 제안서	찬성 85 반대 50	1차 부결
2004/5 Interim	미국 앤하임	MBOA 제안서	찬성 61 반대 39	2차 부결
2004/7 Plenary	미국 포트랜드	모토롤라 제안서	찬성 72 반대 76	1차 부결
2004/9 Interim	독일 베를린	모토롤라 제안서	찬성 62 반대 73	2차 부결

규정에 따라 7월 샌프란시스코 회의에서 최종적으로 남아 있던 MBOA, Xtremespectrum, OKI-CRL 3개 제안서에 대하여 down selection 과정이 반복되었으며 OKI-CRL 제안서가 1차로 탈락되어 Xtremespectrum과 통합되면서 최종후보로 MBOA 진영의 MB-OFDM 방식과 Xtremespectrum의 DS-UWB 방식의 2가지 방식으로 압축되었다.

2003년 11월 Albuquerque Plenary 회의에서 MBOA 제안서가 최종후보로 선택되었으나 1, 2차 확인 투표에서 부결되었으며, 2004년 1월 Vancouver Interim 회의, 3월 Orlando Plenary 회의, 5월 Anaheim Interim 회의에서 MBOA 측의 MBOFDM 방식의 제안서가 계속하여 최종 후보로 선택되었지만 최종 확인 투표과정에서 75% 이상의 찬성을 받지 못해 down selection 과정이 계속 반복되었다. 이러한 과정에서 최종 후보에서 계속하여 탈락된 Xtremespectrum 제안서는 2003년 12월 Motorola가 Xtremespectrum을 합병하여 Motorola의 DS-UWB 제안서로 변경되었으며 각 회의때마다의 최종 후보 제안서에 대한 확인 투표 결과는 표 9.11과 같다.

2004년 7월 Portland Plenary 회의에서는 예상과는 반대로 모토롤라 진영의 DS-UWB 방식의 제안서가 그 동안 계속해서 최종 후보로 선택되었던 MBOA 진영의 MB-OFDM 방식의 제안서를 1표 차이로 누르고 최종후보로 선택되는 파란을 일으켰지만, 계속된 1차 확인투표에서 50%의 찬성을 얻는데 그쳐 9월 Berlin Interim 회의에서 반대자들이 제시한 반대 이유에 대한 Motorola 측의 설명을 청취한 후 2차 확인투표가 진행되었지만 또다시 부결되었다.

모토롤라 측에서는 두 가지 방식을 모두 표준안으로 채택하자는 타협안을 강력하게 주장하였지만 계속된 down selection 투표에서 MBOA 진영의 제안서가 다시 역전하여 최종 후보로 선택되었으나 1차 확인투표에서 역시 부결되었다. 그러나 MBOA 측은 상황을 재역전시키므로 상대적인 우위를 확보하였다는 분위기여서 극적인 타협안이 제시되지 않는다면 지금까지의 지루한 공방전은 계속될 전망이다.

9.7.3 표준화 기술 현황

IEEE802.15.3a에서 고속 WPAN의 Alt-PHY로 UWB 시스템을 검토하고 있으며, 현재 표준안으로 유력한 전송방식으로는 Intel, TI, Wisair, Staccato 등에서 주도하고 있는 MBOA 그룹의 MB-OFDM 기술과 Motorola 중심의 DS-UWB 기술이 있다.

(1) DS-UWB 기술 동향

Xtremespectrum에서 제안한 DS-UWB 시스템은 2003년 12월 Motorola에서 Xtremespectrum을 합병함으로써 Motorola 진영의 DS-UWB 방식 제안서로 변경되었다.

Motorola에서 제안한 DS-UWB 시스템은 2개의 대역을 사용하도록 제시되었으며, 운용 모드에 따라 low band 및 high band를 이용한다. 각 대역내에서는 특정반송파주와 확산코드에 의해 최대 6개까지의 피코넷 채널을구성할 수 있다. 본 방식에서 지원할 수 있는 데이터 전송속도는 28Mbps에서 1.32Gbps까지 가능하며 총 8개의 데이터 전송속도에 따라 부호화율 1/2 혹은 3/4으로 길쌈 부호화되고 BPSK 혹은 4BOK으로 변조되고 있다. Low band와 high band는 사용하는 주파수 대역이 다를뿐만 아니라 칩레이트도 각각 다르다. Low band의 경우에는 칩레이트가 피코넷 채널에 따라 1300~1365MHz에 걸쳐 구성되어 있는 반면에, high band의 경우에는 칩레이트가 피코넷 채널에 따라 2600~2730MHz으로 low band보다 2배 더 큰 칩 레이트로 구성되어 있다.

1) Low Band 이용

사용 주파수 대역은 그림 9.61와 같이 3.1~4.85 GHz의 한 채널을 사용해서 28~1320Mbps 데이터 전송률을 보장하고 있는데, 변조방식이 BPSK인 경우에는 확산코드길이를 L=24에서 L=1까지 가변하여 28~1320Mbps 데이터 전송률을 보장하고 있고, 변조방식이 4BOK인 경우에는 확산코드길

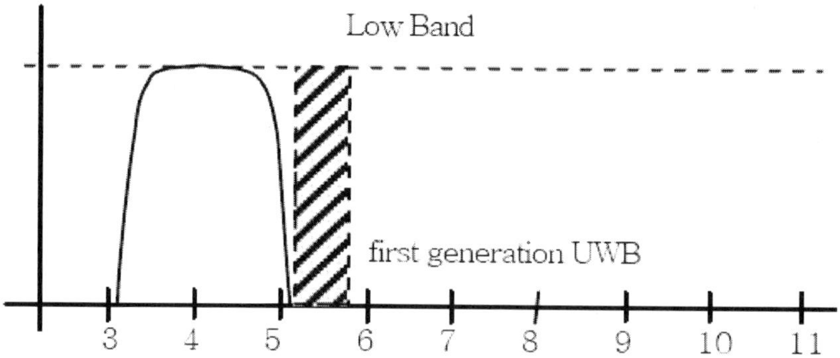

그림 9.61 Low Band 스펙트럼

표 9.12 Low Band에서 제공하는 데이터 전송률

Data Rate	FEC Rate	Code Length	Range (AWGN)
28 Mbps	1/2	24	29 m
55 Mbps	1/2	12	23 m
110 Mbps	1/2	6	18.3 m
220 Mbps	1/2	3	13 m
500 Mbps	3/4	2	7.3 m
660 Mbps	1	2	4.1 m
1000 Mbps	3/4	1	5.1 m
1320 Mbps	1	1	2.9 m

이가 L=12 에서 L=2까지 가변하면서 데이터전송률 110~1320 Mbps의 데이터서비스를 제공한다. Low band에서 제공되는 확산코드길이와 서비스범위에 대한 데이터 전송률은 표 9.12와 같다.

2) High Band 이용

사용 주파수 대역은 그림 9.62와 같이 6.2~9.7GHz의 한 채널을 사용해서 55~1320Mbps 데이터 전송률을 보장하고 있는데, 변조방식이 BPSK인 경우에 는 확산코드길이를 L=24에서 L=2까지 가변하여 55~1320Mbps 데이터 전송률을 보장하고 있고, 변조방식이 4BOK인 경우에는 확산코드길이가 L=12 에서 L=4까지 가변하면서 데이터전송률 220~1320 Mbps의 데이터서비스를 제공한다. High band에서 제공되는 확산코드길이와 서비스범위에 대한 데이터 전송률은 표 9.13과 같다.

표 9.13 High Band에서 제공하는 데이터 전송률

Data Rate	FEC Rate	Code Length	Range (AWGN)
55 Mbps	1/2	24	23 m
110 Mbps	1/2	12	18.3 m
220 Mbps	1/2	6	13 m
500 Mbps	3/4	4	7.3 m
660 Mbps	1	4	4.1 m
1000 Mbps	3/4	2	5.1 m
1320 Mbps	1	2	2.9 m

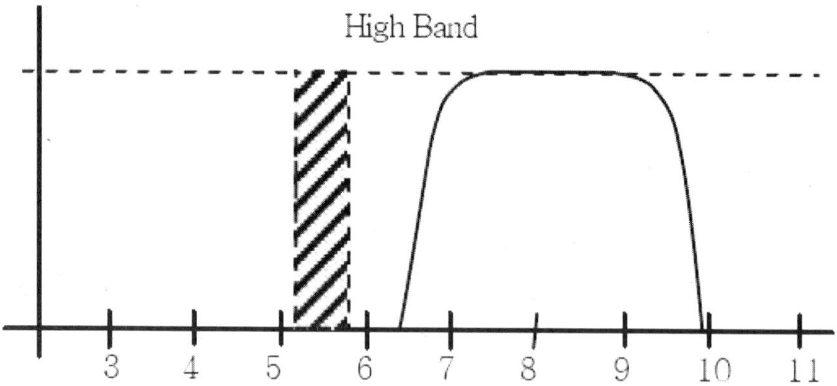

그림 9.62 High Band 스펙트럼

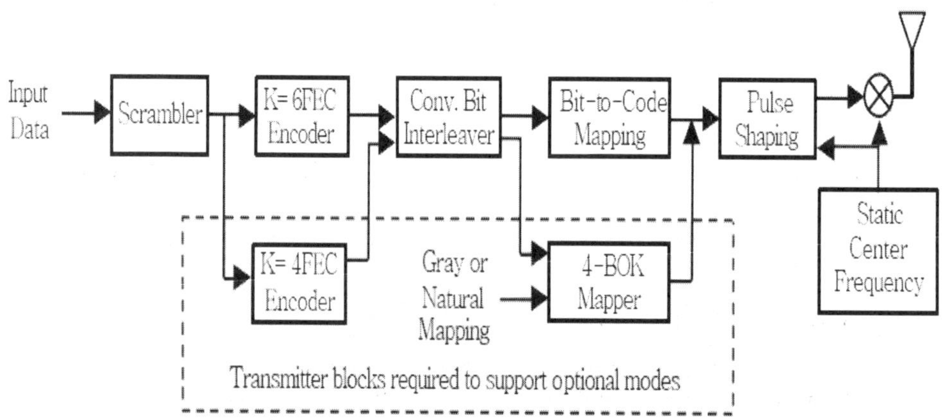

그림 9.63 DS-UWB의 송신 구조

◉ DS-UWB 시스템 송신 구조

DS-UWB 시스템의 송신 구조는 그림 9.63와 같이 스크램블러, 구속장 k=6, k=4의 길쌈부호기, 그리고 BPSK 혹은 4-BOK 변조기, 펄스성형기, 믹서, 그리고 안테나로 구성된다. BPSK 변조의 경우 4BOK 변조의 경우에 사용되는 확산코드가 서로 다르다. 확산코드길이 L=24인 코드는 프리앰블

코드시퀀스로도 사용되기도 하고, BPSK 변조로 low band의 28Mbps 그리고 high band의 55Mbps의 확산코드로 사용된다. BPSK 변조의 경우 확산코드 길이가 L=24 미만인 L=12,6,4,3,2,1인 경우에 대해서는 L=24와 L=12인 경우에 대해서만 피코넷에 따라 서로 다른 직교확산코드들이 제시되고 L=6 이하에 대해서는 모든 피코넷에 동일한 확산코드를 사용하므로 실제적으로 한 개 이상의 피코넷 구성이 불가능하다. 또한, 4-BOK 변조의 경우에는 확산코드길이가 L=12에서 L=2인 경우로만 사용하고 있는데, 사용되는 확산코드들이 2개 이상으로 형성된 피코넷들에 동일하게 사용되므로 동일한 지역에 한 개 이상의 피코넷을 형성할 수 없다.

DS-UWB 송신기는 두 가지의 형태로 구현할 수 있는데, 첫번째 방법은 현재 모토롤라의 프리스케일에서 개발하는 방법으로 BPSK 혹은 4-BOK에 의해 매핑된 확산코드 시퀀스의 ternary 신호를 송신 대역 필터의 규격에 맞게 아날로그적으로 신호파형을 형성하는 방법과 또 다른 방법으로 ternary 신호를 FIR 필터링한 후에 D/A 변환하여 변조파형을 형성하는 방법이다. 그런데, 두번째의 방법의 경우는 고속의 D/A 변환기의 제작 그리고 D/A 변환 후에 LPF 필터링을 위한 LPF의 제작에의 요구규격이 엄격하므로 실제적으로 구현상의 문제점이 많다. 그래서, 첫번째의 구현방법이 두번째의 방법보다는 다소 성능적인 측면에서는 떨어질지 모르나 칩레이트에 2배 이상인 2.7GHz 혹은 5.4GHz으로 동작하는 고속의 D/A 변환기의 제작이 필요하지 않으므로 현재의 시점에서는 현실적인 방안이라 하겠다.

◉ DS-UWB 시스템의 수신 구조

DS-UWB 복조기의 구조는 구현할 수 있는 ADC의 형태에 따라 그림 9.64와 같이 세 가지 형태로 구현할 수 있다. 그림 9.64 (a)의 경우는 현재 모토롤라에서 구현 제작한 수신기의 형태로써 아날로그 상관기를 이용하여 서처와 핑거를 구성하여, 실제적으로 아날로그 상관에 의해 생성된 출력을 심볼레이트로 A/D하여 이의 결과를 임계치와 비교하여 신호 검출 및 신호를 판정하게 된다. 모토롤라의 경우, 이의 방법에 의해 현재 110Mbps의 데이터율을 수용하는 복조기를 개발하였고 2004년 말에 220Mbps 의 데이터율을 수용하는 모뎀을 개발할 예정이다.

이에 반해, 그림 9.64 (b)의 경우에는 현재의 ADC 기술의 경우 1.5GHz의 클럭에 샘플 당 3비트의 ADC가 출시됨에 따라, 아날로그 상관기의 구조보다 디지털 상관기의 구조에 의해 서처와 핑거를 구현함으로써 복조성능이 개선될 수 있고, 다양한 형태의 복조성능 개선방법을 적용할 수 있는 구조로서, 현재 제시되고 있는 수신기의 상세구조는 그림 9.65과 같다.

그림 9.65의 구조는 칩레이트로 수신신호를 샘플링하고 이의 데이터를 이용하여 AGC, 타임 및 주파수 동기추적, 레이크 수신기, 심볼레벨 등화기 등의 다양한 형태의 복조성능 개선방안을 적용하고 있다.

그림 9.64의 (c)의 경우는 20bps의 초고속의 ADC가 출시된다는 가정하에 소프트웨어 레디오 기술의 형태로 구현할 수 있는 방안을 제시한 경우, 현재의 ADC의 구현기술을 고려할 때 실현 불가능한 방법이라 하겠다.

따라서, DS-UWB 모뎀의 구현은 DAC와 ADC의 클럭과 샘플 당 비트수 등의 구현기술의 발전속도에 부합하여 성능이 개선된 모뎀 구현이 다양한 형태로 제작될 것이다.

(2) MB-OFDM 기술 동향

1) 채널 운용 상황

MB-OFDM UWB 시스템은 FCC에서 통신용으로 허가한 3.1~10.6GHz 주파수 대역을 그림 9.66과 같이 528MHz 간격으로 14개 대역으로 분할하여 채널을 할당하였으며, 각 채널의 중심주파수는 다음과 같다.

채널 중심 주파수(MHz) = 2904 + 528 × nb

여기서, nb = 1,⋯,14MB-OFDM UWB 시스템 제안서에서는, 현재 1차 구현을 목표로 그림 9.67과 같은 채널 1~3을 mandatory mode로 할당하였고, 나머지 채널들은 추후 사용을 위해 할당하였다.

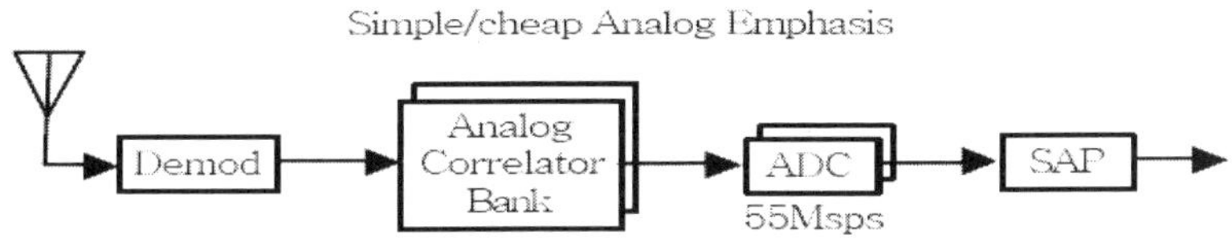

(a) 심볼레이트 ADC

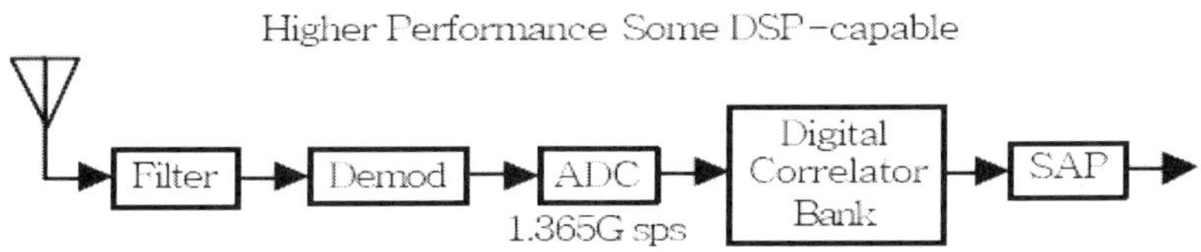

(b) 칩레이트 ADC

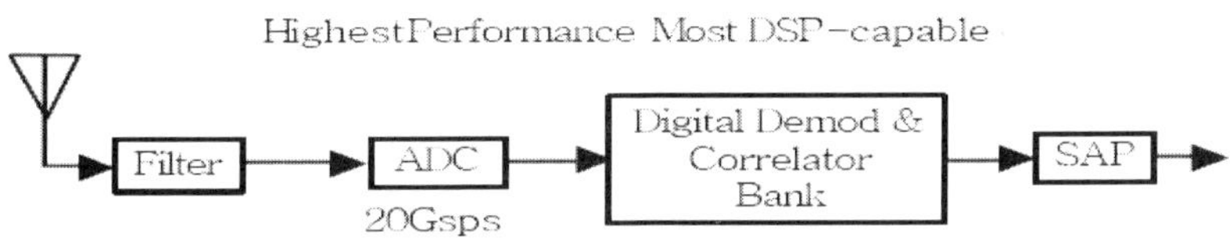

(c) RF 나이키스트 레이트 ADC

그림 9.64 ADC 속도에 따른 수신기 구조

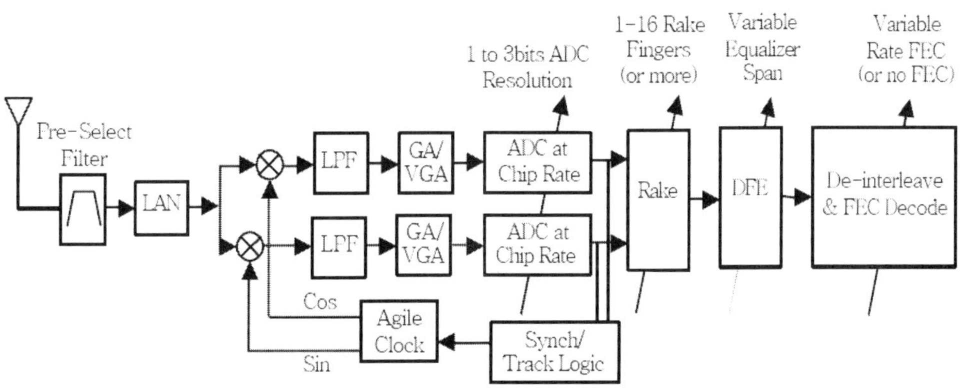

그림 9.65 디지털 DS-UWB 상세 수신기 구조

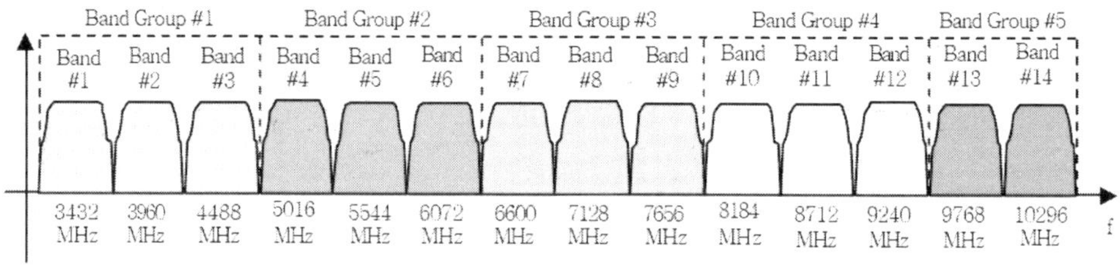

그림 9.66 MB-OFDM UWB 시스템 운용 주파수 대역

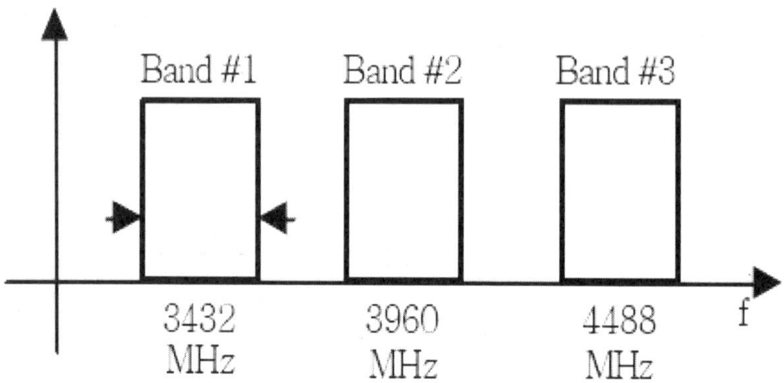

그림 9.67 Mode 1 장치의 주파수 운용

2) MB-OFDM UWB 시스템의 전송방식

MB-OFDM UWB 시스템의 실제 RF 전송 신호는 수식과 같이 표현된다.

$$r_{RF}(t) = Re\sum_{k=0}^{N-1} r_k(t - kT_{SYM})\exp(j2\pi f_k t)$$

여기서, Re(.)는 복소 값의 실수 부분을 표현하며, $r_k(t)$는 0~T_{SYM} 간격 동안 신호 파형을 갖는 k번째 OFDM 심볼의 복소 기저 신호이다. MB-OFDM UWB 시스템에서 OFDM 심볼들은 그림 9.67의 주파수 대역을 이용하여 표 9.14의 TF(Time Frequency) 코드에 따라 전송되며, k번째 전송되는 OFDM 심볼의 중심주파수는 f_k로 표현된다.

그림 9.67의 Mandatory 채널들을 이용하여 표 9.14의 preamble pattern2를 이용하여 MB-OFDM 심볼을 전송하는 개념도는 그림 9.68와 같이 표현할 수 있다.

표 9.14 TF Code

Preamble Pattern	Time Frequency Code					
1	1	2	3	1	2	3
2	1	3	2	1	3	2
3	1	1	2	2	3	4
4	1	1	3	3	2	2

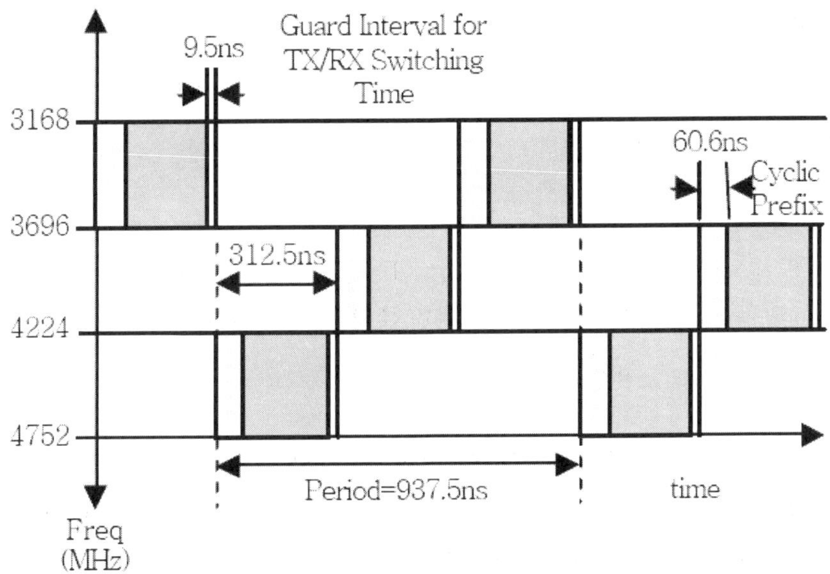

그림 9.68 TF 코드를 이용한 MB-OFDM 심볼 전송

표 9.15 MB-OFDM 전송 모드

Info.Data Rate	55Mbps	80Mbps	110Mbps	160Mbps	200Mbps	320Mbps	480Mbps
Modulation / Constellation	OFDM/ QPSK	OFDM/ QPSK	OFDM/ QPSK	OFDM/ QPSK	OFDM/ QPSK	OFDM/ QPSK	OFDM/ QPSK
FFT size	128	128	128	128	128	128	128
Coding Rate(K=7)	R=11/32	R=1/2	R=11/32	R=1/2	R=5/8	R=1/2	R=3/4
Spreading Rate	4	4	2	2	2	1	1
Data Tones	100	100	100	100	100	100	100
Info. Length	242.4ns	242.4ns	242.4ns	242.4ns	242.4ns	242.4ns	242.4ns
Cyclic Prefix	60.6ns	60.6ns	60.6ns	60.6ns	60.6ns	60.6ns	60.6ns
Guard Interval	9.5ns	9.5ns	9.5ns	9.5ns	9.5ns	9.5ns	9.5ns
Symbol Length	312.5ns	312.5ns	312.5ns	312.5ns	312.5ns	312.5ns	312.5ns
Channel Bit Rate	640Mbps	640Mbps	640Mbps	640Mbps	640Mbps	640Mbps	640Mbps
Multi-path Tolerance	60.6ns	60.6ns	60.6ns	60.6ns	60.6ns	60.6ns	60.6ns

MB-OFDM UWB 시스템은 표 9.15와 같은 다양한 전송 모드를 제공한다. 55, 110, 200MHz가 mandatory 전송모드이며, 현재 MB-OFDM UWB 시스템을 개발하고 있는 대부분의 개발업체에서 1차 구현목표로 mandatory 전송모드를 개발하고 있다.

3) MB-OFDM UWB 시스템의 송·수신 구조

MB-OFDM UWB 시스템의 송·수신 구조는 그림 9.69과 같다. MB-OFDM UWB 시스템의 송·수신 구조의 가장 큰 특징은 전송되는 OFDM 심볼마다 TF 코드에 따라 다른 주파수 대역을 이용하여 신호를 전송한다는 것이다.

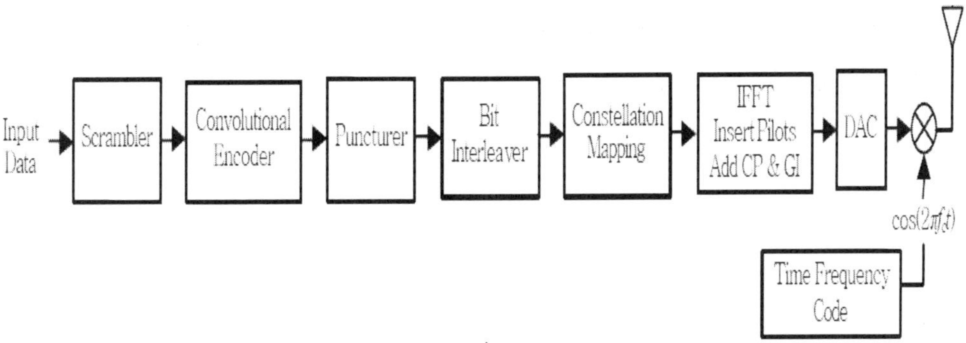

(a) 송신 구조

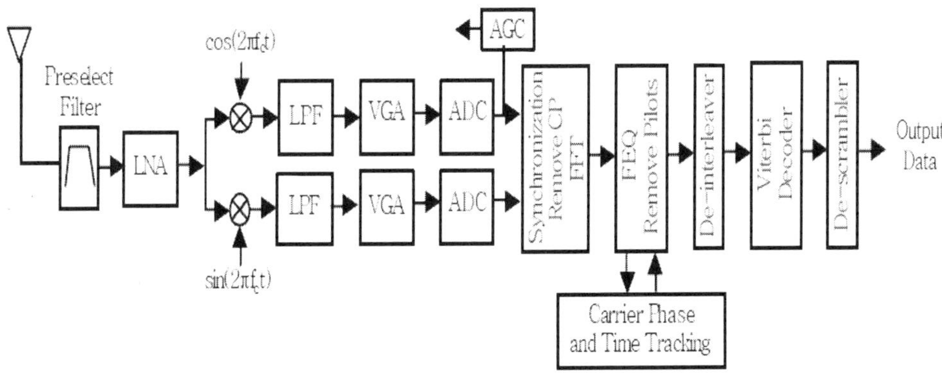

(b) 수신 구조

그림 9.69 MB-OFDM UWB 시스템

따라서, MB-OFDM UWB 시스템 개발에 있어, 전송 대역폭 528MHz를 이용하여 최고 480Mbps 를 전송할 수 있는 고속 시스템 구조 설계와 더불어 TF 호핑이 시스템 성능에 미치는 영향을 분석하고 이를 해결하는 것이 새로운 어려움이 될 수 있다.

9.7.4 표준화 전망

2002년 IEEE802.15 TG3a 가 결성되어 UWB 기술 기반의 고속 WPAN Alt-PHY 표준화가 진행되고 있다. 지금까지 진행되어온 표준화 회의 동향을 분석하면 2003년 7월 샌프란시스코 Plenary 회의부터 2004년 5월 Anaheim Interim 회의까지 MBOA 진영의 MB-OFDM 방식의 지지자와 Motorola 진영의 DS-UWB 방식의 지지자가 약 60 대 40 정도로 양분되어 down selection 과정이 되풀이 되어 왔다.

2003년 11월 Albuquerque Plenary 회의에서 Motorola 진영에서 제안한 복수표준 검토를 위한 ad-hoc 회의가 채택되었지만 그 동안 상대적인 우위를 확보하고 있던 MBOA 진영의 반대로 Motorola 측의 일방적인 제안으로 끝나버린 듯 하였으나 2004 년 7월 Portland Plenary 회의에서 Motorola 진영의 DS-UWB 방식의 제안서가 근소한 차이로 최종후보로 선택됨으로써 그 동안 침묵하고 있던 복수표준에 대한 의견이 쇄도하고 있는 실정이다. 그러나 이러한 결과는 MBOA 진영의 단결을 촉진하는 계기가 될 것으로 전망되며 9월 Berlin Plenary 회의에서 다시 상황이 역전되는 현상으로 나타날 확률이 매우 높아졌다.

Motorola측은 이미 상용화에 가까운 칩 개발을 완료한 상태이므로 복수표준이라도 가능한 빨리 표준화가 완료된다면 시장 선점을 통해 충분히 그들의 기술이 우위에 설 수 있다고 생각하고 있으며, MBOA측은 150 여 개의 가전업체에서 MBOFDM 방식을 지지하고 있지만 현재 칩 개발에서 Motorola에 비해 다소 늦어지고 있으므로 복수표준보다는 MB-OFDM 방식의 단일 UWB 표준 제정에 심혈을 기울이고 있는 실정이다. 결론적으로 IEEE 802.15 TG3a에서 진행하고 있는 UWB 표준화는 양쪽 진영에서 복수표준에 대한 극적인 타협이 없는 한 계속 지연될 수밖에 없는 아주 중요한 기로에 서있다. 만약 UWB 표준화 지연이 장기간 계속된다면현재 고속 전송기술을 개발중인 무선랜 기술과의 상용화 경쟁에서 어려운 처지로 전락하지 않을까 하는 우려를 자아내고 있다.

10 장

초광대역 무선통신 발전방향

UWB는 그 동안 군에서 특수 목적으로 개발되어 왔으나, 그 응용 범위가 너무 다양하여 IT 산업분야에 새로운 혁명을 일으킬 신기술로 각광을 받고 있다. 2002년도에 UWB 시스템에 대해 미국 FCC에서 제한적 사용을 허가하였고, IEEE에서도 무선 PAN의 대체 표준안으로 표준화를 진행하고 있는 등 미국, 유럽, 일본등에서 관심이 증폭되고 있다.

UWB 무선기술은 기존의 무선 기술에 비해 상대적으로 많은 장점을 가지고 있으므로 새로운 차세대 기술로 급부상할 전망이다. 뉴욕 소재 연구기관인 Oyster Bay는 UWB 칩셋은 전력 소모가 낮은 특성을 가질 QNs만 아니라 가격 측정도 공격적이 될 것이라고 예상하였다. 또한 시장 조사기관인 ABI Research에 따르면 UWB 주변장치 연결 기술 시장의 활성화가 임박했다고 예고하였는데, UWB 기술은 2008년 노트북과 컴퓨터 주변장치를 시작으로 결국 휴대폰에까지 크게 이용되면서 괄목할 성장을 이룰 것으로 전망하였다. “UWB 기술 전망 및 시장 애플리케이션 가능성 평가“ 보고서에서, ABI는 UWB 이용 전자 제품과 칩셋의 전세계 출하량이 2007년까지 4,510만 대에 달할 것으로 이미 전망했으며 보고서의 전망에는 통신, 이미징 (imaging), 차량, 위치 추적기, 군사 용도 등을 비롯한 시장 부분의 출하량이 포함되어 있다. 이 보고서는 또 UWB 시장을 조사하고, 무선 LAN에서 레이더까지 무선 통신 분야에서 UWB가 차세대 기술이 될 수 있을 지를 검토하고 있다. 그리고 현재 UWB 기능 장치의 매출이 사실상 거의 0에 가까운데 "그 동안 이와 같이 시장에서 모멘텀이 형성되지 못하고 있는 것은 글로벌 표준의 부재로 인한 것이었다"고 ABI 애널리스트 Douglas McEuen는 설명하였다.

그러나 최근 미국에서 공식적인 UWB 표준이 승인되었고, 앞으로 미국이 이 시장을 주도할 것으로 예상된다. 레노보, 델, 도시바 등 일부 업체의 노트북에서 UWB 모듈이 등장하기 시작하였으나, 실리콘 통합은 좀 더 시간이 필요할 것으로 보인다. 앞으로는 디지털 카메라, 캠코더, HDTV, 휴대용 음악 재생기와 같은 다른 소비 가전에서도 기술의 채용이 늘어날 것으로 전망되지만 "UWB 시장에 모멘텀을 일으킬 결정적인 요소는 휴대폰에서의 사용"이라고 McEuen 애널리스트는 덧붙였다.

한편, 홈 네트워크는 홈플러그, 전화선, RF, 이더넷으로 구성되는데 이 중 RF가 가장 빠른 속도로 성장할 것으로 보인다. 그러나 1999~2000년에는 RF 제품이 주류를 이루고 있었지만 2008년까지 가정과 소규모 사무실(SOHO)에서 사용되는 주요 무선 기술은 와이파이 (802.11b와 802.11g) 및 와이파이 5(802.11a), 홈 RF 및 UWB가 될 것으로 전망된다.

관련 업체들은 앞으로 UWB 칩세트는 HD 디스플레이, DVR, DVD 재생기, 디지털 카메라 등에 먼저 채택되고 그 다음에는 PDA, MP3 재생기, TV, 셋탑박스를 포함한 여러 가지 가전제품에 채택될 것으로 보인다.

WiMedia UWB 근거리 통신은 표준화 경쟁으로 인한 시장진입이 2년 가까이 늦어졌음에도 고속 데이터 전송, 효율적인 전력관리, 낮은 간섭 등의 강점을 무기로 WPAN의 핵심 솔루션으로 자리잡고자 빠르게 시장진입을 준비하고 있다.

특히 USB-IF는 CW-USB의 인증을 시행하여 UWB 시장을 본격적으로 열기 위해 노력하고 있다. Bluetooth SIG 역시 Bluetooth over UWB 의 spec.을 연내에 완성시키기 위해 매진하고 있으며, 더불어 IP를 기반으로 하는 응용분야까지 움직임을 서두르고 있다.

우리나라에서는 u-홈 시대의 무선 네트워크로 각광 받고 있는 UWB 주파수 분배(안)을 마련하고, 공청회와 전파정책심의위원회의 심의 절차를 거쳐 주파수 분배안을 최종 확정하였다.

UWB는 기존 무선국 운용에 간섭을 주지 않을 정도의 극히 낮은 출력과 500㎒ 이상의 초광대역 주파수를 이용해 10m 이내 근거리에서 수백Mbps의 초고속 정보 전송이 가능한 기술로, 향후 디지털 홈네트워크의 핵심기술로 주목받고 있다.

정보통신부는 우선 UWB 주파수 분배 방안으로 주파수 대역 3.1~4.8㎓(Low Band), 7.2~10.2㎓(High Band) 2개를 제시하고, 허용 출력은 -41.3dBm/MHz, 용도는 실내•외 통신 용도로 제한했다. 저주파수대(Low Band)가 최종 확정될 경우 간섭회피 기술(DAA)을 적용한 UWB 시스템만 사용토록 했다. 다만, 적용은 차세대 이동통신용 주파수 결정과 표준화 시기 등을 감안해 4.2~4.8㎓(600㎒폭)에서는 DAA 기술 적용을 2010년 6월까지 유예키로 했다.

현재 국내에서 개발된 200Mbps의 정도의 UWB칩만으로도 가정 내 홈 서버로부터 디지털 TV로 여러 채널의 HD 콘텐츠 전송이 가능하며, 600Mbps급 이상의 UWB 개발이 완료되는 2009년경에는 한층 더 고속화될 것이라고 설명했다. UWB가 상용화되면 PC의 대용량 데이터를 선 없이 고속 전송해 인쇄할 수 있으며, 디지털 비디오 카메라로 찍은 영상을 TV나 PC로 무선 전송하는 등 홈게이트웨이, TV 영상 전송, 다채널 오디오 등의 홈네트워크 무선기기 시스템에 활용할 수 있게 된다. 특히, UWB칩이 내장된 휴대폰 및 무선 USB가 출시될 경우 휴대폰 상호간 대량의 정보 전송은 물론 USB를 PC에 꼽지 않아도 상호 데이터를 고속으로 주고받을 수 있다.

UWB 시장은 향후 PC 주변기기, 휴대폰과 같은 개인 휴대기기와 TV, AV기기 등 가전제품에 장착되며 세계 시장은 2010년에 약 1조3,000억원, 국내 시장은 세계 시장의 25%인 약 3,180억원 규모가 형성될 것으로 예상되고 있다.

UWB 시스템은 기본적으로 매우 넓은 주파수 대역폭에 매우 낮은 전력을 이용하여 통신을 하므로 기존 협대역 시스템과의 공유가 용이하고, 현재 개발되고 있는 다른 무선데이터용 통신 시스템에 비해 월등히 높은 데이터 전송율을 제공할 수 있다. 특히 UWB 시스템은 매우 높은 시간 분해능을 이용하여 Cm단위의 위치추적이 가능하다. 이러한 UWB 시스템만의 고유한 특성인 위치 추적 능력과 매우 높은 데이터 전송율의 결합은 앞으로 유비쿼터스 시대의 도래에 따라 전망을 매우 밝게 할 것으로 기대된다.

미래에는 이밖에도 무선망 측위나 DSRC의 비이콘 항법의 인프라가 보강되거나 신규로 설치되어 그 사용이 급증할 것으로 예상된다. 또한 GPS 현대화가 이루어지면 GPS의 성능이 10m 이내로 향상될 것이며, AGPS의 성능도 보다 향상되므로 새로운 응용분야가 계속 창출될 것이다. 한편 텔레매틱스를 위한 차량단말이 휴대형으로 발전하게 된다면 실내에서의 측위도 중요성을 가지며, 현재 새로이 주목을 받고 있는 유비쿼터스 센서 망을 이용하는 방법도 고려할 수 있을 것이다.

ETRI를 비롯한 몇몇 대학 연구소에서 UWB 무선 기술이 시작되었으며 기술 발전 상황을 고려한다면 곧 우리나라에도 UWB 무선 기술을 사용하는 응용 제품의 도입도 예상되고 있다. 미국과 마찬가지로 비허가 무선장치로 UWB 무선 기술을 우리나라에서 사용하기 위해서는 향후 UWB 무선 기술 사용에 대한 기술적 제한이 필요할 것이며 이를 위해서는 기존 시스템들과의 주파수 공유를 위해 GPS 시스템과 같이 아주 미약한 신호를 이용하는 공공 안전에 관련된 시스템과의 간섭 평가에 대한 연구가 우선 진행되어야 한다.

그러나 초기 UWB 방식의 모델이었던 주파수 변환 없이 시간 펄스를 이용하는 UWB방식은 향후 홈네트워크 등에서 요구되는 다양한 사용자를 동시에 수용하는 요구조건을 만족시킬 수 없을 것으로 예상되며, MB-OFDM 등의 채널화된 통신 방식이 이용되어질 전망이다. 이에 따라 소형, 저가격,

광대역 특성을 갖는 RF소자 및 시스템에 대한 활발한 연구가 필요하다. 과거 협대역 통신방식에서는 각각의 구성회로를 별도로 설계하여 집적화하는 것이 가능하였지만 UWB기술은 안테나부터 시작하여 패키징까지의 상호 작용을 고려한 통합 설계가 필요하며, 따라서 UWB기술의 상용화는 반도체 소자 기술에서부터 시스템 기술까지 다양한 분야에서 현재부터 활발한 연구가 필요하다.

참 고 문 헌

[1] J. Foerster, E. Green, S. Somayazulu, and D. Leeper, "Ultra-wideband technology for short or medium range wireless communications," *Intel Technology Journal*, Q2, 2001.

[2] 윤두영, 전수연, "UWB 기술 개요 및 주파수 정책 동향," 정보통신정책, 통권 397호, 제 18권 13호, 2006년 7월, pp.1-20.

[3] S. Gezici, Z. Tian, G.B. Giannakis, H. Kobayashi, A.F. Molisch, H.V. Poor, and Z. Sahinoglu, "Localization via ultra-wideband," *IEEE Signal Processing Mag.*, July 2005, pp.70-84.

[4] "Wireless medium access control(MAC) and physical layer(PHY) specifications for low-rate wireless personal area networks (LRWPAN)," *Draft P802.15.4a/D2*, Apr. 2006.

[5] 윤영근, 황택진, 홍헌진, "전파자원의 효율적 이용을 위한 제도 및 기술 동향," 전자통신동향분석 제 21권 제 4호, 2006년 8월, pp.70-79.

[6] 전파법 제 9조(주파수 분배안), 2006년 7월.

[7] http://www.uwb.org

[8] http://www.fcc.gov

[9] K. Siwiak, "Ultra-wideband radio : Introducing a new technology," *IEEE VTC-2001*, vol. 2, no. 2, pp. 1083-1093, May 2001.

[10] K. Siwiak , P. Withington and S. Phelan, "Ultra-wideband radio : The emergence of an important new technology," *IEEE VTC-2001*, vol. 2, no. 2, pp. 1169-1172, May 2001.

[11] F. Ramirez-Mireles, "Performance of ultrawideband SSMA using

time hopping an M-ary PPM," *IEEE J. Select. Areas Commun.*, vol. 19, no. 6, pp. 1186-1196, Jun. 2001.

[12] M. Z. Win and R. A. Scholtz, "Impulse radio : How it works," *IEEE Commun. Lett.*, vol. 2, no. 2, pp. 36-38, Feb. 1998.

[13] M. Z. Win and R. A. Scholtz, "Ultra-wide bandwidth time-hopping spread-spectrum impulse radio for wireless multiple-access communications," *IEEE Trans. Commun.*, vol. 48, pp. 679-691, Apr. 2000.

[14] R. A. Scholtz, "Multiple access with time-hopping impulse modulation," *in Proc. of IEEE Military Commun. Conf.*, Boston, U.S., pp. 447-450, Oct. 1993.

[15] D. Gerakoulis and P. Salmi, "An interference suppressing OFDM system for ultra wide bandwidth radio channels," *in Proc of IEEE Conf. on UWB Systems and Technologies 2002,* Digest of Paper, pp. 259-264, May 2002.

[16] F. Ramirez-Mireles, "On the performance of ultra wideband signals in Gaussian noise an dense multipath," *IEEE Trans. Veh. Technol.*, vol. 50, no. 1, pp. 244-249, Jan. 2001.

[17] J. D. Choi and W. E. Stark, "Performance of ultra-wideband communications with suboptimal receivers in multipath channels," *IEEE J. Select. Areas Comm.*, vol.20, no.9, pp.1754-1766, Dec. 2002.

[18] R. M. Fernando, "Multiple-access with ultra-wideband impulse radio modulation using spread spectrum time hopping and block Waveform pulse position modulated signals," *Ph.D. Dissertation,* UCSC,1998.

[19] "Channel modeling sub-committee report final," *IEEE P802.15wg for WPANs*, Feb. 2003.

[20] E. K. P. Chong and S. H. Zak, *An introduction to optimization*, 2nd ed., pp.365-415, Wiley 2001.

[21] W. zhuang, X. Shen, and Q. Bi, "Ultra-wide wireless communi cations," *Wireless Comm. & Mobile Computing*, pp.663-685, 2003.

[22] J. D. Choi and W. E. Stark, "Performance of ultra-wideband communications with suboptimal receivers in multipath channels," *IEEE JSAC*, vol.20, no.9, pp.1754-1766, Dec. 2002.

[23] W. M. Lovelace and J. K. Townsend, "The effects of timing jitter and tracking on the performance of impulse radio," *IEEE JSAC*, vol.20, pp.1646-1651, Dec. 2002.

[24] B. Parr, B. Cho, K. Wallace, and Z. Ding, "A novel ultra-wideband pulse design algorithm," *IEEE Comm. Lett.*, vol.7, no.5, pp.219-221, May 2003.

[25] F. Mazzenga, "Channel estimation and equalization for M-QAM transmission with a hidden pilot sequence" *IEEE. Trans. Broad casting*, vol.42, no.2, pp.170-176.

[26] J. K. Tugnait and W. Luo, "On channel estimation using super imposed training and first-order statistics," *IEEE Commun., Lett.*, vol.7, no.9, pp.413-415, Sep. 2003.

[27] S. Y. Jung and D. J. Park, "Linear MMSE receiver using hidden training sequence in DS/CDMA," *IEEE Electron. Lett.*, vol.39, no.9, pp. 742-744, May 2003.

[28] Y. C. Yoon and R. Kohno, ''Optimum muliuser detection in ultra-wideband (UWB) multiple-access communication systems," *in Proc. of ICC*, vol.2, pp.811-816, 2002.

[29] Q. Li and L. A. Rusch, "Multiuser detection for DS-CDMA UWB in the home environment," *IEEE J. Select. Areas Commun.*, vol.20,

no.9, pp.1701-1711, Dec. 2002.

[30] P. Liu, Z. Xu and J. Tang, "Minumum variance multiuser detection for impulse radio UWB systems," *in Proc. of UWBST*, 2003.

[31] M. K. Tsatsanis and Z. Xu, "Performance analysis of minimum variance CDMA receivers," *IEEE Trans. Signal Processing*, vol.46, no.11, pp.3014-3022, Nov. 1998.

[32] Z. Xu and M K. Tsatsanis, "Blind adaptive algorithms for minimum variance CDMA receivers," *IEEE. Trans. Commun.*, vol.49, no.1, Jan. 2001.

[33] "Channel modeling sub-committee report final," *IEEE P802.15wg for WPANs*, Feb. 2003.

[34] F. Ramirez-Mirelez, "Performance of UWB SSMA using time hopping and M-ary PPM," *IEEE J. Selet. Areas Commun.*, vol. 19, no. 6, pp. 1186-1196, Jun. 2001.

[35] J. G. Proakis, *Digitla Communications*, 4th Edition. McGraw-Hill, 2000.

[36] A. Saleh and R. Valenzuela, "A statistical model for indoor multipath propagation," *IEEE J. Select. Areas Commun.*, vol. SAC-5, no. 2, pp. 128-137, Feb. 1987.

[37] H. Hashemi, "Impulse response modeling of indoor radio propagation channels," *IEEE J. Select. Areas Commun.*, vol. 11, no. 7, pp. 967-978, 1993.

[38] D. Cassioli, M. Z. Win and A. F. Molisch, "A statistical model for the UWB indoor channel," *IEEE J. Select. Areas Commun.*, vol. 20, pp. 1247-1257, Aug. 2002

[39] H. Suzuki, "A statistical model for urban radio propagation,"

IEEE Trans. Commun., vol. com-25, pp. 673-680, July 1977.

[40] G. L. Turin et al., "A statistical modeling for urban radio propagation," *IEEE Trans. Veh. Technol.*, vol. vt-21, pp. 1-9, Feb. 1972.

[41] J. R. Foerster, "The effects of multipath interference on the performance of UWB systems in an indoor wireless channel" *in Proc. of VTC01*, pp. 1176-1180, May 2001.

[42] M. K. Simon, and M. S. Alouini, *Digital Communication over Fading Channels*, Wiley-Interscience, 2000.

[43] "Channel modeling sub-committee report final," *IEEE P802.15wg for WPANs*, Feb. 2003.

[44] Federal Communications Commission, “Revision of part 15 of the commission’s rules regarding ultra-wideband transmission,” *ET Docket 98-153*, Apr. 2002.

[45] http://www.ieee802.org/15/pub/TG3a.html

[46] http://www.ieee802.org/15/pub/TG4a.html

[47] K. Siwiak and D. McKeown, *Ultra- Wideband Radio Technology*, John Wiley & Sons, 2004.

[48] Y. Ma, F. Chin, B. Kannan, and S. Pasupathy, “Acquisition performance of an ultra wide-band communications system over a multiple-access fading channel,” *in Proc. of IEEE Conf. Ultra Wideband Syst. & Technol. (UWBST 2002)*, pp. 99-103, Baltimore, USA, May 2002.

[49] D. J. Gargin, “A fast and reliable acquisition scheme for detecting ultra wide-band impulse radio signals in the presence of multi-path and multiple access interference,” *in Proc. of IEEE*

Conf. Ultra Wideband Syst. & Technol. (UWBST 2004), pp. 106-110, Kyoto, Japan, May 2004.

[50] *IEEE 802.15 TG3a Channel Modeling Sub-Committee*, "Proposed UWB channel model," available at http://www.ieee802.org/15/pub/TG3.html.

[51] S. Kim, K.-H. Park, S. Yang, H.-S. Kim, and Y. Shin, "Time hopping sequences based on pseudo random codes for ultra wideband impulse radio systems," *in Proc. of Int'l Tech. Conf. Circuits/Syst., Computers & Commun. (ITC-CSCC 2002),* vol. 2, pp. 1354-1357, Phuket, Thailand, July 2002.

[52] A. Saleh and R. Valenzuela, "A statistical model for indoor multipath propagation," *IEEE J. Select. Areas Commun.*, vol. 5, no. 2, pp. 128-137, Feb. 1987.

[53] J. K. Holmes and C. C. Chen, "Acquisition time performance of PN spread-spectrum systems," *IEEE Trans. Commun.*, vol. 25, no. 8, pp. 778-784, Aug. 2002.

[54] WiMedia Alliance, http://www.wimedia.org/

[55] ECMA, http://www.ecma-international.org/

[56] USB-IF, http : // www.usb.org / developers / wusb / docs / wirelessUSB.pdf

[57] WiMedia Alliance, "WiMedia logical link control protocol," *Draft 0.99.3*, June 2007.

[58] WiMedia Alliance, "MultiBand OFDM physical layer specification," *Release 1.2*, Feb. 2007.

[59] WiMedia Alliance, "WiMedia platform test specification," *Reversion 1.1*, Mar. 2007.

[60] WiMedia Alliance, “Distributed medium access control(MAC) for wireless networks,” *Release 1.01*, Dec. 2006.

[61] WiMedia Alliance, “WiMedia PHY compliance and interoperability test specification,” *Version 1.0*, Sep. 2006.

[62] WiMedia Alliance, “MAC-PHY interface specification,” *Release 1.0*, Oct. 2005.

[63] WiMedia Alliance, "WiMedia alliance compliance & interoperability policy,” *Release 1.0*, Apr. 2007.

[64] WiMedia Alliance, "WiMedia alliance logo, name, trademark usage compliance policy,” Jan. 2006.

[65] WiMedia Alliance, "Technical structure and processes,” *Version 1.2*, May 2007.

[66] A. A. Saleh and R. A. Valenzuela, "A statistical model for indoor multipath propagation," *IEEE J. Select. Areas Commun.*, vol. 5, pp. 128-137, Feb. 1987.

[67] J. R. Foerster and A. F. Molisch, "A channel model for ultra wideband indoor communication," *Channel Modeling Subcommittee Report Final*, Nov. 2002.

[68] P. Runkle, J. McCorkle, T. Miller, and M. Welborn, "DS-CDMA: The modulation technology of choice for UWB communications," *in Proc. of Ultra Wideband Systems and Technologies, 2003 IEEE Conference*, Nov. 2003.

[69] E. C. Kim and J. Y. Kim, "PN code acquisition of UWB systems with multiple antennas," *in Proc. of KJMW '05*, pp. 42-45, Busan, Korea, Oct. 2005.

[70] E. C. Kim and J. Y. Kim, "Parallel acquisition of PN code using

antenna diversity for a UWB TH/CDMA system in an indoor wireless channel," *in Proc. of IEEE APWCS '06*, pp. 122-125, Daejon, Korea, Aug. 2006.

[71] E. C. Kim, J. Y. Kim, K. H. Koo, and H. K. Lee, "Code acquisition with multiple transmit and receive antennas for a UWB TH/CDMA system," *in Proc. of the 10th REV '06,* pp. 361-365, Hanoi, Vietnam, Nov. 2006.

[72] E. C. Kim, H. G. Kim, and J. Y. Kim, "Code synchronization for ultrawide band CDMA system with multiple antennas," *in Proc. of IUC '07*, pp. 35-40, Sokcho city, Korea, July 2007.

[73] J. Y. Kim, "PN acquisition performance of a DS/CDMA system with imperfect power control in a multipath fading channel," *Journal of Telecommunications Review (SK Telecom)*, vol. 9, no. 6, pp. 1010-1020, Nov. 1999.

[74] J. Y. Kim, "Pseudonoise code tracking loop for a CDMA system with imperfect power control," *International Journal of Communication Systems (Wiley-Science)*, vol. 14, no. 4, pp. 419-430, May 2001.

[75] J. Y. Kim, "Adaptive packet acquisition for a DS/SSMA packet radio system," *in Proc. of 2000 IEEE Veh. Technol. - Spring (IEEE VTC '00)*, pp. 1513-1516, Tokyo, Japan, May 2000.

[76] J. Y. Kim, "Performance of a PN code tracking loop for a DS/CDMA system with imperfect power control and shadowing," *in Proc. of 2000 Int. Technical Conference - Circuits, Systems, Computers, and Communications (ITC-CSCC '00)*, pp. 501-504, Pusan, Korea, July 2000.

[77] J. Y. Kim, "Packet acquisition for a CDMA/TDD packet radio

system," *in Proc. of 2002 Int. Technical Conference - Circuits, Systems, Computers, and Communications (ITC-CSCC '02)*, pp. 1086-1089, Phuket, Thailand, July 2002.

[78] J. Y. Kim, "PN code synchronization based on extended Kalman filter for a CDMA system," *in Proc. of 2004 Annual Conference on IEEE Industrial Electronics (IEEE IECON '04)*, Busan, Korea, Nov. 2004.

[79] A. Batra and J. Balakrishnan, "Design of a multiband OFDM system for realistic UWB channel environments," *IEEE trans. microwave theory and techniques*, Sep. 2004.

[80] J. R. Foerster, "The performance of a direct-sequence spread spectrum ultra-wideband system in the presence of multipath, narrowband, interference, and multiuser interference," *in Proc. of IEEE Conference on Ultra Wideband Systems and Technologies*, May 2002.

[81] L. Hanzo, M.Munster, B. J. Choi, T. Keller, *OFDM and MC-CDMA for Broadband Multi-User Communications, WLANs and Broadcasting*, Wiley, 2003.

[82] H. Luediger, S. Zeisberg, "UWB performance assessment base on recent FCC regulation and measured radio channel characteristics," *CESs Mobile Summit 2002*, Thessaloniki, June 2002.

[83] S. Hara, R. Prasad, "Design and Performance of Multicarrier CDMA System in Frequency-Selective Rayleigh Fading Channels," *IEEE Trans. Veh. technol.*, Sep. 1999.

[84] S. Hara, "Overview of Multicarrier CDMA," *IEEE Commun. Mag.*, Dec. 1997.

[85] Federal Communications Commission, "Revision of Part 15 of

the Commission's rules regarding ultra-wideband transmission," *ET Docket 98-153*, Apr. 2002.

[86] J. J. Caffery and G. L. Stuber, "Overview of radiolocation in CDMA cellular systems," *IEEE Commun. Mag.*, vol. 36, no. 4, pp. 38-45, Apr. 1998.

[87] K. C. Ho and Y. T. Chan, "Solution and performance analysis of geolocation by TDOA," *IEEE Trans. Aerospace & Electr. Syst.*, vol. 29, no. 4, pp. 1311-1322, Oct. 1993.

[88] IEEE 802.15.4a Channel Modeling Sub-committee, "IEEE 802.15.4a channel model-final report," available at http://www.ieee802.org/15/pub/TG4a.html

[89] A. Saleh and R. A. Valenzuela, "A statistical model for indoor multipath propagation," *IEEE J. Select. Areas Commun.*, vol. 5, no. 1, pp. 138-137, Feb. 1987.

[90] M. Nakagami, "The m-distribution, a general formula of intensity distribution of rapid fading," *Statistical Methods in Radio Wave Propagation* (W. G. Hoffman, Ed.), Oxford, 1960.

[91] IEEE 802.15.3a Channel Modeling Sub-committee, "Proposed UWB channel model," available at http://www.ieee802.org/15/pub/TG3.html

[92] E. A. Homier and R. A. Scholtz, "Rapid acquisition of ultra-wideband signals in the dense multipath channel," *in Proc. of IEEE Conf. Ultra Wideband Syst. & Technol. (UWBST 2002)*, pp. 105-109, Baltimore, USA, May 2002.

[93] S. Yang, J. Oh, and Y. Shin, "A rapid and reliable signal acquisition scheme for indoor UWB systems," *IEICE Trans. Fundamentals*, vol. E88-A, no. 6, pp. 1538-1542, Jun. 2005.

[94] J. K. Holmes and C. C. Chen, "Acquisition time performance of PN spread-spectrum systems," *IEEE Trans. Commun.*, vol. 25, no. 8, pp. 778-784, Aug. 2002.

[95] L. Yang and G. B. Giannakis, "Low-complexity training for rapid timing acquisition in ultra wideband communications," *In Proc. of IEEE Global Commun. Conf. (GLOBECOM 2003)*, vol. 2, pp. 769-773, San Francisco, USA, Dec. 2003.

[96] S. Venkatraman and J. Caffery, "A novel ToA location algorithm using LoS range estimation for NLoS environments," *IEEE Trans. Veh. Technol.*, vol. 53, no. 5, pp. 1515-1524, Sep. 2004.

[97] Y. Chan, and W. Tsui, "Time-of-arrival based localization under NLoS conditions," *IEEE Trans. Veh. technol.*, vol. 55, no. 1, pp. 17-23, Jan. 2006.

[98] Matt Welborn and Bill Shvodian "Ultra-Wideband technology for WPAN-the IEEE802.15.3/3a standards" *UWBST Tutorial,* Nov. 17, 2003.

[99] Anuj Batra et al., "Multi-band OFDM physical layer proposal for IEEE802.15 task group 3a," *IEEE802.15-03/286r3*, Mar. 2004.

[100] Matt Welborn et al., "DS-UWB physical layer proposal for IEEE802.15 task group 3a," *IEEE 802.15-03/140r7,* July 2004.

[101] http://nasla.yonsei.ac.kr/~neurok/link_docs/ReadingStuffs/InfoTelTrends/200211-TTA-ITStdWeekly-70-167.pdf.

찾아보기

찾아보기

초광대역 무선통신

2009년 7월 1일 초판 인쇄
2009년 7월 6일 인쇄 발행

저　　자　김진영
발 행 인　송기수
발 행 처　도서출판 GS 인터비전
편 집 처　도서출판 GS 인터비전
인 쇄 처　삼성문화사
등록번호　제2008 - 27호
I S B N　978-89-93668-26-1 (92560)

주　소　서울시 중랑구 묵동 신도브래뉴1차 102동 1301호
전　화　02-976-7898, 0707-720-7898
팩　스　02-6468-7898
E-mail　gsinter7@chol.com

정 가　**18,000원**